건축 텍스트북

제로카본 제로에너지

건축기술의 이해

Zero Carbon Zero Energy Building Technology

대한건축학회 제로에너지건물분과위원회 편

윤종호 백남춘 신우철 이윤규 원종서 이병연 김병수 이 훈

기 문 당

발 간 사

대한건축학회는 1945년 창립 이래 모든 건축인의 협조와 관심으로 학술 · 예술 · 기술에 관련된 역량을 축적해 오면서 우리나라 건축계에서 으뜸가는 두뇌집단으로 성장하였고, 국제적으로도 우리나라 건축계를 대표하는 역할을 수행하여 국가와 사회에 봉사하는 학술단체 면모를 굳건히 하고 있습니다. 우리 학회에서 수행하고 있는 여러 사업 중에서 발간사업은 매우 중요한 것으로서 보다 활발해야 할 것으로 생각됩니다.

건축학은 종합예술, 종합기술이며 실용학문으로 학문적 이론과 학술연구 결과가 실무에 적용되도록 널리 보급되는 것이 바람직합니다. 더욱이 작금의 기술과 학문은 빠른 속도로 변화하고 있으며, 그에 따라 국제화, 정보화 시대에 경쟁력에 맞는 건축문화와 건축기술을 선진화하는 데 일각의 시간도 헛됨이 없어야 하겠습니다. 여기에 학술연구와 그 결과를 보급하기 위한 발간사업의 중요성이 강조되는 것입니다.

금번 우리 학회에서는 건축의 모든 분야를 다루는 「건축텍스트북 시리즈(12개 분야, 16권)」를 발간하게 되었습니다. 이것은 지난 1995년의 건축학전서 11권 발간에 이어 두 번째 총체적 발간사업입니다.

이번에 발간되는 「건축텍스트북 시리즈」는 대학교재로 활용할 수 있도록 각 분야별 전공 내용을 담았으며, 분야별 전공교수와 실무 전문가들이 참여하여 열과 성을 다하여 집필하였습니다. 이 책은 건축의 전공자뿐 아니라 건축기획, 건축실무, 정책의 수립과 집행 등에 관계되는 모든 분들에게 건축 전반에 대한 지침서로서도 훌륭히 역할을 할 수 있으리라고 믿습니다.

끝으로 이번 「건축텍스트북 시리즈」 발간에 애쓰신 우리 학회 출판부장 서봉교 교수와 각 권 집필 책임위원을 비롯한 집필위원 여러분께 감사드리며, 또한 좋은 책이 되도록 세심히 살펴주신 기문당 강해작 사장님과 출판사 관계자 여러분께 고마움을 표합니다.

2010년 3월

대한건축학회 회장 손장열

머 리 말

세계 경제상황의 어려움과 함께 각종 긴급한 이슈가 연일 매스컴을 장식하고 있는 가운데 최근 가장 큰 비중으로 회자되고 있는 키워드는 역시 에너지와 환경문제를 기치로 한 저탄소 녹색성장일 것이다. 정부에서는 그동안 집중적 투자를 하던 IT, BT, NT 기술을 과감히 뒤로 하고 녹색기술(Green Technology)을 새로운 대표주자로 선택하여 신정부의 미래비전을 제시하였다. 이후 국내에서는 처음으로 국가의 장기적 에너지계획을 수립한 국가에너지 기본계획을 발표하였고, 국가 핵심 성장동력의 선정과 목표달성을 위한 여러 가지 전략사업을 제시하였다. 이들 내용 가운데 하나인 그린홈 100만 호 건립 선언은 모든 국민의 가장 기본적 생활터전이 주택이고, 관련 시장의 규모나 산업의 범위를 고려할 때 가장 큰 관심 사안이 되었다. 특히 국가 총에너지 소비량의 18%가 주거건물과 관련되어 소비되고 있기 때문에 에너지 기술 관점에서도 미래주택 기술에 대한 국민 및 기업들의 관심과 기대를 더욱 상승시키는 계기가 되었다.

공교롭게도 국내의 녹색성장 선언에 조금 앞선 비슷한 시기에 일본에서는 G8 정상회담을 이용해 자국의 최첨단 환경기술을 총 집약시킨 환경친화적 탄소제로주택(Zero emission House)을 미래형 주택 모델로 제시하고 적극 홍보에 나섰다. 전 세계 매스컴에서는 이 주택을 가까운 미래에 우리가 거주하게 될 주거건물의 전형으로 예시하고 여기에 적용된 각종 첨단기술들을 소개하였다. 우리나라 매스컴 및 기업에서도 역시 이 주택에 많은 관심으로 보였으며, 비로소 이 시기부터 탄소제로주택, 에너지자립주택, 제로에너지주택이라는 용어가 일반인들의 입에도 오르내릴 정도로 홍보되기 시작하였다.

탄소제로주택(Zero Carbon House 또는 Zero emission House), 탄소중립주택(Carbon Neatral House), 에너지자립주택(Self sufficient House), 제로에너지주택(Zero energy House), 독립자생형주택(Stand alone 또는 Autonomous) 등 다양하게 불리고 있는 이 기술은 기름, 가스, 석탄, 전기 등 기존의 화석연료를 전혀 사용하지 않고 순수하게 건물 주변의 자연에너지만을 이용해 냉난방 조명 및 기타 건물에 필요한 모든 에너지원을 충당하는 기술이다. 물론 자립하는 대상이 에너지인지 이산화탄소인지에 따라 카본과 에너지의 명칭이 달라지게 되며 탄소제로주택이 좀 더 광의의 범위로 볼 수 있다. 이들 주택은 모두 주택 부하 구성비에 맞는 절약 및 신재생 에너지 핵심 요소기술을 선별, 체계적인 단계별 기술 적용을 통해 화석연료나 외부 전원공급 없이 주택 자체에서 모든 에너지를 자급하는 미래 지향적 기술이라 할 수 있다.

탄소제로주택이 표방하는 궁극적 목표는 주택 내에 거주하는 재실자의 쾌적성능은 극대화하고, 이를 유지하기 위해 필요한 각종 에너지 및 환경적 영향요소는 극소화하겠다는 것이다. 여기서 환경적 영향요소라 함은 화석연료에 기반한 에너지 사용과 지구환경에 영향을 미치는 이산화탄소 방출요소를 의미하는 것으로, 이들의 사용을 궁극적으로 제로화하겠다는 것이다.

사실 최근 정부에서 추구하는 그린홈이나 일본에서 제시한 탄소제로주택 모두 새로이 제시된 개념이나 기술은 아니며, 이미 오래전부터 우리나라를 포함해 세계 각국에서 꾸준히 연구 개발된 기술 분야이다. 다만 최근의 세계 정치, 사회, 경제적 관심과 함께 새로운 기술 이슈로 부각된 것뿐이다.

따라서 탄소제로주택의 구현을 위해 필요한 각종 핵심요소기술 및 산업은 이미 상당부분 진행되어 있다고 볼 수 있으며, 가까운 미래에 시급히 요구되는 필요 기술 및 산업 분야도 초기단계이기는 하지만 활발한 연구와 시장 개척이 진행되고 있는 상황이다.

탄소제로주택 구현을 위한 기술 분야는 크게 건물의 부하를 저감시키는 설계중심의 패시브적(passive) 기술과 적극적으로 에너지를 생산, 관리하는 설비기반의 액티브적(active)적 기술로 대별할 수 있다.

현재 활발히 개발되고 있는 패시브적 요소 중 관심이 집중되고 있는 선진기술 분야는 진공단열패널(VIP), 진공창(VIG), 에어로겔(aerogel), 투명단열(TIM), 스마트창(SMART window) 등이 대표적 기술이다.

설비적 기술로는 콤팩트 배열회수장치, LED조명, 초고효율의 가전기기 및 취사기기, 스마트그리드 등이 핵심기술로 지목받고 있으며, 에너지생산과 관련되는 액티브적 신재생에너지 기술로는 건물일체형 태양열시스템, 건물일체형 태양광시스템, 지열연계 히트펌프, 바이오 펠릿 보일러, 연료전지, 소형풍력, 및 마이크로 열병합발전 정도가 미래주택과 관련된 핵심기술 분야로 개발되고 있다.

엄청난 시장규모의 미래 탄소제로주택 기술 및 시장을 선점하기 위한 기업들의 경쟁도 매우 치열하게 진행되고 있다. 특히 최근 기술개발의 특징은 IT 및 NT, BT 등 그동안 급진적 성장을 이루어온 타 기술 분야의 각종 첨단기술 및 신소재와의 융합을 통해 혁신적 성능개선을 이룬 제품을 개발하고 있다. 탄소제로주택으로 대표되는 미래의 주택 및 건물 유형은 건설시장은 물론 기계, 전기, 전자, 화공 및 관련 산업의 시장 판도도 크게 변화시킬 큰 성장동력이며, 곧 다가올 현실인 것이다.

이미 영국에서는 2016년부터 모든 신축주택은 제로에너지 또는 탄소제로주택으로 건립하도록 결정하였으며, 2019년 초부터는 유럽연합으로 확대 시행하여 이때부터는 EU 국가 내 모든 신축건물은 제로에너지 탄소제로건물로 건립되어야 한다. 미국의 경우도 2020년에 제로에너지주택, 2025년에 제로에너지 상업건물의 상용화를 선언하였다. 앞으로 불과 10년 내에 이러한 제도가 시행 정착될 예정이니 본 기술이 어느 정도로 시급하게 추진되고 있는지를 쉽게 추측할 수 있을 것이며, 이로 인한 미래 건축시장의 근본적 변혁 및 파급효과 또한 손쉽게 예측 가능할 것이다.

이러한 급박한 시대적 변화 속에 대한건축학회 제로에너지건물 분과위원회에서는 아직 일반인에게는 다소 생소한 개념인 제로에너지건물 또는 탄소제로건물 기술을 이해하는데 다소나마 도움이 될까 하여 본 소책자를 집필하게 되었다.

일반적으로 제로에너지건물은 주거용과 상업용 건물로 구분하여 접근한다. 연간 총에너지소비의 상당부분이 열부하로 구성되는 주거용 건물은 전기부하가 중심이 되는 상업건물에 비해 상대적으로 에너지자립화가 용이하다. 이러한 이유로 인해 대부분의 국가에서는 주거건물의 제로에너지회를 우선목표로 삼고 있다. 따라서 본 서에서는 제로에너지건물의 범위를 주거건물로 한정하여 기술을 소개하였다. 총 3부로 구분하여 1부에서는 제로에너지 건축기술의 개념을 정립하고, 통합적 설계 접근방법을 통한 제로에너지건물의 구현방법을 소개하였다. 2부는 제로에너지주택을 구현하기 위한 핵심요소기술에 대한 세부적 소개로 구성하였다. 이때 핵심요소기술의 범위는 현 국내 시장여건에서 곧바로 적용가능한 수준의 기술로 제한하였다. 마지막 3부에서는 국내외 제로에너지건물 관련 다양한 설계 및 시공 사례를 소개함으로써 1부 및 2부의 기술이 어떻게 실제 건물에 적용되었는지에 대한 개념을 이해할 수 있도록 구성하였다.

제한된 시간 내에 신기술에 대한 내용을 다수의 집필진이 진행하다 보니 많은 부분에서 부족함이 있을 것으로 우려되나, 관련 기술의 시급성을 핑계로 용기를 내어 출간한 점 너그러운 양해를 부탁드리며, 바쁜 일정에도 본 소책자의 출간에 적극적으로 협조를 해주신 집필위원님들께 감사의 말씀을 드립니다.

대학건축학회 제로에너지건물분과위원회

위원장 윤종호

차 례

PART I

제로에너지 건물의 개념

1. 제로에너지 건물의 출현배경 및 동향
2. 제로에너지 건물의 정의와 통합설계방법

1

제로에너지 건물의 출현배경 및 동향

1.1 친환경 건축과 제로에너지 건축의 출현배경

1973년의 제1차 석유파동이 가져온 전 세계 경제혼란은 각국으로 하여금 에너지 문제에 대한 근본적 변화를 가져왔다. 산업혁명 이후 급진적 발전을 이루어온 화석연료에 기반한 경제시스템은 위기를 맞게 되었으며, 화석자원에 대한 의존성을 탈피하기 위해 다양한 노력이 착수되었다. 현재 우리가 접하고 있는 각종 에너지절약 기술, 에너지효율 기술 및 신재생에너지 기술은 이때부터 시작되었다고 보아도 무방할 것이다. 1979년의 2차 석유파동 및 91년의 걸프전 사태 등을 겪으면서 90년대 초반까지는 주로 에너지절약 및 효율개선 기술에 집중적인 투자가 이루어져 왔다.

한편, 90년대 초부터 지구 생존과 관련되어 국가 간 온실가스 분담금 문제로까지 확대된 환경보존 문제의 가세로 세계 각국은 지난 30여 년 간보다 더 근본적인 해결책을 찾기 위해 각종 신재생에너지 자원 개발에 보다 적극적인 투자와 노력을 기울이고 있다. 1992년 뉴욕에서 개최된 기후변화협약을 필두로 1997년에 선진 각국의 감축목표치를 규정한 교토의정서가 체결되었으며, 2005년 2월부터는 교토의정서가 실제로 발효되기 시작하였다. 현재는 2013년부터 시작될 포스트 교토의정서에 대한 협상으로 전 세계가 매우 민감한 상태에 있는 상황이다. 이러한 배경하에 탄소배출량에 기반한 청정개발체제로 돌입한 21세기에는 기존의 에너지절약 및 효율기술로는 한계에 부딪혀, 대부분의 선진국에서는 신재생에너지를 포함한 보다 적극적인 녹색기술의 개발에 막대한 자금을 투자하고 있다.

인류의 새로운 현안으로 직면하고 있는 에너지 환경문제는 건축과도 매우 밀접한 관계에 있다. 우리가 생활하는 터전인 건축물은 건축재료의 생산과정을 포함해 건물의 설계, 시공,

유지, 관리 및 해체단계에 이르기까지 에너지 소비 및 주변환경에 커다란 영향을 미치고 있다. 현재 전 세계 에너지 소비의 40%, 이산화탄소 발생의 24%가 건물과 관련되어 이루어지고 있으니, 에너지 환경문제에 대한 건물 분야의 책임이 매우 막중하다고 할 수 있다.

이렇듯 지구 현안에 대한 대응책으로 건축에 있어서도 지난 40여 년 간 다양한 변화가 있어 왔다. 오일쇼크가 시작된 70년대에는 건물에 단열재를 의무 적용하게 하는 등과 같은 에너지절약 기술을 집중적으로 보급하였다. 이후 에너지효율 기술이 부가되어 에너지절약형 건축(energy conservation architecture)이 정식으로 자리 잡게 된다. 한편, 70년대에는 신재생에너지에 대한 기초적 연구도 착수되었는데 주로 태양열을 건물에 응용하는 기술이 주를 이루어 태양건축(solar architecture)이라는 새로운 사조가 이때 시작되었다. 80년대에는 에너지절약 문제와 함께 건물 내 재실자의 쾌적성을 극대화하기 위해 열, 빛, 음, 공기 등 건축환경 영향인자에 대한 최적화를 추구하는 환경건축(environmental architecture)이 대두되었다. 90년대 들어서는 지구온난화에 따른 지구환경 보존문제가 새로운 이슈로 등장함에 따라 생태건축(ecological architecture), 녹색건축(green architecture), 지속가능건축(sustainable architecture) 등의 새로운 시도가 시작되었으며, 21세기 들어서는 보다 광범위한 범용적 의미의 친환경건축이라는 용어가 유행하고 있다. 친환경건축의 경우 에너지 문제와 함께 토지이용, 교통, 자원, 환경부하, 생태환경 및 실내환경 등의 세부기술을 모두 포괄하는 개념으로 활용되고 있다.

한편, 최근에는 21세기 들어 집중 투자되고 있는 신재생에너지 기술을 건물에 응용하기 위한 새로운 형태의 기술이 부각되고 있다. 90년대부터 본격적으로 개발되기 시작한 태양광발전(PV)의 건물 응용기술은 PV모듈을 건축 자재화하여 건물 외피에 통합시키는 건물일체형 태양광발전(BIPV ; Building integrated Photovoltaic) 기술로 큰 시장을 형성해 가고 있다. BIPV 기술과 함께 태양열 집열기까지도 건물의 지붕 또는 외벽에 건자재화하여 일체화시키는 건물일체형 태양열집열(BIST ; Building integrated Solar Thermal) 기술로 확대되고 있으며, 풍력발전기를 건물 외피에 일체화시키는 건물일체형 풍력발전(BIWP ; Building integrated Wind Power) 기술까지도 시도되고 있다.

최근의 건축 에너지 환경 분야에서 나타나고 있는 뚜렷한 특징 중의 또 다른 하나는 통합설계(integrated design)를 통한 건물성능의 극대화를 추구한다는 점이다. 과거의 에너지 환경 기술이 철저히 개별 독립적으로 적용된 반면, 최근의 건축물은 설계 초기단계부터 체계적이고 합리적인 접근방법에 근거해 모든 요소의 상관관계를 종합적으로 검토 반영하여 각각의 요소가 유기적으로 연계 작동할 수 있게 하는 통합적 설계기법을 시도하고 있다. 예를 들면 과거에는 건물의 부하를 저감시키는 에너지절약 기술, 에너지효율 기술과 자연에너지를 이용해 에너지를 생산하는 신재생에너지 기술이 전혀 관련성이 없이 그때의 상황에 따라 분리 독립적으로 적용되어 왔다. 하지만 통합설계 측면에서 접근할 경우 철저히 기술의 합리성, 경제성에 근거한 종합적 우선순위에 따라 전개됨에 따라, 신재생에너지의 기술 적용은 부하저감을 위한 에너지절약 기술이 선행된 후에 검토되어야 한다는 것이다. 이러한 접근방법에 따라 통합설계를 구현할 경우 궁극적으로 건물 내에서 요구되는 모든 에너지를 제로화 할 수 있다는 개념이며, 제로에너지 건축 또는 탄소제로 건축의 출현은 이러한 접근방법에 근간을 두고 있는 것이다.

70년대 초부터 시작된 에너지절약 및 효율, 신재생에너지 기술은 지난 30여 년 동안 각자의 요소기술 개발 자체에 중점을 두고 독립적으로 발전해 왔으며, 성능을 포함한 많은 기술적 발전이 있어 왔다. 하지만 그동안의 노력은 주로 각각의 기술 그 자체에만 관심을 둔 것이며, 각 기술 간의 상호관계 및 여러 기술의 조합과 융합을 통한 성능 향상에는 큰 관심을 두지 못했었다. 하지만 각 요소기술의 발전수준이 일정단계에 이르게 된 21세기부터는 전 기술 분야에 걸쳐 융합기술에 대한 관심과 요구가 크게 증가하였으며, 이러한 결실의 일환으로 건물에너지 분야에서도 제로에너지 건물, 탄소제로 건물과 같은 개념을 도출하게 된 것으로 볼 수 있다.

사실 제로에너지 건축을 위한 기술적 진보는 세계에너지협의회 IEA(International Energy Agency)의 태양에너지 냉난방 프로그램인 SHC(Solar Heating & Cooling Program)를 통해서 꾸준히 발전되어 왔다. OECD 국가가 중심이 된 IEA에서는 1977년 태양에너지를 건물의 냉난방에 효율적으로 응용할 수 있는 기술을 개발하기 위해 호주, 오스트리아, 벨기에, 캐나다, 덴마크, 이태리, 뉴질랜드, 스페인, 핀란드, 프랑스, 독일, 네덜란드, 노르웨이, 스위스, 터키, 영국, 일본, 미국 등의 선진 19개국이 참가하여 IEA SHC (Solar Heating & Cooling Program)이라는 국제 공동연구 프로그램을 발족하였다. 이 프로그램에서는 세계 각국의 태양에너지 건물 및 냉난방 관련 기술 동향과 시장현황을 종합적으로 고려하여, 가장 핵심이 되고 실현 가능성이 높은 기술을 위주로 전문가팀을 구성하여 연구개발 및 정보교환을 수행하고 개발된 기술을 참가 각국에서 공유하는 형태로 프로그램을 진행하고 있다. 따라서 이들 연구에 대한 기술현황은 곧 세계 태양열 건물 분야의 핵심기술 분야 및 기술수준과 향후 발전방향에 대한 종합적인 판정기준으로 활용되고 있다. 현재까지 일사량 및 기상데이터, 재료, 단지계획, 집열기, 계간축열, 성능해석도구, 태양열냉방, 설비형태양열, 자연형태양열, 하이브리드 건물, 자연채광, PV건물 통합 등의 주제 분야를 대상으로 총 43개의 세부과제가 수행되었다. 궁극적으로는 수행된 거의 대부분의 연구주제가 제로에너지 건물의 요소기술과 관련된다고 볼 수 있겠지만, 직접적으로 제로에너지 건물 또는 탄소제로 건물의 탄생과 직결되는 과제를 고찰해 보면 이 기술의 현황을 파악하는데 큰 도움이 될 수 있을 것이다.

- IEA SHC Task 13-Advance Solar Low Energy Buildings (1989-1994) : 1989년에 결성된 본 태스크의 목표는 주거건물을 대상으로 에너지 소비의 최소화 또는 완전제거를 위해 필요한 새로운 개념의 혁신적 기술을 규명 개발하고 실증하는 것이다. 주로 단독주택 및 공동주택의 난방에너지를 목표로 자연형태양열 및 설비형태양열 기술에 초점을 맞추었다. 이외에도 냉난방 조명에너지를 절감할 수 있는 다양한 기술을 포함하고 있다. 총 15개국의 45개 전문가가 참여하여 5년간 다양한 연구를 수행하였으며, 핵심결과로 11개국에 총 14개의 실험주택을 건립하여 실증한 바 있다. 주로 열부하를 대상으로 100% 완전 에너지 자립 이전단계인 로우에너지주택(low-energy house)에 각종 태양에너지 기술이 접목된 수준이다. 현재 유럽에서 유행하고 있는 패시브하우스도 이와 유사한 개념에서 태동된 것이다. 실질적으로 현재 이슈화되고 있는 제로에너지주택 또는 탄소제로주택의 개념은 이때부터 정립 발전된 것이라고 볼 수 있다.

- IEA SHC Task 23-Optimization of Solar Energy Use in Large Buildings (1997-2002) : 앞서 Task 13이 주거건물을 대상으로 했다면, 본 태스크는 대규모 상업 및 공공건물을 대상으로 최적의 태양에너지 응용방안을 도출하는 것이 목표이다. 본 태스크를 통해서 얻어진 가장 큰 소득은 통합설계에 대한 개념 및 접근방법이 확립되었다는 점이다. 그동안 병목기술 분야로 지적되어 왔던 건축설계와 에너지 기술 간의 효율적 협력관계를 체계적으로 정립하기 위해 통합설계를 위한 디자인 프로세스 및 평가방법, 도구 등이 개발되었다. 이를 통해 제로에너지 건물 또는 탄소제로 건물을 위한 설계 방법론 정립에 많은 기여를 했다고 사료된다.
- IEA SHC Task 28-Solar Sustainable Housing (2000-2005) : Task 13을 통해 제로에너지주택에 대한 개념이 정립되었다면, 본 태스크는 제로에너지 개념의 주택을 본격적으로 시장에 보급하기 위해 결성되었다. 90년대 이후 개발되기 시작한 고단열 고기밀 주택 기술에 기반하여 21세기 들어서는 에너지 소비 및 탄소배출을 최소화하는 주택기술에 대한 수요가 급속히 증가하였다. 유럽의 패시브하우스 보급 성공 및 급속한 확산과 함께 다음 단계인 제로에너지 또는 탄소제로주택을 위한 주요 핵심기술의 기술기반 또한 일정 수준 정립되었다고 볼 수 있다. 이러한 시장배경을 근거로 Task 28에서는 에너지와 생태, 경제성을 범위로 하여 2010년까지 지속 가능한 태양주택 시장 기반을 확고히 정립하는 것을 목표로 각종 보급 확산방법을 제시하였다. 지속 가능한 태양주택의 다양한 설계 시공사례를 제시하였으며, 실증실험 및 컴퓨터 모델링을 통해 도출된 다양한 성능자료와 설계지침서에 대한 문헌 및 도서가 제작되었다. 이 과제를 통해 향후 제루에너지주택을 위한 시장기반 확충에 많은 기여를 했다고 볼 수 있다.
- IEA SHC Task 40-Towards Net Zero Energy Solar Buildings (2008-2013) : 2008년 10월에 착수된 Task 40은 본격적으로 제로에너지 건물을 대상으로 구성된 태스크이다. 그동안 여러 국가에서 제로에너지 건물, 탄소제로 건물, 이퀴블리엄 건물 등 각자의 용어와 정의로 개발되던 불편함을 해소하기 위해 국제적으로 통용될 수 있는 공통의 정의를 개발하고, 이와 관련된 혁신적인 해결방법과 도구, 산업계의 지침서

등을 개발하는 것을 주 목적으로 하고 있다. 대상범위는 주거건물과 비주거건물을 모두 포함하고 있으며, 참가하는 국가의 기후권역별로 기존 및 신축건물을 모두 대상으로 하고 있다. 총 20개국이 참여하여 향후 5년간 진행될 본 과제를 통해 제로에너지 건물에 대한 확실한 개념정립과 이의 구현을 위한 각종 기술적 해결방안이 도출될 수 있을 것으로 기대하고 있다.

1.2 국내외 제로에너지 건축의 동향

제로에너지주택의 실용화 보급에 가장 적극적 행보를 보이고 있는 국가는 영국이다. 2007년 기준하여 영국의 건물부분 에너지 소비량은 63,362 TOE/year로서 전체소비량 154,868 TOE/year의 41%를 차지하고 있으며, 건물에서 탄소배출은 전체 온실가스 배출의 44%에 이르고 있다.

따라서 영국정부는 2009년 1월 저탄소 녹색성장 정책의 일환으로 제로카본주택(Zero Carbon Homes)을 널리 보급하기 위해 3단계 감축과정을 거쳐 2016년부터 잉글랜드 지역 내 모든 신규 주택 건설시 '탄소제로'를 의무화하기로 하였다. 3단계 감축과정은 2010

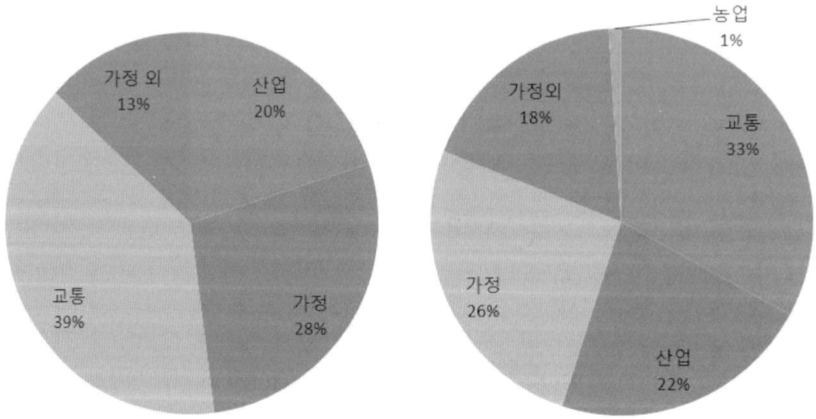

그림 1.1 영국의 에너지 소비(좌) 및 탄소배출(우) 분야별 구성비 (2007년)

년까지 2006년도 법규치에서 25% 절감, 2013년까지 44% 절감 및 2016년까지 제로카본을 달성하겠다는 전략이다. 또한 2019년부터는 모든 비주거용 건물에 대한 탄소제로 의무화를 결정하였다.

이를 위한 제도적 장치로 기존의 친환경 주택을 위한 기준인 BREEAM의 주택버전인 EcoHomes를 대체하는 CSH(Code for Sustainable Homes)를 개발하였다. CSH는 2007

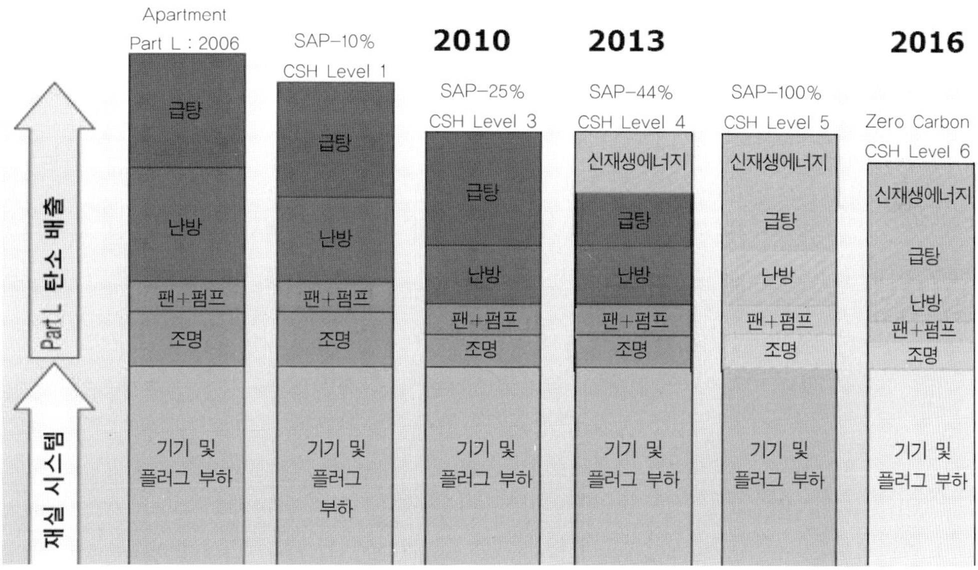

그림 1.2 영국 CSH(code of sustainable homes) 6단계 레벨의 에너지 성분별 구성비

그림 1.3 영국 BRE의 CSH Level 단계별 데모주택

년 4월부터 기존의 EcoHomes를 대체하였으며, 2008년 5월부터 의무제도로 시행하고 있다. CSH는 에너지 외에 지속 가능성에 근간을 두고 총 9개의 범주에 35개 항목에 대해 점수를 매겨 Level 1 ~ Level 6까지 등급을 구분하고 있다. 9개의 범주는 에너지 및 탄소 배출량, 수자원, 오염, 유지관리, 건강 및 웰빙, 생태환경, 재료, 폐기물 및 지표수 등이다. 35개 항목은 최소 의무항목과 기본 평가항목으로 구분되는데, 6개의 최소 의무항목을 만족하지 않으면 인증을 받을 수 없다.

의무항목 중 하나인 DER(Dwelling emission rate)은 주택의 이산화탄소 배출량을 평가하는 지표로 건축법에서 TER(Target CO_2 Emission Rate) 기준을 규정하고 있다. 2006년 4월 개정된 건축법에 따르면, 현재 기준 주택으로 규정하고 있는 주택의 탄소배출량에서 20%를 감소시키는 것을 TER로 규정하고 있다. 이 TER을 코드레벨(code level)로 규정하고 신청주택의 DER이 TER보다 10% 향상되면 level 1, 18% 향상되면 level 2, 25% 향상되면 level 3, 44% 향상되면 level 4, 100% 향상되면 level 5, 제로카본 홈(zero carbon home)이면 level 6이 주어진다.

그림 1.2는 영국 CSH 친환경주택 인증제도의 6단계 레벨의 에너지 성분별 구성비 및 단계별 절감전략을 나타내는 그림이다. 2010년까지의 목표인 25% 절감은 CSH Level 3에 해당하며, 2013년 목표인 44% 절감은 CSH Level 4에 해당한다. 그림에 도식된 바와 같이 기본적으로 2006년의 기준값 대비 절감률 산출에서 취사와 플러그 부하에 대한 전기부하는 제외하고 조명, 팬 및 펌프동력의 전기부하와 난방 및 급탕의 열부하를 대상으로 절감률을 산출한다. 100%의 절감이 달성될 경우 Level 5를 부여하며, 취사 및 플러그 전기부하까지 완전 제로화할 경우 탄소제로의 Level 6을 부여한다. 신재생에너지는 Level 4 단계부터 적용되어 열부하와 전기부하를 대체한다.

한편, 왓퍼드(Watford)에 위치한 국립건축연구소 BRE 본부에는 그림 1.3과 같이 각 단계별 데모주택을 실제로 건립 운영하면서 일반인들에게 각 성능별 주택유형에 대한 종합적 정보를 제공하고 있다.

영국의 경우 제도적 장치의 확립과 함께 조기에 탄소제로주택의 의무화를 추진함에 따라 민간에 의한 다양한 상업화 모델이 개발되고 있다. 이미 2001년에 건립된 런던 근교 베딩

턴(Beddington) 지역의 베드제드 제로에너지주택단지(BedZED : Beddington Zero Energy Development)가 건립된 바 있으며, 최고등급인 Level 6을 충족하는 최초의 주택인 Kingspan Lighthouse가 BRE 내에 건립되었다. 또한 2008년 5월에는 바라트(Barratt)사에 의해 개발된 2번째 Level 6 충족 모델인 탄소제로주택 양산 모델 "그린하우스"가 출시되었으며, 2011년까지 브리스톨 지역에 모두 200채의 주택을 건설하여 영국 최초의 Level 6 대규모 주거단지를 건립할 예정이다.

한편, 유럽 내 다른 국가들도 영국의 뒤를 이어 탄소제로주택을 위한 각종 성능기준의 강화를 준비하고 있다. 영국과 같이 2016년의 탄소제로주택 의무화와 같은 급진적 목표를 설정하고 있지는 않지만, 영국 CSH의 Level 4에 해당하는 패시브하우스 기준을 단기목표로 설정하고 있다. 독일과 덴마크, 네덜란드의 경우 2015년까지 패시브하우스 수준으로 기준을 강화할 예정이다. 특히 2009년 4월 EU의회에서는 2019년부터 EU 내에서 건축되는 신규 건물을 대상으로 "건물 내에서 소비하는 에너지보다 더 많은 에너지를 생산하도록 규정"함에 따라 실질적으로 이 시기부터 모든 신축 건물의 제로에너지 의무화를 선언한 것이다. 또한 기존 건물의 경우에도 회원국별로 2015년과 2020년을 목표연도로 각각 건물의 '제로에너지' 적용 비율을 설정하도록 규정하였으며, 이를 위해 2011년 중순까지 모든

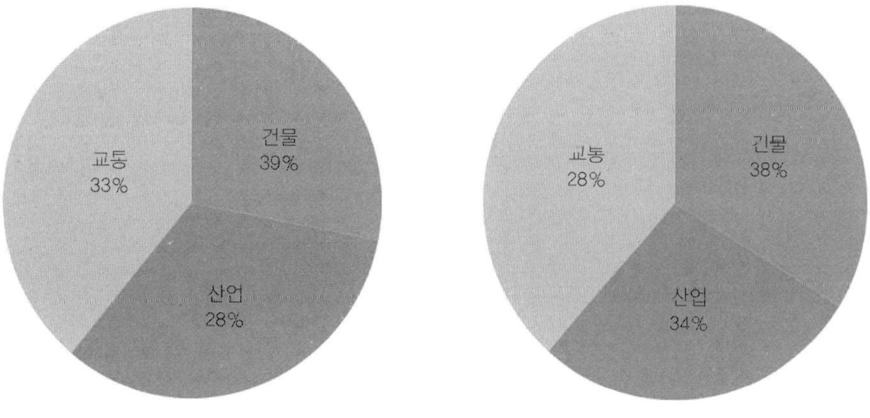

그림 1.4 미국의 에너지소비(좌) 및 탄소배출(우) 분야별 구성비(2004년)

EU 회원국들은 건물의 에너지효율 향상을 위한 대출 및 세제혜택 등 재정대책을 수립하도록 요구하고 있다. 이렇듯 유럽연합 내의 대부분 국가들은 향후 10년 내에 제로에너지 건물의 정착을 위해 매우 발빠른 행보를 진행하고 있다.

미국의 경우 전체에너지 소비량 중 18%가 상업 및 공공건물에서 소비되고 있으며, 주거용을 포함할 경우 건물부문의 에너지 소비량은 전체 에너지 사용량의 삼분의 일이 넘는 39%에 도달하고 있다. 건물부문 전력소비량은 전체 전력량의 70%를 차지하고 있다. 또한 건물에서 탄소배출은 미국 전체 온실가스 배출의 38%에 해당하고 있다.

이에 따라 미국의 경우도 에너지성(DOE) 주도하에 주정부와 협력하여 제로에너지 건물(ZNEB ; Zero Net Energy Building) 사업을 2000년부터 착수하여 추진 중에 있다. 그림 1.5는 미국의 제로에너지 건물 개발을 위한 중장기 로드맵을 나타내고 있다. 주거건물의 경우 2015년까지 주택의 에너지 자립률을 40%까지 내리고 2020년에 상용화 가능한 제로에너지주택의 개발을 목표하고 있다. 상업용 건물의 경우 전기부하가 중심이 되기 때문에 주거건물보다는 다소 늦게 제로에너지화의 목표시점을 설정하고 있다. 2020년에 40% 수준의 에너지 자립률을 달성하고 2025년까지 비용면에서 효과적인 제로에너지 사무소 건물의 상용화를 목표로 하고 있다.

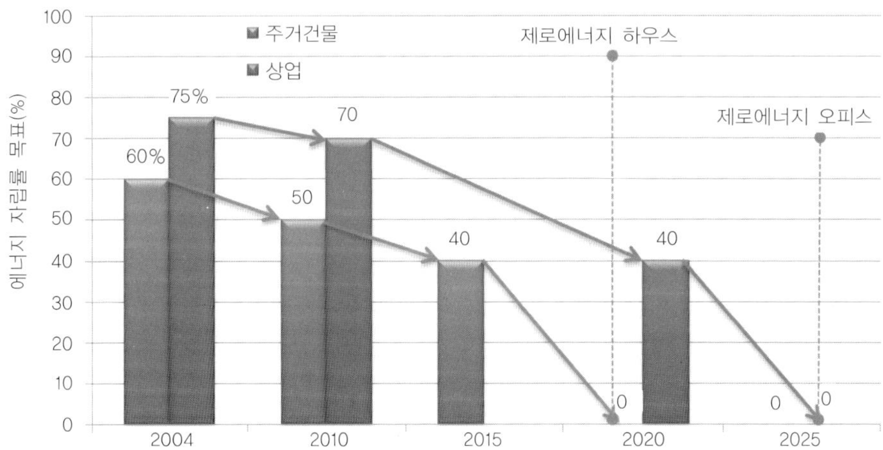

그림 1.5 미국의 제로 넷 에너지(ZNE) 건물 단계별 절감목표

국내에서도 2000년대 들어 연구소와 대학이 공동으로 3단계의 연구과정을 통해 2010년대 초반까지 모든 에너지를 완전 자립할 수 있는 100% 제로에너지 솔라하우스(ZeSH : Zero energy Solar House) 개발을 목표로 하는 중장기 계획을 수립하고 꾸준히 연구를 진행해 오고 있다. ZeSH에서 추구하는 목표는 주택 부하구성비에 맞는 절약 및 대체 에너지 핵심요소기술을 선별, 체계적인 단계별 기술 적용을 통해 화석연료나 외부 전원공급 없이 주택 자체에서 모든 에너지를 자급하는 미래 지향적 주택모델을 수립, 제시하는 것으로 국외의 제로에너지주택 또는 탄소제로주택과 동일한 개념이다.

그림 1.6은 상기의 개념을 도입하여 2000년에 수립된 100% 에너지자립형 제로에너지 솔라하우스 개발을 위한 중장기 목표 및 단계별 로드맵과 핵심요소기술을 나타낸 것이다. 목표는 총 3단계로 구분되며 1단계에서는 주택에서 가장 큰 비중을 차지하고 있는 열부하의 70%를 자립모델을 개발하는 것이며, 2단계에서는 전기를 포함한 전체부하의 70%를, 마지막 최종단계에서는 100% 완전 에너지 자립 제로에너지주택을 구현하는 것이다. 100% 완전 에너지 자립의 실용화를 위해서는 태양전지나 연료전지와 같은 잔여부하 처리기술의

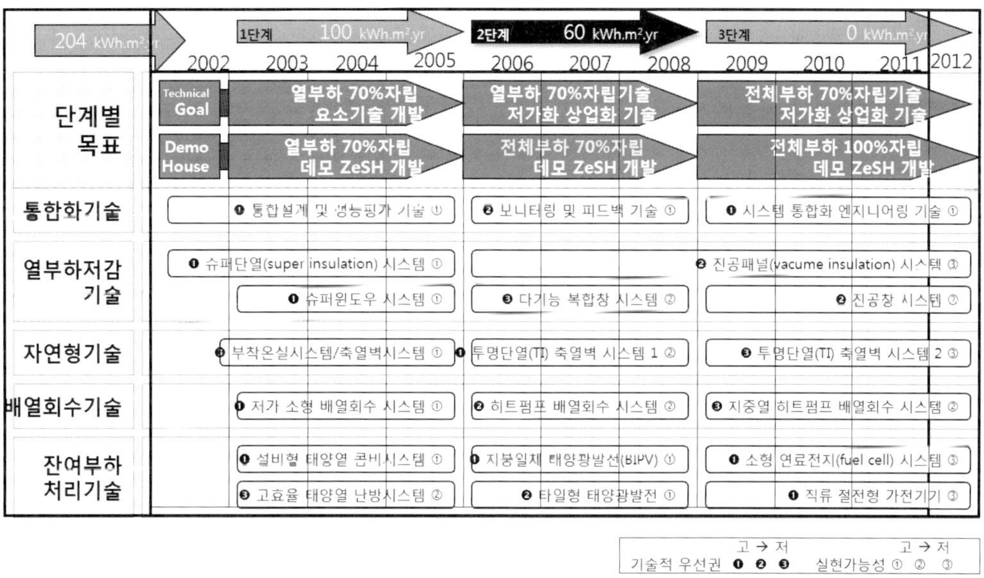

그림 1.6 100% 에너지자립형 제로에너지하우스 개발을 위한 국내의 3단계 로드맵

상용화 및 경제성이 확립되어야 하기 때문에, 초반 단계에는 기존의 고전적 에너지절약 기술 및 자연형, 설비형 태양열시스템 기술을 중심으로 열부하 자립 쪽에 우선권이 부여되었다. 이들 기술은 그동안 충분히 검증되고 실용화에 근접한 기술들로, 엔지니어링 기술에 중점을 둔 시스템 통합화 기술만 효과적으로 개발될 경우, 기술의 성공 가능성이 매우 높으며, 특히 보급을 위한 경제성 확보 측면에서도 매우 유리하기 때문이다.

2003년 1단계 연구과정의 목표인 열부하 70% 자립수준의 데모주택인 "KIER ZeSH-I"이 국내에서 최초로 설계, 시공되었다. 건립 후 실제 모니터링을 통한 몇 년간의 장기 열성능 측정실험을 통해 설정목표가 충분히 달성되었음을 실증함으로써 본 개념의 접근방법이 합리적이고 성공 가능함을 실험적으로 입증하였다.

2단계 제로에너지 솔라하우스 모델인 "KIER ZeSH-II"는 전기부하를 포함해 전체 에너지 소비의 70% 자립을 목표로 하고 있으며, 개발 초기부터 상용화 보급을 목표로 초기투자비가 최대 20%를 넘지 않는 수준에서 개발목표가 설정되었다. 2009년 6월에 2단계 모델의 시공이 완료되었으며, 1단계 모델과 같이 장기 성능 실증을 통해 다양한 설계지침자료 및 성능데이터가 제공될 예정이다. 개발된 1단계 및 2단계 ZeSH 모델은 정부의 그린홈 100만 호 보급사업과 함께 대규모 주거단지의 적용을 통한 제로에너지 커뮤니티 또는 제로에너지 타운 등의 개념으로 확대 적용될 계획이다.

한편, 제로에너지 솔라하우스와 유사한 개념인 유럽의 패시브하우스(Passive Haus) 또는 3리터 하우스 등에 대한 관심도 높아져, 2000년대 중반부터는 민간 차원에서 일부 건설사 및 연구소에서도 이들 건물에 대한 연구를 착수하였으며, 민간 동호회 등에서도 자발적인 건립활동을 시도하고 있다. 최근에는 정부의 100만 호 그린홈 보급사업의 정책적 지원을 위해 공동주택을 대상으로 한 제로카본 그린홈 개발 연구가 착수되었으며, 근시일 내에 국내에서도 제로에너지주택을 위한 세부적인 정책적 지원체계가 확립될 수 있을 것으로 기대된다. 이렇듯 국내에서도 2000년 이후 에너지 자립화 건물의 구현을 위한 다각적 노력이 본격적으로 착수되었으며, 가까운 시일 내에 활발한 보급과 시장 개척이 이루어질 수 있을 것으로 기대되고 있다.

2

제로에너지 건물의 정의와 통합설계방법

2.1 제로에너지 건물의 개념 정의 및 분류

1) 저에너지 주택

에너지 자립(self sufficient) 건물 또는 제로에너지(zero energy) 건물, 독립 자생형(stand alone, autonomous) 건물 등 다양하게 불리고 있는 이 기술은 기름, 가스, 석탄, 전기 등 기존의 화석연료를 전혀 사용하지 않고, 순수하게 건물 주변의 자연에너지만을 이용해 냉난방 조명 및 기타 건물에 필요한 모든 에너지원을 충당하는 기술이다. 특히 이 중에서 단독주택을 대상으로 하는 제로에너지 솔라하우스(ZeSH ; Zero energy Solar House)는 주택 부하구성비에 맞는 절약 및 대체 에너지 핵심요소기술을 선별, 체계적인 단계별 기술 적용을 통해 화석연료나 외부 전원공급 없이 주택 자체에서 모든 에너지를 자급하는 미래 지향적 기술이라 할 수 있다.

저에너지 주택 경향 중 가장 큰 피급을 가져 온 것은 독일의 볼프강 파이스트(Wolfgang Feist) 교수가 주도하는 'Passive Haus' 개념의 등장으로, 건물의 전체적인 에너지 효율을 높이는 방향에 주목하고 있다. 현재 패시브하우스 개념은 독일, 오스트리아, 스위스를 포함하는 중유럽에서 시작해서 스웨덴, 덴마크, 노르웨이와 같은 북유럽으로 급속하게 보급되어 주택단위가 아닌 일반 상업건물 차원으로까지 발전하고 있다. 패시브하우스협회(Passiv Haus Institute)는 패시브하우스를 우선 단위면적당 연간 난방에너지가 15kWh/m^2 yr가 넘지 않아야 하는 전제조건하에서 난방, 온수공급, 가전기기 사용을 포함하는 단위면적당 연간 에너지 사용량이 120kWh/m^2 yr 이하인 주택으로 정의하고 있다. 연간 에너지 소비량뿐만 아니라, 순간난방 최대부하는 10W/m^2 이하로 규정하고 있다. 이는 한 사람이 시간당 필요로 하는 신선한 공기의 양이 약 30㎥이고, 열교환기를 통해서 예열된 공기의 온도가 20도이며, 이를 50도까지 가열해서 실내에 공급한다고 가정하면 식(2.1)에서 보는 것처럼, 단위시간당 한 사람이 필요로 하는 열량은 300W가 된다.

$$30m^3/(h.pers) \times 0.33Wh/(m^3K) \times 30K = 300W/pers \qquad (2.1)$$

- 0.33Wh/㎥ K : 섭씨 21도에서 공기 열용량
- 30K : 먼지 등의 열분해로 인한 악취 유발 방지를 위해 20℃ 유입공기를 50℃로 가열

주택에서 한 사람이 약 30㎡를 점유한다고 가정하면 식(2.2)와 같이 단위면적당 난방부하는 10W/㎡가 된다.

$$300W/30m^2 = 10W/m^2 \qquad (2.2)$$

이러한 연간부하량과 순간부하량에 대한 기본 전제 아래 그림 2.1 및 표 2.1에서와 같이 에너지 절감과 생산을 위한 다양한 기준들이 설정되었다. 독일 패시브하우스협회(www.passive.de) 참고

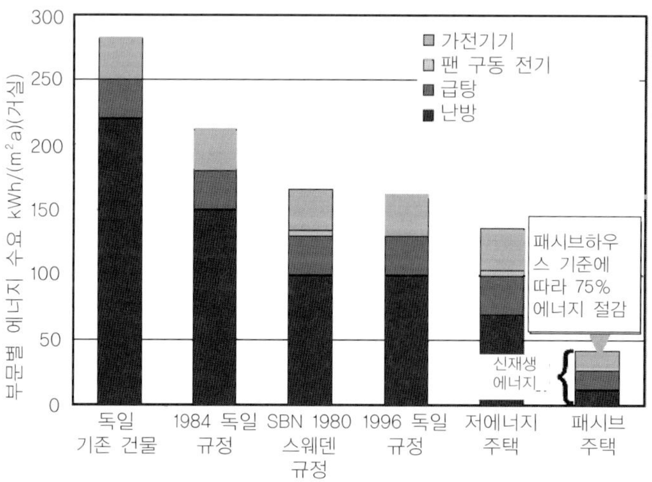

그림 2.1 패시브하우스 에너지 절감 비교

표 2.1 패시브하우스 기준

항 목	기 준
간결한 형태 및 우수한 단열성능	열관류율 0.15W/ (㎡K) 이하
남향배치 및 차양 설치	패시브 방식의 태양열 활용
에너지 고효율 창 및 창호	열관류율 0.8W/ (㎡K) 이하 태양열 획득계수 50%
건물 외피의 기밀성능	침기량 0.6 ACH 이하
고효율 공기-공기 열회수장치	열회수율 80% 이상
태양열 온수·난방시스템	온수공급 또는 히트펌프를 활용한 난방
고효율 가전기기	저전력 소모 냉장고, 히터, 전등, 세탁기, 건조기

기준에서도 잘 드러나고 있지만, 건축물의 형상과 외피성능으로 인한 열손실을 최소화하기 위해서 기밀성능이 향상된 외피의 중요성을 강조하고 있다. 이와 같은 기밀한 건물의 경우 열교환기를 통해서 실내공기질 유지를 위해서 공급될 수밖에 없는 신선한 공기를 실내의 더워진 신선하지 않은 공기로 예열을 하는 방안이 핵심이다.

2) 제로에너지 건물의 개념 확대

초기에 난방에너지 절감에 집중했던 저에너지 주택의 개념이 성공적으로 평가받고 일반 건축물에도 적용하게 되면서 냉방에너지 절감을 위한 대책들이 함께 고려된다. 이러한 건물유형의 확대는 필연적으로 상이한 에너지 절감전략의 수립을 요구하게 된다. 그림 2.2[1]에서 볼 수 있듯이, 주택에서의 에너지 사용패턴과 비주택에서의 에너지 사용패턴은 매우 상이함을 알 수 있다. 주택의 경우는 난방에 31%, 온수공급에 12%를 더해서 온수공급이 43%를 차지하고 있고, 냉방에너지가 12%, 조명에너지가 11%로 그 다음을 차지하여 총 66%를 차지하고 있으며, 나머지 34%는 각종 가전기기를 사용하는 에너지들이다. 이에 반해서 일반상업용 건축물은 조명에너지가 차지하는 비중이 가장 높은 22%이고 난방, 냉방, 환기에 각각 14%, 13%, 6%가 투입되어서 공조시스템이 33%의 에너지를 사용하고 있다.

1) Department of Energy Building Energy Data Book http://buildingsdatabook.eren.doe.gov/ National Science and Technology Council, Federal Research and Development Agenda for Net-Zero Energy, High Performance Green Buildings, October 2008, p.11에서 재인용

이처럼 주택의 경우에는 온수공급을 줄이는 것에 초점을 맞추는 것이 가장 중요한 반면에, 상업용 건축물의 경우에는 최우선적으로 조명에너지 절감을 전략적 우선순위로 하고, 이후에 냉난방에너지를 줄이기 위한 전략을 포함시키는 것이 합리적인 순위가 되는 것이다. 미술관, 학교, 공장, 법원 등과 같은 특수한 시설을 계획할 때에는 이러한 특수한 시설에 적합한 에너지 사용패턴을 예측하고, 이에 근거를 둔 에너지 절감전략을 수립해야 한다.

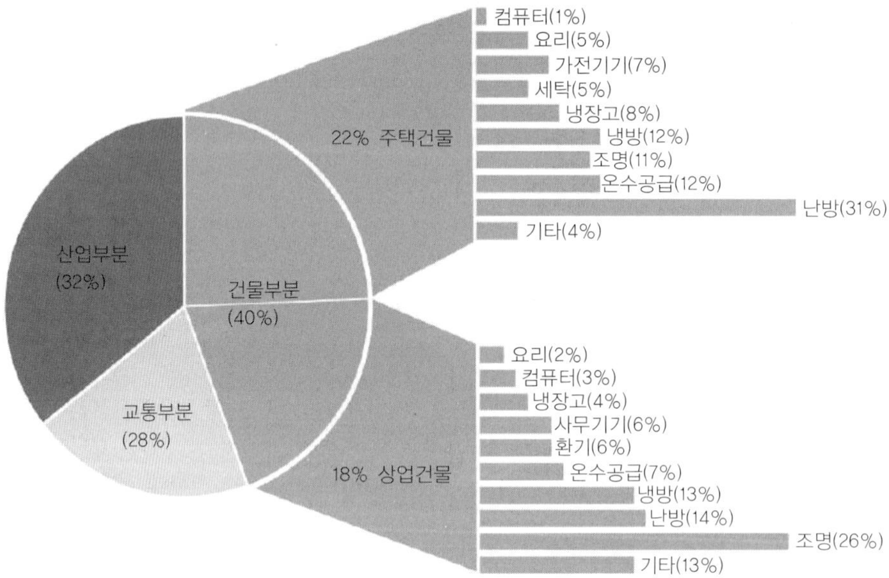

그림 2.2 건축물 유형별 부문별 에너지 사용량 분포

이러한 총체적인 에너지 절감에 대한 고려는 북미지역에서 더욱 두드러지게 나타나는데, 기후적으로 난방에너지 절감에 집중할 수 있는 중부·북부 유럽과는 달리 냉방에너지 절감도 함께 고려해야 하는 북미의 기후조건은 냉방에너지를 포함한 포괄적인 에너지 절감대책으로 확장되며, 이를 위해서 더욱 적극적인 신재생에너지와의 통합을 요구하고 있다. 북미에서의 접근은 조금 더 국가에너지 정책상의 신재생에너지 발전량 확대에 비중을 두고 있는데, 캐나다 넷제로홈 연합회(Net-Zero Energy Home Coalition)는 최소한 전력계통선으로부터 유입된 전기에너지만큼 대지 내에서 생산해서 계통으로 돌려보내는 주택을 넷제로홈이라고 정의하고, 다른 종류의 에너지원은 태양열, 지열과 같은 신재생에너지원을 활용해서 대체가 가능할 것이라고 전망하고 있다. 미국에서도 에너지 생산에 좀 더 비중을 두는 것은 동일한데, 넷제로홈 연합회보다는 조금 더 포괄적인 접근을 시도하고 있다.

미국정부는 기존의 에너지 절감을 위한 연구성과와 제품생산이 극대화된다고 가정하더라도 기존의 에너지 소비량에 비해서 약 30~50%를 절감하는 것이 최대치라고 판단하고, 각 기술들이 통합적으로 구현될 때, 현재 에너지소비량 대비 최대 약 70%까지 절감할 수 있을 것으로 예상하고 있다. 따라서 일차적으로는 다양한 에너지 절감 기술들을 기술들 간의 통합과 건축설계와의 통합을 이루고, 신재생에너지원을 적극 발굴해서 자체생산하여 남는 30%의 에너지를 공급하여 제로에너지 건물을 달성하도록 하는 전략을 가지고 있다. 그림 2.3은 이러한 전략방향을 도식화한 것으로 에너지 절감과 에너지 생산 두 측면 모두 개선을 이루어서 제로에너지 건물을 구현하겠다는 의지를 읽을 수 있다. 뒤에 설명하게 될 제로에너지 건물의 핵심요소기술은 이를 반영하여 전통적인 난방에너지 절감기술과 함께 복합환기를 통한 냉방에너지 절감, 설비형 신재생에너지, 통합제어시스템을 포괄적으로 다루게 될 것이다.

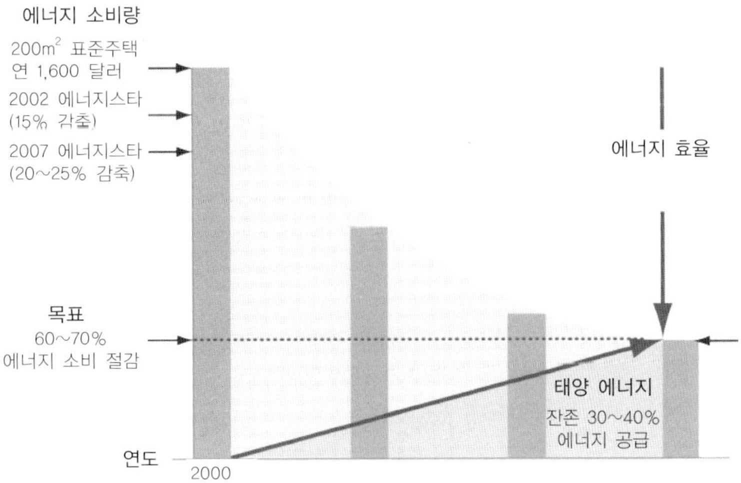

그림 2.3 제로에너지 건물 실현을 위한 전략방향

3) 제로에너지 건물 개념의 구분

개념적으로는 간단하지만 현실적으로 가스, 석유, 전기와 같은 다양한 에너지원이 한 가정에서 공존하고 있으며, 제품에서도 언급되고 있는 생산과정에서 투입된 총에너지양을 판단할 지의 여부와 현재 에너지 소비 절감의 최대 현안이 되고 있는 이산화탄소 배출량을 여기에 연계시킬지의 여부에 따라서 제로에너지 건물은 다양하게 규정될 수 있다. 미국의 에너지부 산하 국가 신재생에너지 연구소(NREL, National Renewable Energy Laboratory)[2)]에서는 제로에너지가 실현되는 다양한 정의를 보여줌으로써 제로에너지 건물의 정의를 좀 더 명확하게 하고 있다.

① 대지 내 에너지 제로 - 적어도 연간 대지 내 사용 에너지양만큼 대지에서 생산하는 것으로 일반적으로 통용되는 제로에너지 건물의 정의이다.

② 자원에너지 제로- 연간 대지 내 사용 에너지양만큼 대지 내에서 생산하는 점에서는 대지 내 에너지 제로 원칙과 동일하지만, 에너지 총량에는 에너지를 생산하고 이동하는데 들어가는 모든 에너지를 포함시킨다. 따라서 건물이 사용하는 자원에너지 총량을 계산하기 위해서는 적절하게 산정된 대지위치/에너지원 변환율이 만들어져서, 이것이 대지 내 사용량에 반영되어야 한다.

③ 에너지 비용 제로 - 건물 소유자(이용자)가 연간 지불하는 에너지 요금이 제로인 건물로 만약 제로에너지 건물의 기본적인 전제조건인 에너지 비용 절감을 이루지 않고, 생산량 증대를 위한 신재생에너지 설치가 비대하게 적용되어서 외부로 생산된 에너지를 판매할 경우에도 비용 제로는 이루어질 수 있다.

④ 배출량 제로 - 대지 내에서 사용되는 에너지에 의한 이산화탄소 배출량을 대지 내에서 재생에너지를 통해서 상쇄하는 건물

이러한 다양한 방식의 제로에너지 개념은 앞에서도 언급한 바대로 에너지원의 비대칭성 때문에 발생한다. 예를 들어, 동일하게 겨울철 실내온도 유지를 위해서 5kWh의 에너지가 필요하다고 가정하더라도, 가스보일러를 사용하는 경우와 전기보일러를 사용하는 경우에

2) P. Torcellini, S. Pless, and M. Deru, Zero Energy Buildings: A Critical Look at the Definition, Conference Paper NREL/CP-550-39833, June 2006

전체적으로 필요한 에너지양은 다른데, 이는 그림 2.4[3]에서 설명하고 있듯이 발전기의 효율과 송전 시 전력소모량을 감안할 때 전기에너지를 생산하기 위해서 훨씬 많은 양의 에너지가 필요하기 때문이다. 영국의 주택성능을 평가하는 SAP 평가에서는 사용하는 에너지원별로 최종형태의 에너지원으로 가정에 도달하기 위해서 필요한 에너지양을 평가한 원에너지양(Primary Energy Factor)이라는 개념을 사용하고 있는데, 가스는 1.1, 석유는 1.2, 전기는 2.8로 규정하고 있다. 즉, 전기를 생산하고 대지까지 운반하기 위해서는 2.8배의 원에너지가 필요하고, 석유의 경우 정제와 가정까지 운반하기 위해서 1.2배의 원에너지가 소요된다는 것을 의미한다.[4] 이 수치는 나라마다 지역마다 다를 수 있는데, 화력, 수력, 원자력 중 어느 발전방식을 통한 에너지인지에 따라서 그 수치가 변할 수 있기 때문이다.

이산화탄소 배출량 제로의 경우에도 에너지를 생산하고 분배하는 전 과정을 반영하여 산출하게 되는데, 환경변화의 주범으로 이산화탄소가 주목받고 있고 감축을 위한 국제공조가

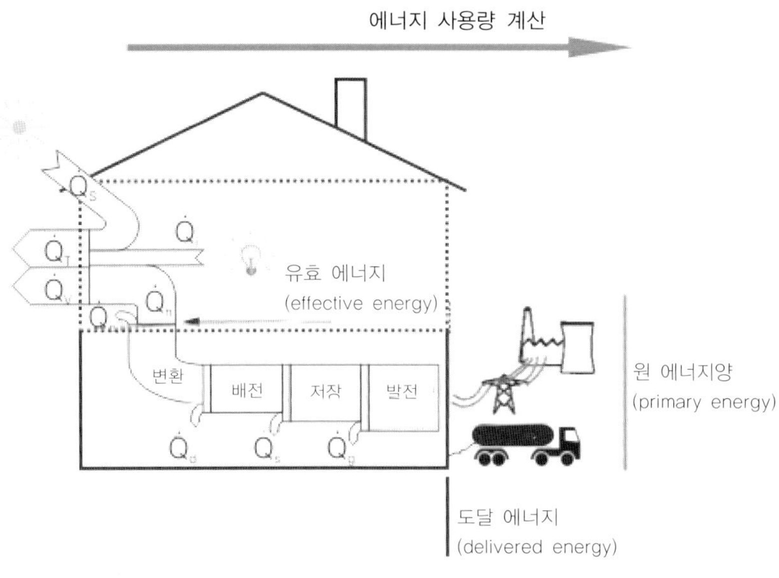

그림 2.4 원에너지양 개념도

3) European high quality Low Energy Buildings 용어정리
http://www.learn.londonmet.ac.uk/packages/euleb/en/glossary/index16.html

4) BRE, The Government's Standard Assessment Procedure for Energy Rating of Dwellings, 2005 version 9.82, p.151

표 2.2 제로에너지 빌딩의 정의별 장단점 비교

정의	장점	단점	기타
대지내 제로 에너지 빌딩	• 실현 가능성 높음 • 현장검침을 통해 검증 가능 • 가장 보수적인 접근 • 외부요인의 성과영향 없음 • 시장 참여자들의 이해 쉬움 • 에너지절약 건물 설계 증진효과	• 가스사용량 상쇄를 위한 태양광발전량 증가 • 연료유형에 대한 고려 없음 • 연료유형별 비에너지적 측면(공급가능성, 오염) 고려 부족	
자원 제로 에너지 빌딩	• 사용되는 연료유형에 대한 고려 가능 • 국가적인 에너지 시스템에 대한 더 우수한 영향력 • 성공이 용이한 제로에너지 건물	• 연료유형별 비에너지적 측면(공급가능성, 오염) 고려 부족 • 연료유형 변화가 건물효율 향상보다 훨씬 큰 영향력을 가짐	• 대지위치-자원 변환율 개발 필요
비용 제로 에너지 빌딩	• 실현과 측정 용이 • 연료유형별로 적절한 부담 • 수요량에 따른 조절 가능 • 유틸리티 요금에서 확인 가능	• 국가전력체계상 수요 감소 기여 미미 • 에너지요금 책정에 의해서 매우 유동적	• 기본요금과 설치비용 포함 여부 결정 필요 • 정확한 미터기 개발 필요
배출 제로 에너지 빌딩	• 녹색에너지 측면에서 가장 효과적 모델 • 연료유형별 비에너지적 측면(공급가능성, 오염) 고려 • 달성 용이		• 적절한 배출 변환율 설정 필요

발효될 경우에는 그 중요성이 더욱 커질 것으로 예상된다. 영국 SAP 자료에 의하면 도시가스는 0.194kg/kWh, LPG는 0.234kg/kWh, 전기는 0.422kg/kWh를 배출하는 것으로 산정하고 있다.

비용제로 에너지제로 모델의 경우, 각국에서 도입하고 있는 발전차액 지원제도가 악용될 소지가 있기 때문에 주의해야 한다. 특히 최근의 연구결과들에 의하면, 소비자들이 고효율 기기를 사용하거나 신재생에너지원을 사용함으로써 실제적으로 에너지 비용이 절감되는 것이 아니라, 오히려 에너지 사용량이 늘어나는 역효과를 가져온다는 반등현상(bouncing effect)이 보고되고 있어서 더욱 더 주의를 기울여야 한다.

2.2 제로에너지 건물의 통합설계 접근방법

1) 제로에너지 건물의 통합설계 요구

태양열 주택은 이미 1970년 초 에너지 파동 이후 전 세계적으로 많은 개발 및 보급이 이루어져 온 친숙한 주택 개념이다. 지붕에 설치된 태양열 집열기를 통해 생산된 온수를 펌프를 통해 지하실의 축열탱크에 저장하고, 이를 난방 및 급탕에 활용하는 설비형 태양열 시스템(active solar system)이 대표적이다. 그렇다면 기존의 태양열 주택과 여기서 기술하는 에너지자립형 태양주택, 즉 ZeSH의 차이점은 무엇인가. 가장 큰 외형적 차이점은 전자의 경우 주택 에너지 소비원 중 난방 및 급탕 에너지인 열부하의 일부를 대체한다는 개념인 반면, 에너지자립형 태양주택은 열 및 전기 등의 모든 에너지 소비원을 자연에너지로 대체한다는 개념이다. 특히 한동안 태양에너지가 충분히 공급되지 않는 조건까지도 고려한다는 점을 들 수 있다.

하지만 순수하게 열부하 측면만을 비교하더라도 고전적 태양열 주택 개념과 새로이 제시한 제로에너지 솔라하우스 또는 에너지자립형 태양주택[5]의 개념에는 큰 차이점이 있다. 고전적 태양열 주택에서는 마치 보일러를 기계실에 설치하는 것과 같이 태양열 집열기를 기존 지붕에 설치하고 축열탱크와 배관만 연결하는 것으로 시스템의 모든 설치가 끝났다는 점이다. 시스템 적용대상 건물의 보온상태, 즉 단열 및 기밀화가 잘되어 열손실이 별로 없는 주택인지, 아니면 열이 집안 도처에서 손실되고 있는 노후화된 주택인지는 전혀 고려하지 않았다는 점이다. 비유를 하자면 금이 간 항아리에 물을 붓듯, 벽체를 통해 열이 줄줄 세고 있는 주택에 태양열 집열기를 통해 온수를 공급하는 것과 같은 것이다. 따라서 태양열시스템을 통해 열공급을 하기 위해서는 우선적으로 건물의 보온상태를 먼저 손보고 그 후에 시스템을 적용해야 한다는 단순한 원리가 간과되었던 것이다.

이에 반해 신개념인 에너지자립형 태양주택에서는 단계별 적용 기술의 우선순위에 따라 시스템을 적용하는 통합적 설계접근방식에 근간을 두고 있다. 건물의 열손실을 줄일 수 있

5) 본 서에서는 체계적 기술 적용을 통해 궁극적으로 화석연료의 도움 없이 자연에너지만으로 자생할 수 있는 미래형 주택을 제로에너지 솔라하우스(Zero energy Solar House; ZeSH, 제쉬로 발음)로 정의하였다. 물론 1단계 목표인 70% 열부하 자립 주택의 경우, 용어적 의미로는 제로에너지 솔라하우스보다는 저에너지 소비 주택(Low energy Solar House)이 더 적합하지만, 궁극적 목표인 100% 에너지 자립률 달성을 위한 단계적 접근임을 고려하여 제로에너지 솔라하우스(ZeSH)로 명명하였다. 또한 제로에너지 태양열주택, 에너지자립형 태양열주택(Self Sufficient Solar House), 에너지자급형 태양주택 등도 세부적인 용어상의 차이 없이 모두 ZeSH와 동일한 개념으로 본문 내에서 사용하였다.

는 관련 기술을 우선적으로 적용하여 최대한 단열 및 보온상태를 충족시킨 후에 자연에너지를 활용할 수 있는 기술을 적용하자는 개념이다. 즉, 에너지절약 기술을 우선적으로 적용하고, 그 후에 대체에너지 활용 기술을 적용하자는 개념이다. 특히 열손실을 줄이는 절약 관련 기술은 대지조건의 활용, 식재, 건물의 향, 건물형상의 최적화, 단열보강, 고기밀창호, 기밀화 시공 등 대부분의 기술이 건축설계를 통해 구현할 수 있는 것들인 반면, 대체에너지 활용 기술은 설비형 태양열시스템과 같이 기계설비 관련 기술이 주를 이루고 있다. 어찌 보면 이는 비용이 적게 드는 건축설계 관련 기술에 우선권을 주고 설비시스템의 적용을 최소화함으로써 기술적 구현의 합리성 및 경제성 확보도 동시에 추구하는 개념이라 할 수 있다. 또한 처음부터 끝까지 설비시스템에 전적으로 의존하던 최근의 냉난방 개념을 탈피하고, 지역기후를 우선적으로 활용하는 과거 선조들의 풍토주의 건축개념과 현대적 설비기술을 조화롭게 접목시켜 화석에너지의 사용을 최소화시키자는 개념이다.

이와 같은 합리적 개념 정립은 에너지 절감을 위해서 투입되는 초기 투자비용과 에너지 절감에 따른 편익을 충분히 검증하여 확립된 것이다. 그림 2.5는 에너지 절감을 하기 위해서 추가로 드는 비용에 대한 이자부담과 에너지 절감액을 분석하는 가상모델이다. 1번을 현재 에너지 소비패턴으로, 4번을 제로에너지 건물이라고 가정하면, 추가비용을 고려할 때

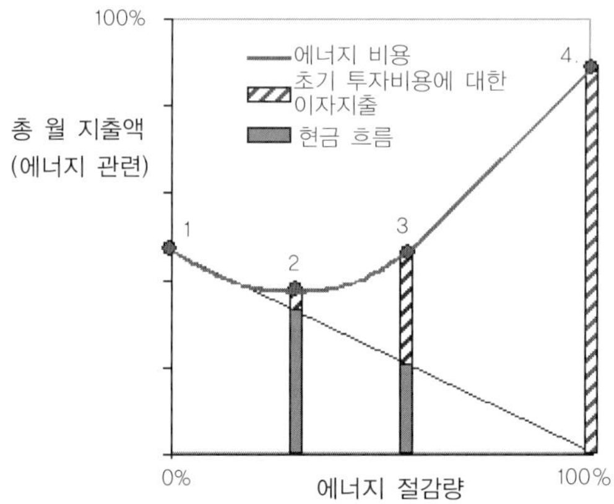

그림 2.5 에너지 절감과 초기투자에 따른 금융비용을 고려한 현금 흐름도

2번이 추가비용을 최소화한 단열성능 확보와 같은 저비용 방식이고 태양열은 2번과 3번 사이에, 태양광발전은 3번 위치에 해당한다.[6] 즉, 절대적인 에너지소비량 절감과 동시에 이를 통해서 얻게 되는 경제적 이득이 함께 고려되어야 하며, 이를 체계적으로 개념 정립한 것이 제로에너지 빌딩의 통합설계 과정이다.

2) 제로에너지 건물의 통합설계 과정

건물의 냉난방이란 결국 외부환경의 변화에 대응하기 위해 내부환경을 지속적으로 조절하는 것으로, 건물계획 초기단계에서 우선적으로 지역적인 미기후의 조절과 자연형 열조절에 의해 최대한 실내환경이 조절될 수 있도록 건물외피를 계획해야 하며, 위의 방법으로 조절 불가능한 부분에 한해서만 공조 등의 설비형 조절기법을 이용해야 한다.

건축기술의 발달과 함께 유리나 경량 커튼월 구조가 일반화됨으로써 외피의 열조절 능력이 저하되고, 이에 따라 최적 실내환경 성능을 달성하기 위해 지나치게 설비형 열조절 기법에만 의존함으로써 오늘날 대다수의 건물은 엄청난 에너지를 냉난방에 소비하고 있다. 따라서 환경보존 및 에너지 문제에 대처하기 위한 냉난방 기술의 재고를 위해서는 우선 건물의 계획 초기단계에서 그 지역특성과 기후조건에 맞게 건축환경을 조절할 수 있도록 기후디자인이 선행되어야 한다.

기본적인 기후디자인의 다음 과정으로 좀 더 적극적인 차원에서 건물의 냉난방에 자연에너지를 활용하기 위해서는 자연형 태양열시스템이나 자연채광, 자연형 냉방 등의 자연형 열조절 기법을 도입해야 한다. 자연형 태양열시스템은 기존의 건물 구조체를 이용하여 태양에너지를 특별한 기계장치 없이 자연적인 방법, 즉 전도, 대류, 복사 등의 현상에 의해 집열, 저장하여 건물의 난방에 이용할 수 있도록 하는 방법이다. 시스템의 구성은 일반적으로 투명한 남측면의 유리로 구성되는 집열부와 집열된 열을 콘크리트, 벽돌, 모래, 타일, 돌 등과 같은 축열 구조체에 저장하는 축열부 및 통기구, 댐퍼, 가동 단열, 차양장치 등과 같은 열분배 조절부로 이루어진다.

자연형 냉방시스템은 태양 복사열과 같은 열 공급원을 차단하고 주로 실내온도보다 낮은

6) NAHB Research Center, THE POTENTIAL IMPACT OF ZERO ENERGY HOMES, 2006, p.15

물, 지표면, 대기, 천공복사와 같은 열 흡수원을 적극적으로 이용하여 실내를 냉방하는 기법이다. 자연형 냉방시스템의 기능은 첫째로 건물 구조체가 태양열에 의해서 과열되는 것을 방지하는 것이다. 따라서 실내외의 열 이동을 최소화할 수 있는 열용량이 큰 구조체의 사용이 우선되며, 차양계획, 건물 외향, 건물에 유입되는 기류의 조절이 필요하다. 자연형 냉방시스템 기술의 종류는 증발 냉각, 높은 열용량을 가진 축열체, 자연환기, 야간 천공복사, 자연형 제습 등의 방법이 있다.

최근 에너지 다소비형 대형 상업용 건물에서 조명부하가 전체부하의 20~50%까지 상당한 비율을 차지하기 때문에 자연채광 또한 자연에너지 활용 및 에너지 절약 측면에서도 매우 중요한 설계변수로 간주되고 있다. 자연광의 효율은 인공광원의 효율에 비해 2배 가까이 높으며, 사람들의 자연광에 대한 심리적 선호도를 고려할 때 건강건축이라는 점에서도 그 의의가 크다. 자연광의 계획은 기본적으로 실내환경 분위기에 적합하고 작업수행이 편리하도록 계획되어야 하며, 특히 창을 통해 실내로 유입될 때 열, 음, 공기의 유출현상도 일어나기 때문에 주광을 위한 개구부 계획은 주광뿐만 아니라 다른 환경요소들도 충분히 고려되어야만 한다. 자연채광의 활용기법들은 이용방식에 따라 아트리움, 천창채광, 광선반 또는 반사루버, 광정, 광덕트 및 태양광 추적방식 등의 기술을 응용할 수 있다.

별도의 동력이 필요 없이 건물 구조체를 이용해 구현되는 자연형 태양열시스템은 건축설계와 매우 밀접한 관계를 가지게 되며, 따라서 설계 초기단계부터 시스템에 대한 고려가 적극 반영되어야 한다. 이를 위해서는 에너지 전문가와 설계 초기단계부터 협력체계를 유지해야 하며 건축가 스스로도 기본적인 개념을 가지고 있어야 한다. 실제로 자연형 태양열 건물의 보급 부진 원인 중 하나가 이러한 공조체계의 어려움에 있는 것이다.

팬이나 펌프 등과 같이 별도의 동력이 요구되는 설비형 태양열시스템은 기존의 건축설비와 밀접한 관계를 가지게 된다. 따라서 건축설계의 최종안에 따라 결정되는 부하요인에 따라 시스템의 전반적인 규모와 사양이 결정된다.

이러한 맥락에서 태양열 건물의 성공적 건립을 위해서는 기존의 각종 에너지절약 기술 및 미기후 조절기법을 통해 건물의 부하 자체를 최대한 줄이고, 다음 단계로 건물 남측 면을 이용한 자연형 태양열 기법을 통해 추가적인 부하절감을 계획한 후, 최종적으로 모자라

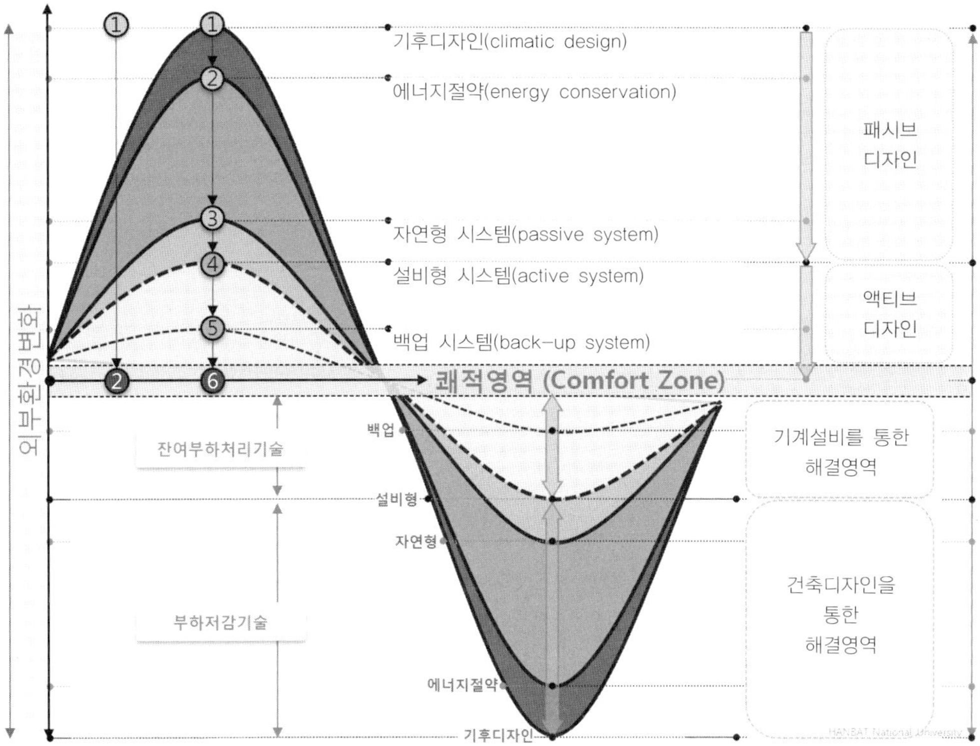

그림 2.6 건물의 환경조절 및 에너지자립화 방법

는 부하요인에 대해 설비형 태양열시스템 및 기존 기계설비시스템의 계획이 진행되는 순서로 접근되어야 한다. 패키지형 태양열 온수급탕시스템과 같이 단순 부착하는 형태로 태양열 건물의 난방계획을 접근해서는 절대로 성공할 수 없는 것이다.

그림 2.6은 건물 내 환경조절 및 에너지자립화를 하기 위한 체계적 기술 적용의 필요성을 도식화한 그림이다. 인간에게 쾌적한 주거환경을 제공하기 위해서는 시시각각으로 변하는 외기변동으로부터 일정범위의 쾌적영역이 형성되도록 환경조절을 해주어야 한다. 과거에는 이러한 외기변화인 ①의 상태에서 쾌적영역인 ⑥의 상태로 만들기 위해 전적으로 보일러 또는 에어컨과 같은 기계설비만으로 냉난방을 해 ① ⇒ ⑥의 상태로 직접 만들어 줌에 따라 막대한 화석연료가 소비되었다. 하지만 건축설계 단계에서 다양한 기법을 이용해

효과적인 디자인을 할 경우 상당부분의 에너지를 순수하게 설계기법만을 통해 절감할 수 있다는 것이 새로운 태양건축 기술의 핵심내용인 것이다. 즉, 건축설계의 진행과정별로 적절한 기술을 체계적이고 단계적으로 순서에 입각해 적용함으로써 화석연료의 사용을 최소화시키자는 개념이다. 슈퍼단열, 슈퍼윈도우, 기밀화 시공, 자연형 시스템(그림 2.6의 ①⇒②⇒③⇒ 단계에 해당)을 통해 건물부하를 우선적으로 대폭 축소시킨 후에 잔여부하에 대해 설비적 방식(④⇒⑤⇒ 단계에 해당)으로 해결하자는 개념이다.

이러한 배경에서 "제로에너지 건물"의 용어적 의미는 기술 적용의 우선순위에 따라 통합적 설계접근방식을 통해 구현된 신개념의 에너지자립형 건물을 의미하는 것으로, 설계방식에 있어 근본적으로 기존의 태양열 주택 등과는 차별되는 것이다. 한편, 주택에서 소비되는 모든 열에너지 및 전기에너지를 순수하게 자연에너지로만 대체하는 "100% 완전 에너지자립형 태양주택"이 최종적 구현 목표이지만, 경제성을 고려한다면 이는 향후 일정기간이 지난 이후에나 일반화될 것으로 기대된다. 하지만 현재 조건의 예산수준 및 경제성에 따라 부분적으로 기술 적용이 이루어진다 해도 위에서 언급한 기술적 우선순위 및 통합적 설계접근방식의 개념만 유지된다면 충분한 부분적 목표치를 달성할 수 있는 것이다.

난방	급탕	냉방	전기
통합설계 및 평가, 시공 기술			
• 슈퍼단열시스템 • 고성능복합창호시스템 • 투명단열시스템 • 지중매설관리시스템 • 부착온실시스템 • 축열벽식시스템 • 환기배열회수시스템 • 설비형태양열시스템 • 통합기계설비시스템 • 홈오토메이션시스템 • 연료전지시스템	• 설비형태양열시스템 • 투명단열시스템 • 통합기계설비시스템 • 연료전지시스템	• 슈퍼단열시스템 • 고성능복합창호시스템 • 지중매설관시스템 • 환기배열회수시스템 • 통합기계설비시스템 • 홈오토메이션시스템 • 태양전지시스템 • 연료전지시스템	• 고효율조명 및 전기기기 • 홈오토메이션시스템 • 태양전지시스템 • 연료전지시스템
100% 에너지자립 제로에너지 주택			

그림 2.7 제로에너지주택을 위한 구성부하별 핵심요소기술 분야

한편, 그림 2.7은 주택의 부하구성에 따라 제로에너지주택을 위해 현 기술수준에서 적용 가능한 핵심요소기술을 분류한 예이다. 건물시스템은 건물 구조체 외에 각종 냉난방, 조명, 전기설비 등 다양한 시스템이 하나로 구성되어 상호 유기적인 영향을 미치는 종합 환경시스템이다. 따라서 단순히 한 기술 분야의 독립적 적용을 통해서는 에너지자립화가 실현될 수 없으며, 건물 부하구성 변화에 따른 필요한 핵심기술 분야의 정확한 선별 및 각 요소기술의 효과적인 통합을 통해서만 가능한 것이다.

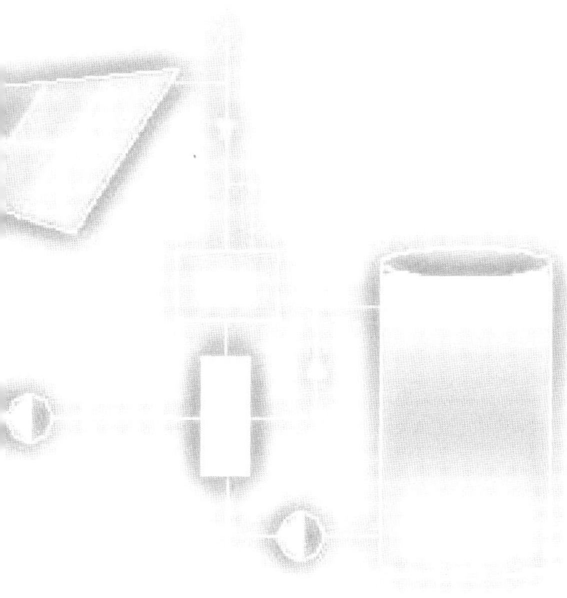

PART Ⅱ

제로에너지 건물의 핵심요소기술

3. 건물부하 저감 기술
4. 하이브리드 환기 기술
5. 자연형 태양열시스템
6. 설비형 태양열시스템
7. 지열 히트펌프시스템
8. 펠릿보일러
9. 건물일체형 태양광발전시스템

3

건물부하 저감 기술

3.1 슈퍼단열(super-insulation)

건물 외피는 불투명 및 투명 외피로 구성되어 있으며, 저에너지 건축설계에 있어 핵심은 슈퍼단열과 태양열 획득의 균형설계에 있다. 본 장에서는 불투명 외피를 중심으로 소개하고자 한다. 바람직한 건물외피 설계는 낮은 열전달, 침기 및 콜드드래프트의 최소화, 습기로부터 마감재 손상 방지 등의 역할을 하지만, 불행히도 대부분의 건물에서 이러한 요구들이 충족되지 못하고 있는 실정이다.

낮은 수준의 단열은 냉난방 비용의 상승을 가져오며, 건물의 연결부나 우각부에 생기는 열교는 결로 및 곰팡이 발생을 초래한다. 또한, 건물의 창호나 문 등과 같은 연결부위에서 발생하는 침기는 거주자 불쾌적의 원인이 된다.

벽체에 누적된 습기(거주자가 발생하는 습기의 확산이나 공기유동 또는 외부습기[비] 이동에 이해 발생된 습기)는 궁극적으로 구조상 손상을 주며 단열효과를 감소시킨다.

슈퍼단열된 건물 외피는 위와 같은 문제를 해결할 수 있으며, 모든 저에너지 건축설계에 있어 필수 기술요소이다. 슈퍼단열의 의미는 건축법규나 일반 시방규정을 초과하는 단열수준을 뜻하며, 슈퍼단열된 건물의 경우 에너지효율화 기술과 패시브 솔라를 통한 열획득량을 고려하여 난방부하에 적용하므로 열손실을 크게 줄일 수 있다.

1) 개념 정의

슈퍼단열된 건물의 외피는 열교 방지를 포함한 고단열과 기밀시공의 2가지의 중요한 구성요소로 이루어진다. 고단열시스템은 벽체 안에 단열재를 충진하므로 일반벽체보다 두껍게 시공되지만, 단지 단열두께의 증가만으로 일반 복합벽체가 고성능 벽체가 되지는 않는다. 벽체시스템과 창호, 문 등의 건물 구성요소들 사이의 연결부위는 기밀하고 열교 및 비연속면이 발생하지 않도록 설계·시공되어야만 한다. 특히, 고단열이 되면 될수록 열교 방지는 보다 중요해진다. 또한 콘크리트, 알루미늄, 철 제품 등과 같이 열전도율이 높은 건물재료는 단열재에 의해 열적으로 보호되도록 설계되어야 한다. 단열재의 첫 레이어는 열손실을 줄이는 데 가장 효과적이다. 감쇄법칙에 따르면 단열재의 각각의 층에서 열손실은 그 이전 층에서 최대가 된다.

고단열의 성능기준은 일반적인 기후대에서는 열관류율 0.2W/㎡K 또는 그 이하가 적용되며 한(寒)대 기후의 경우 0.13W/㎡K 이하가 적용된다. 일반적인 패시브하우스의 기준은 0.15W/㎡K 이하이다. 벽체의 단열수준이 증가하면 벽두께 또한 증가하게 되고, 이 경우 두꺼운 외벽으로 인한 내부 바닥면의 열손실이 고려되어야 한다.

대부분의 IEA 회원 국가들의 외벽시스템은 목재 또는 조적으로 시공되어져 있으며, 목재주택에서 슈퍼단열 외벽시스템은 일반적으로 싱글스터드나 더블스터드 벽체로 구성된다. 더블스터드 벽의 스터드는 최적 단열효율을 위해 엇갈리게 배치한다. 조적 또는 콘크리트 벽에 있어 슈퍼단열은 차음과 축열체 기능을 가지지만 벽체가 두꺼워지며 비용 상승이 동반된다. 이러한 시스템에서 취입형 또는 모포형 단열재(loose-fill or batt insulation)는 콘크리트나 조적 사이에 설치되며, 경질우레탄폼 단열재는 콘크리트나 조적벽체 외부에 외단열시스템의 형태로 설치된다.

천장에서 슈퍼단열 적용은 비교적 쉬우며, 취입형 단열재는 원하는 깊이로 다락공간에 설치할 수 있지만 낮은 밀도로 인해 대류가 발생하여 단열재의 열전도율을 약간 증가시킬 수도 있다. 모포형 단열재도 적용 가능하지만 공기층에 대한 세심한 고려가 필요하다. 가령 엇갈린 조인트 부위의 몇몇 레이어 또는 두꺼운 석고보드가 설치되는 곳이 예이다. 또한 바람직한 천장단열은 냉방부하를 줄이는 역할도 한다.

콘크리트 지하벽체는 내부 및 외부 모두 단열재 설치가 가능하다. 내부면에서 실내벽은 모포형 단열재로 충진하고 고정된다. 외부면에서 단열방법은 조적벽에서와 유사하지만 드레인과 습기 방지에 세심한 주의가 필요하다. 지하실과 지면과 맞닿은 바닥슬래브의 경우 슬래브 하부에 경질단열재를 설치해야 하며, 상부공간이 있는 경우의 목재바닥인 경우 싱

글스터드 벽과 같이 단열재를 설치할 수 있으며, 콘크리트 바닥은 경질단열재를 접착하거나 바닥패널 하부에 기계적으로 고정하여 단열재를 설치할 수 있다.

목조구조에서는 벽체 안으로 연속된 기밀층을 통합하므로 기밀화할 수 있는데, 내부 측으로 약 50mm의 기밀층 형성은 내부마감보호 및 전선배관작업을 쉽게 할 수 있는 이점이 있다. 기밀층 사이 연결부위는 PE필름으로 연결부위를 겹쳐서 압착해야 하며 지지대가 있을 경우 테이핑은 더욱 효과적이다.

콘크리트와 치장벽과 같은 재료들은 충분한 기밀성을 제공하지만 창문과 문틀 그리고 건물형태가 변하는 부위 등 연결부위에서는 목조구조와 마찬가지로 세심한 주의가 필요하다.

고기밀성을 보장하기 위해서는 설계 초기단계에서 외피, 콘센트 박스 파이프, 덕트 및 연도에 대한 기밀설계가 이루어져야 하며, 창호 및 도어 설치 시 기술적 해결책이 고려되어야 한다. 이러한 방법에 의해 건물 외피가 기밀하게 될 때 주택에서의 기계환기가 필요하며, 환기량이 완벽하게 제어될 수 있으며 전열교환기의 적용에 있어 효율을 높일 수 있다.

2) 슈퍼 단열시스템의 종류

본 장에서는 IEA TASK 13 주택에 사용된 슈퍼 단열기술을 소개하고자 한다. 그림 3.1은 IEA TASK 13 주택의 지붕 및 외벽의 열관류율 값을 예시한 것이다.

여기에는 목구조, 조적 및 대형패널의 3가지 일반적인 시공기술이 사용되었다. 우드프레임의 경우 가장 인기 있는 시스템으로 시공기술은 기후, 자원의 유용성, 문화적 습관 등에 의해 선택된다. 중부 및 남부 유럽의 경우, 조적구조가 일반적이나 북유럽 및 북아메리카, 일본은 우드프레임 주택이 가장 일반적이다. 임업이 발달한 국가에서는 우드프레임 벽

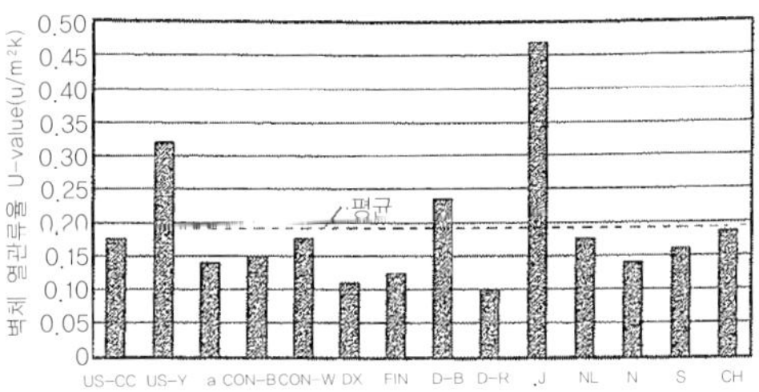

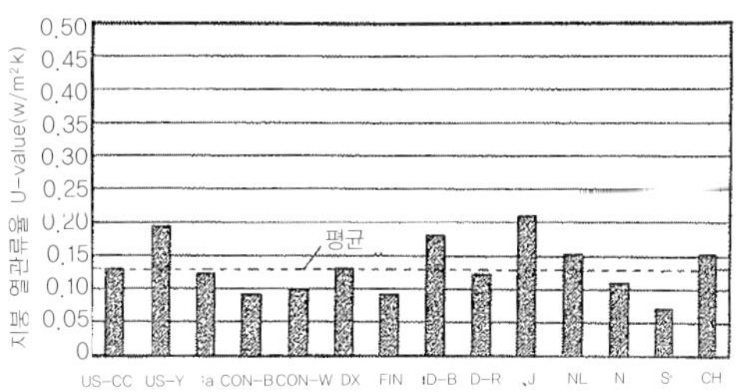

그림 3.1 IEA TASK 13 주택 지붕 및 외벽의 열관류율

이 일반적으로 시공비용이 가장 경제적이지만 열교방지 설계, 특히 기밀시공에 있어 세심한 주의가 요구된다.

건물 외피 기밀성능을 높이기 위해 PE필름 설치, 외부기밀층 형성, 기밀 회반죽 바르기(pargings), 기밀패널의 4가지 방법이 적용되어 왔다.

기밀방법은 벽체 시공기술에 달려있으며, 조적조 주택에서 치장벽돌이나 콘크리트 층은 목조프레임과 달리 기밀시공이 가능하고 효과적인 기밀층을 형성할 수 있다. 일반적으로 목조지붕, 콘크리트 또는 조적벽체에 PE필름 시공의 조합방법이 적용된다.

대부분의 경우 Task 13 저에너지 주택 건축가들은 원하는 에너지 효율과 성능을 확보하기 위해 건물 외벽을 다시 설계했으며, 핵심적인 수정사항으로 단열재의 두께, 열교방지 설계, 침기 최소화의 상세를 계획했다.

(1) Wood I-beam frame wall system-the Canadian Waterloo house

그린홈(Green Home)을 위한 고성능 벽체는 목재 I-beam(600㎜)(그림 3.2 참조)이 사용되었다. 이 벽체는 내측에 240㎜ 셀룰로오스 단열재와 외측에 19㎜ 경질단열재로 구성되었으며, 열관류율 값은 0.16 W/㎡K이다. 개발된 목(木)제품은 2개의 내력구조로 구성되어 있으며, I-beam형태의 얇은 웨이퍼보드로 나눠져 있다.

열교는 I-beam을 통한 공간 확보로 일반 목재 스터드보다 최소화 되었으며, 38㎜ 목재 대신 11㎜의 두꺼운 웨이퍼보드를 적용하여 목재 서포트를 분리하였다. PE 방습층은 내부 건식벽체 뒤에 위치하며 모든 연결부위는 습식테이프로 밀폐시켰다. 이 벽체시스템은 일반 목조벽체에 배해 30%의 목재량을 줄였다. 섬유질 단열재는 다락공간에 400㎜ 두께로 설치되었다.

기초부위는 낮은 열손실과 일반적인 콘크리트 기초의 물량을 절반가량으로 절약하였으며 지면 하부(토사와 면하는) 벽체는 프리캐스트콘트리트 패널(외부 평면형태, 내부 격자형태)로 구성하였으며, 50㎜ 유리면이 외부에 적용되었고 내부 격자공간에는 섬유질 단열재가 적용되었다.

목재 스터드벽은 콘크리트벽 내측으로 63㎜에 위치하며, 슬래브 하부는 50㎜ EPS 단열재(폴리스티렌)를 부착한다.

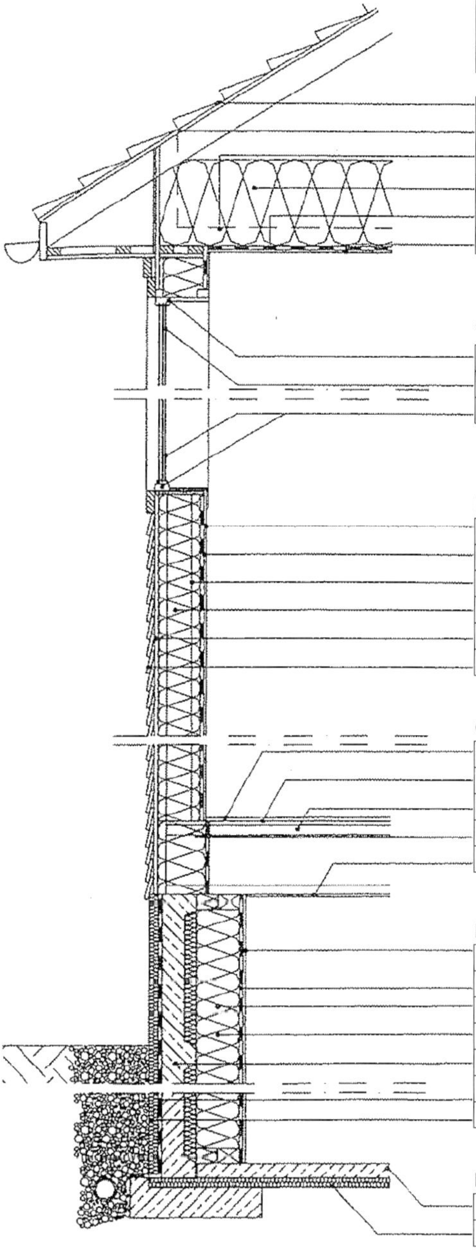

loyer	description	width	conductance	U-value
		cm	W/mK	W/m²k

Roof

1	steel roofing	–	–	0.094
2	wood woferboard	1.60	0.14	
3a	wood I-beam on 600 centres	8.90	0.14	
3b	cellulose insulation	46.00	0.04	
4	vopour retarder	–	–	
5	gypsum board	1.20	1.21	

Window

6	fiberglass frame	1.07
7	(tripe) centre-glazing	0.95
8	glazing and frame	1.02

Exterior Wall

9	gypsum board	1.20	0.21	0.16
10	vopur retarder	–	–	
11a	cellulose Insulation	24.00	0.04	
11b	wood I-beam on 600 centres	24.00	0.14	
12	insulated sheating	1.90	0.06	
13	wood siding	1.90	0.14	

Ceiling

14	hardwood flooring	1.90	0.14	–
15	waferboard subfloor	2.20	0.14	
16	wood I-beam on 600 centres	36.60	0.14	
17	polyurethane form	15.00	0.025	
18	gypsum board	1.20	0.21	

Below Grode Wall

19	gypsum board	1.20	0.21	0.20
20	vopour relarder	–	–	
21a	cellulose insulation	24.00	0.04	
21b	wood studs on 600 centres	6.40	0.14	
22	reinforced precast concrete	5–20	2.00	
23	moisture barrier	–	–	
24	semi-rigid fibreglass	5.00	0.04	

Below Grode Floor

25	concrete	7.60	2.00	0.61
26	polystrene insulation	5.00	0.035	

그림 3.2 Canadian Waterloo housed의 외피설계

(2) Double-stud wall- the Finnish house

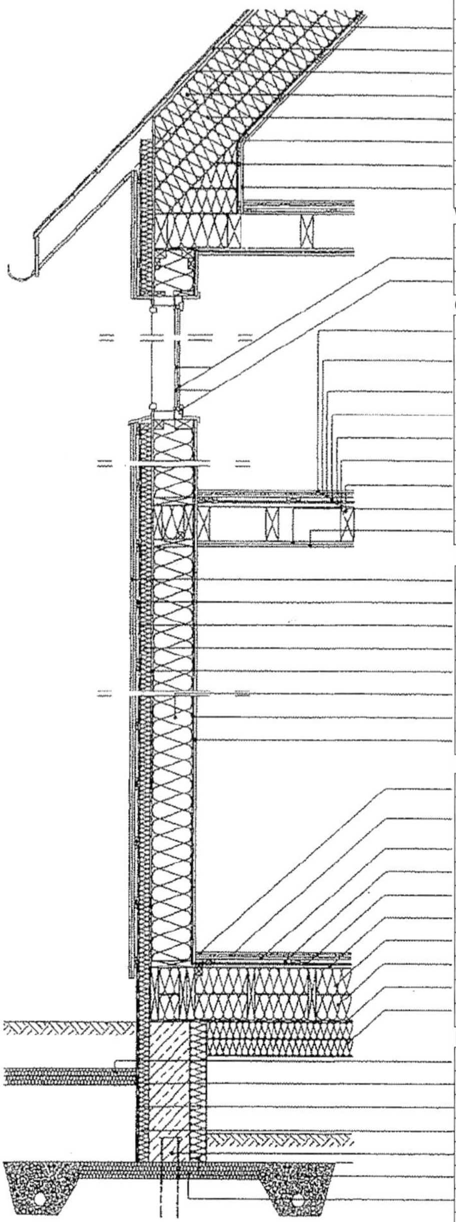

loyer	description	width	conductance	U-value
		cm	W/mK	W/m^{2}k
Roof				
1	Sheet steel Waterproffing	–	–	
2	Boording	1.90	–	
3	Ventilation Gap	5.00	–	
4	Wood	10.00	0.12	0.09
5	Mineralwool	45.00	0.035	
6	Vapour Barrier	–	–	
7	Lattice	2.20	0.120	
8	Gypsum Board	1.30	0.230	
Window				
9	Frame Aluminium/Wood			0.70
10	Glazing			0.70
11	Glazing and Frame			0.70
Celling				
12	Gypsum Board	1.30	0.230	
13	Gypsum Board Stripes/Plastic piping	1.30	0.230	
14	Gypsum Board	1.30	0.230	
15	Boarding/Airspace	2.20	0.120	
16	Plastic Film Vapour Barrier	–	–	–
17	Wood Frame Structure	2.20	0.120	
18	Wood Composite Beams	20.00	0.014	
19	Wood Frame Structure	2.00	0.120	
20	Gypsum Board	1.30	0.230	
Exterior Wall				
21	Wooden Clodding	3.00	–	
22	Lattice/Airspace	2.00	–	
23	Plastic Fibre Fabric	–	–	
24	Rigid Mineralwool	7.00	0.035	0.12
25	Gypsum Board	0.90	0.210	
26	Mineralwool	34.50	0.035	
27	Plastic Film Vapour Barrier	–	–	
28	Gypsum Board	1.30	0.230	
Floor				
29	Gypsum Board	1.30	0.230	
30	Gypsum Board Stripes/Plastic Piping	1.30	0.230	
31	Gypsum Board	1.30	0.230	
32	Boarding/Airspace	2.20	0.120	
33	Plastic Film Vapour Barrier	–	–	0.11
34	Wood Frame Structure	2.00	0.120	
35	Mineral wool	30.00	0.035	
36	Wood Composite Beams	30.50	0.014	
37	Plastic Fibre Fabric	–	–	
38	Rigid Mineralwool	20.00	0.035	
Foundation				
39	Extruded Polystyrene	10.00	0.030	
40	Rendering	0.50	–	
41	Plastic Fibre Fabric	–	–	
42	Rigid Mineralwool	7.00	0.035	–
43	Concrete	25.00	1.500	
44	Rigid Mineralwool	10.00	0.035	
45	Extruded Polystyrene	10.00	0.030	
46	Steel Coumns	11.00	60.000	

그림 3.3 Finnish house의 외피설계

(3) Super-insulated masony wall – theerman Rottwell house

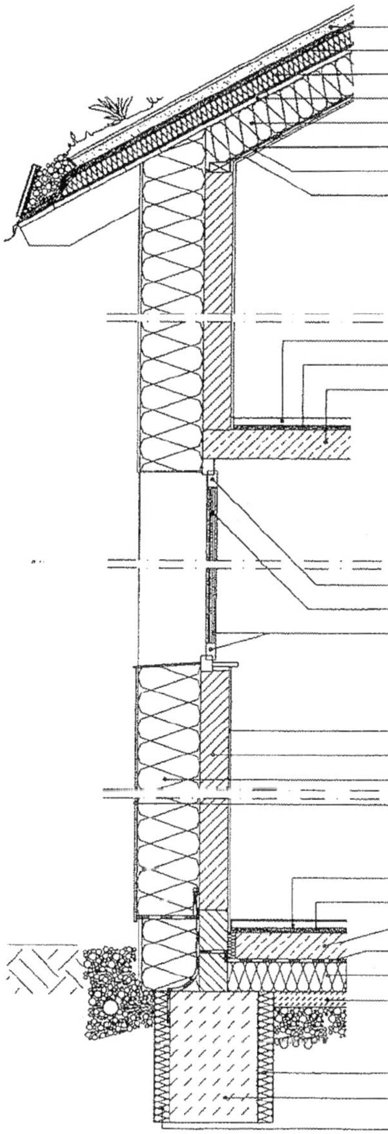

loyer	description	width	conductance	U-value
		cm	W/mK	W/m^2k
Roof				
1	Earth+Vegetation	11.50	–	0.12
2	Water Proofing	0.02	–	
3	Insulation	10.00	0.035	
4	Wood	2.00	0.130	
5	Insulation+Wood	24.00	0.049	
6	Vapour Barrier	0.02	–	
7	Lattice	2.40	–	
8	Gypsum Board	1.50	0.700	
Ceiling				
9	Screedfloor	4.00	1.400	0.83
10	Insulation	3.00	0.040	
11	Concrete	18.00	2.100	
Window				
12	Sealed Frame			1.40
13	Glazing			0.50
14	Glazing and Frame			0.75
Exterior Wall				
15	Plaster	1.50	0.700	0.11
16	Limestone	17.50	0.990	
17	Insulation	40.00	0.045	
18	plaster	2.00	0.870	
Basment Slab				
19	Screedfloor	4.00	1.400	0.13
20	Insulation	3.00	0.040	
21	Concrete	18.00	2.100	
22	Water Proofing	0.02	–	
23	Insulation	20.00	0.030	
24	Concrete	10.00	2.100	
Foundation				
25	Insulation	10.00	0.035	–
26	Concrete	60.00	2.100	
27	Insulation	10.00	0.035	

그림 3.4 독일 Rottwell house의 외피설계

(4) 슈퍼 외단열시스템의 부위별 상세[7)]

① 기초 및 외벽부위

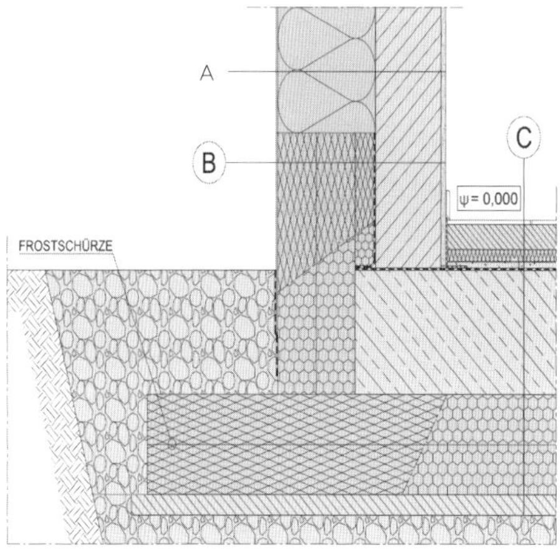

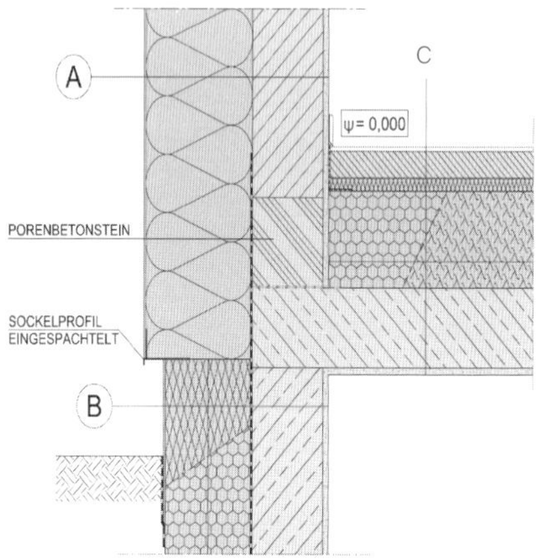

그림 3.5 기초·외벽 상세

② 창호 주변부위

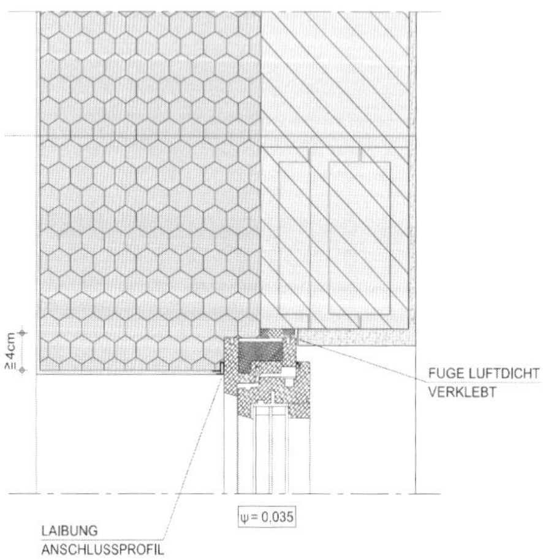

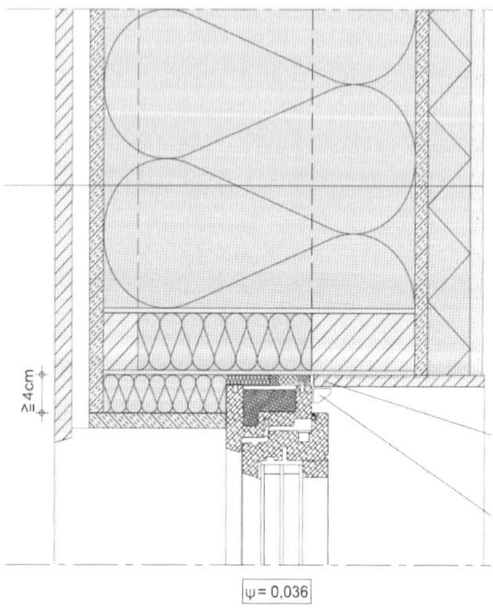

그림 3.6 Head부위 상세

7) GDI, 독일 2004.9

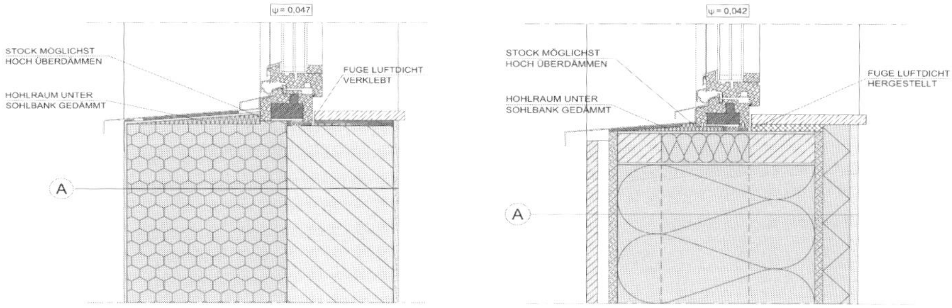

그림 3.7 sill부위 상세

③ 지붕부위

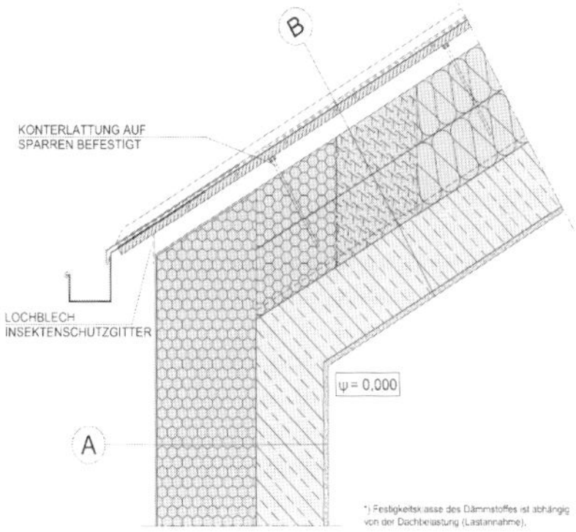

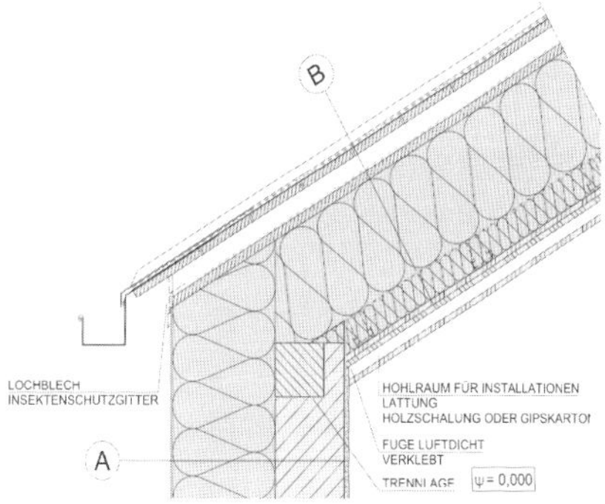

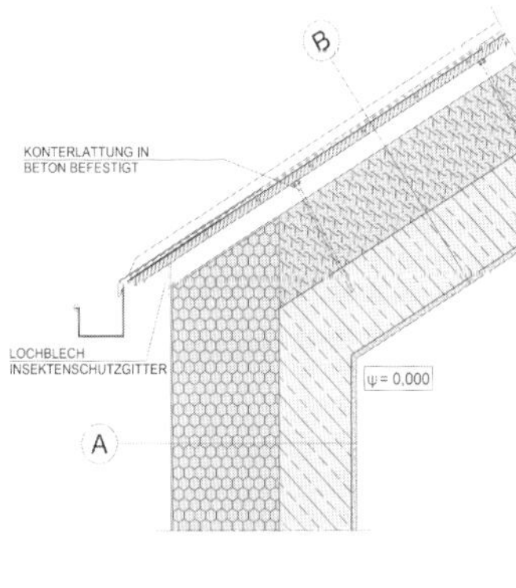

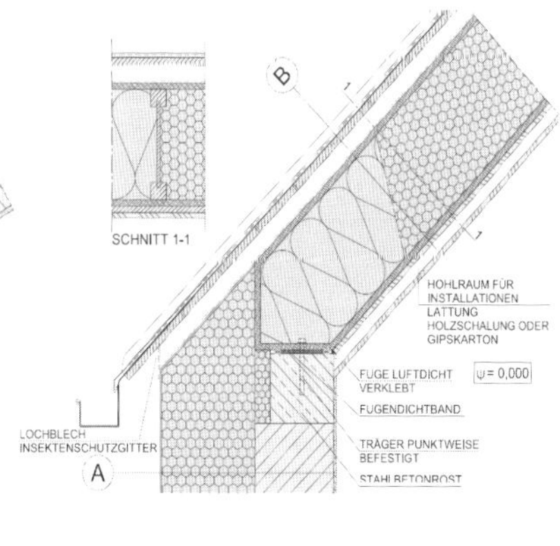

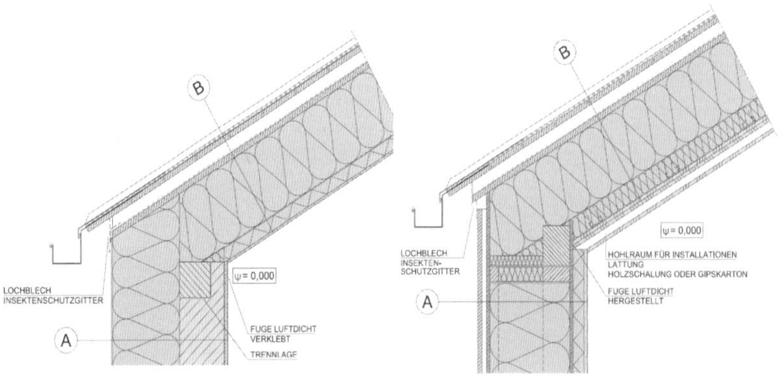

그림 3.8 지붕 상세

④ 공동주택에서 열손실을 줄이기 위한 계단실 계획

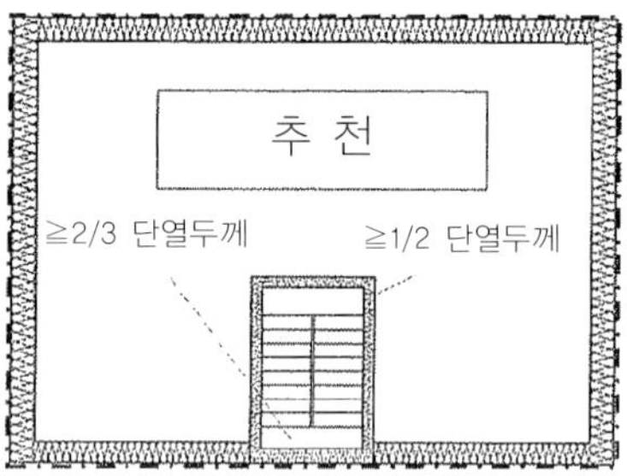

$f_{Y}=0.85$

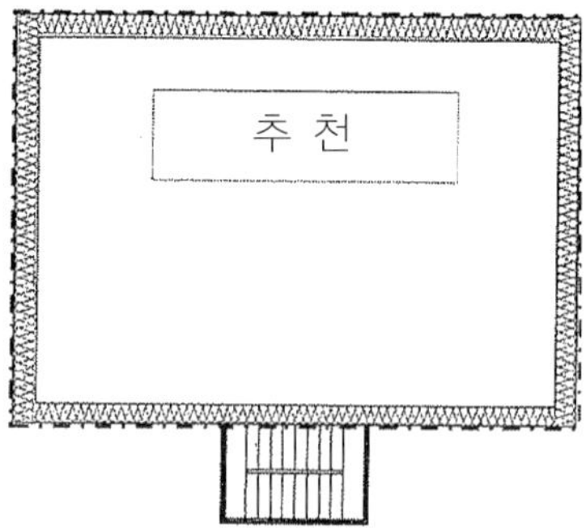

$f_{\tau}=0.97$

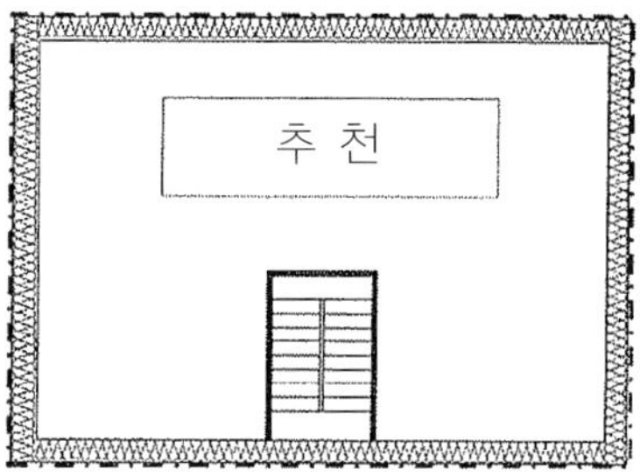

$f_{Y}=0.98$

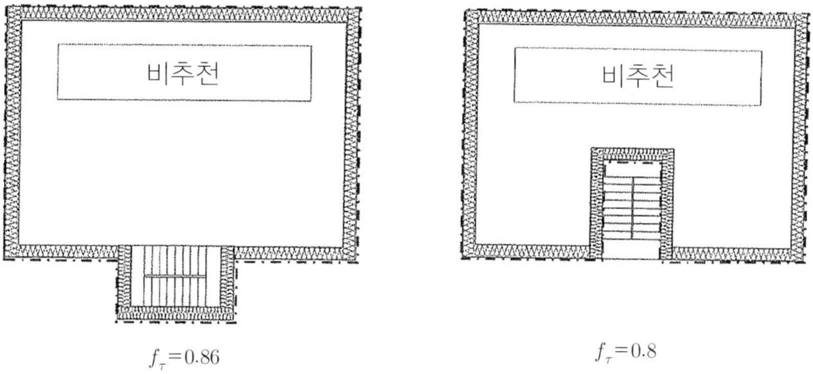

그림 3.9 계단실 부착위치에 따른 온도수정계수 추천 및 비추천 사례

3.2 슈퍼창호(super-window)

고성능 창호는 저에너지 건물 외피의 중요한 부분으로 일반적으로 열관류율 1.5W/m²K 이하 또는 일반 복층유리의 절반 이하의 성능을 확보한 창호로 정의할 수 있으며, 가시광선 투과율 및 누기율이 고려되어야만 한다. 창호의 열손실을 낮추기 위한 방법으로는 다중구조의 창호, 로이코팅, 가스충진, 단열간봉, 낮은 열전도율의 창틀, 단열셔터 등이 적용되며 창틀면적은 최소화시켜야 한다.

또한, 제로에너지 하우스 구현에 있어서 창호성능은 매우 중요한 요소이며, 일반적인 조건에서는 창을 통한 열손실보다 열 획득이 커야만 한다. 또한, 난방 요구량이 1/3은 창을 통한 자연형 태양열 획득에 의해 공급되므로 창은 투과율(g-value) 50% 이상, 적절한 크기, 남향배치, 여름철 과열 방지를 위해 개폐가 가능해야 하며, 열관류율 0.8 W/m²K 이하로 설계되어야 한다. 이 값을 만족하기 위해서는 3중 Low-e유리 또는 진공복층유리를 사용해야 하며, 가스충진(아르곤, 크립톤)을 할 경우 열관류율을 0.6 W/m²K까지 낮출 수 있다. 현재, 창호기술은 벽체 단열수준과 유사한 진공 3중 유리(0.4 W/m²K)가 개발 중에 있다. 또한, 창틀의 경우도 열관류율 0.8 W/m²K 이하로 설계되어야 한다.

창의 경우는 올바른 시공이 역시 중요하며, 외피 단열 라인 이내에 설치하되 창틀 주위는 단열재를 중첩하여 열교를 최소로 해야 한다.

그림 3.10 최근 개발된 대형 3중 창호와 멀티창호(3중 구조)

고성능 슈퍼창호는 낮은 열손실과 누기율 그리고 높은 가시광선 투과율의 성능을 확보해야만 한다. 유리 중공층의 복사 및 대류 열전달을 줄이기 위한 몇몇 기술들은 현재 적용되고 있으며, 복사 열손실은 로이(low-e) 코팅된 유리를 선택하므로 줄일 수 있다. 로이 코팅은 각 유리 내표면에 코팅되며, 복사열 손실은 96%(e=0.04)까지 줄일 수 있다.

로이 코팅의 종류는 소프트(sputter 방식 ; 진공증착)와 하드(pyrolytic 방식 ; 열분해) 코팅으로 나눌 수 있으며, 일반적으로 소프트코팅이 하드코팅보다 성능은 우수(e = 0.04 ~0.15)하지만 가시광선 투과율이 낮아지는 단점이 있고, 창호조립 시 수분 및 물리적인 내구성이 취약하고 취급(지문조차 묻으면 안 됨)이 어렵다.

그러나 하드코팅의 경우, 복사열 손실은 약 80%(e = 0.2) 정도이지만 소프트코팅에 비해 내구성이 양호하고 가시광선 투과율에 영향을 받지 않는 장점이 있다. 개선된 하드코팅의 경우 가시광선 투과율에 영향이 적으면서 복사열 손실은 약 85~88%(e = 0.12~0.15)까지 성능이 개선되었다.

유리 중공층의 대류 열손실은 건조공기 대신에 불활성 기체(아르곤, 크립톤, 크세논)를 충진함으로써 줄일 수 있으며, 아르곤가스 충진이 가장 경제적이므로 널리 사용된다. 최근에는 크립톤과 크세논 가스도 사용되어지는데, 가격은 비싸지만 열손실을 줄일 수 있으며 동일 성능 대비 공기층 두께도 줄일 수 있는 장점이 있다.

가스충진 없는 로이 코팅의 적용은 복사열 전달은 감소시키지만 대류열 전달이 증가되어

각 기능을 상쇄시키므로 창호조립에 있어 세심한 고려가 필요하다.

고성능 슈퍼창호를 구현하기 위한 가장 간단한 방법은 가스충진된 로이 코팅유리를 다중 구조(3중 이상)로 구성하는 것이다. 다중구조의 창호 적용 시 가시광선 투과율은 낮아지지만 전체 열손실은 매우 낮아지므로 순열손실은 감소하게 된다.

다음의 그림 3.11은 유리의 g-값(태양열 투과율)과 열관류율에 따른 단위면적당 에너지 소비형태를 보여주며, 슈퍼창호라 불리는 3중 창호(가스충진, 양면 로이코팅 적용)의 경우 태양 투과율은 48%에 불과하지만 열손실이 낮아 전체 에너지 밸런스 면에서 유리한 것을 볼 수 있다. 유리의 열손실을 줄이는 다른 기술로는 유리 사이 중공층에 투명단열재나 에어로젤을 충진하는 방법이 있으며, 최근 기술로는 진공유리와 내구성을 갖춘 열교방지용 창호 실링제 개발에 관심이 모아지고 있다.

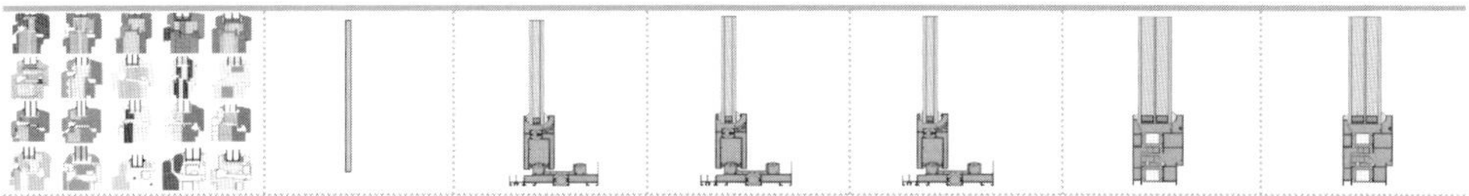

유 형	단 창	복층창	복층 로이	복층 로이 +아르곤	삼층 로이	삼층 로이 +아르곤
열 관류율	5.6	2.80	1.90	1.20	0.85	0.65
표면온도	−1.8℃	9.1℃	13.7℃	15.3℃	16.7℃	17.5℃
태양 투과율	0.92	0.80	0.74	0.62	0.54	0.48

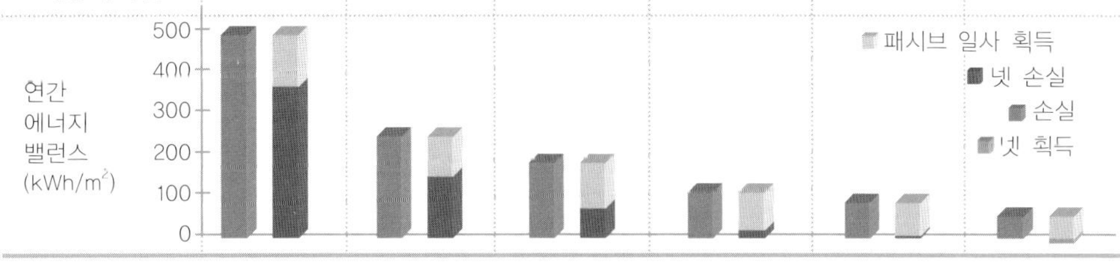

그림 3.11 유리 종류에 따른 U-value와 g-value

로이 코팅에 가스충진된 다층구조의 유리는 창호프레임 부위보다 열손실을 줄이는데 매우 효과적이다. 따라서 창호프레임 부분에 단열성능을 높이기 위해 단열간봉(슈퍼 스페이서) 기술에 이제는 관심을 가져야 한다.

일반 창호의 알루미늄 간봉은 실링에는 효과적이지만 열교를 발생시키므로 겨울철 창호 하부에서 결로영역이 넓게 분포된다(그림 3.12 참조). 현재 대부분의 제조사들은 알루미늄 간봉 대신 단열간봉을 사용하여 열손실과 결로 발생을 줄이려고 노력하고 있다. 일반적인 단열간봉으로는 실리콘폼, 부틸고무 등이 사용된다.

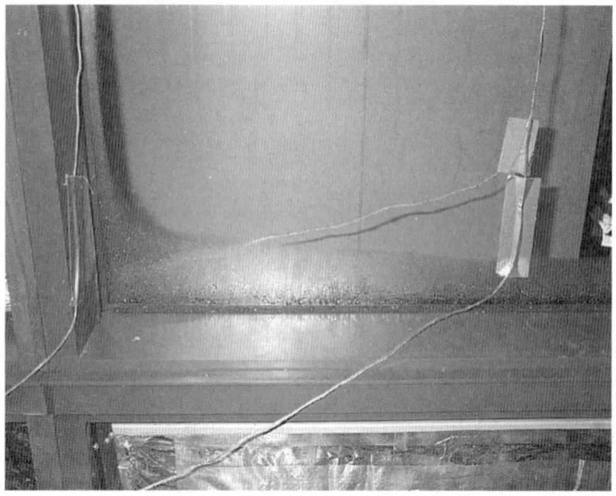

그림 3.12 로이 복층유리의 모서리부위 결로발생 사진

창호 프레임의 열성능을 높이기 위해서는

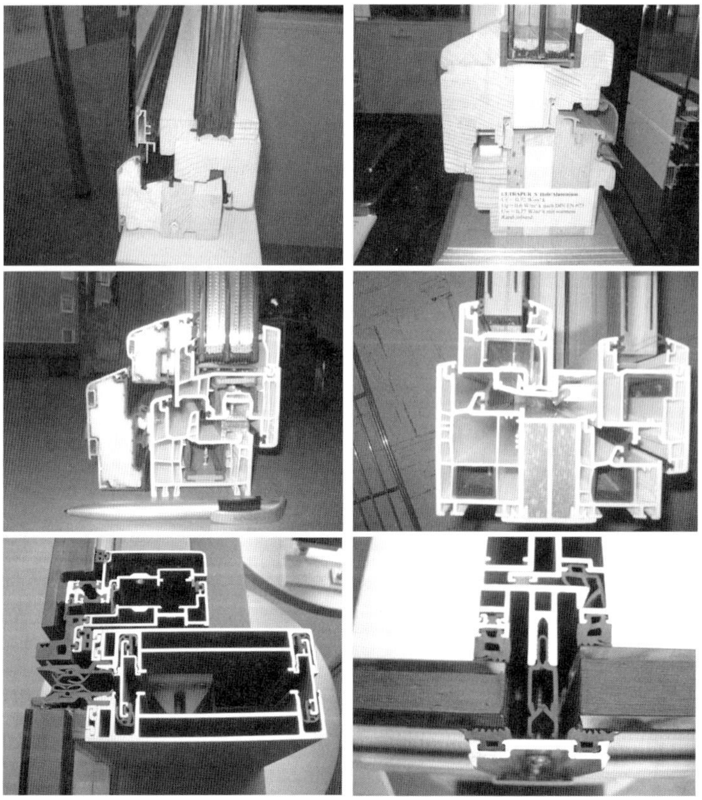

그림 3.13 슈퍼창호 시스템에 적용되는 프레임 부위 단면

열전도율이 낮은 재료(PVC, 목재 등)를 이용하거나 프레임 면적을 최소화하거나 프레임 내에서 열교를 줄이는 방법(폴리아미드 단열바 적용)이 있다(그림 3.13 참조).

그림 3.14 및 그림 3.15는 슈퍼창호 시스템의 상세도를 예시한 것이다.

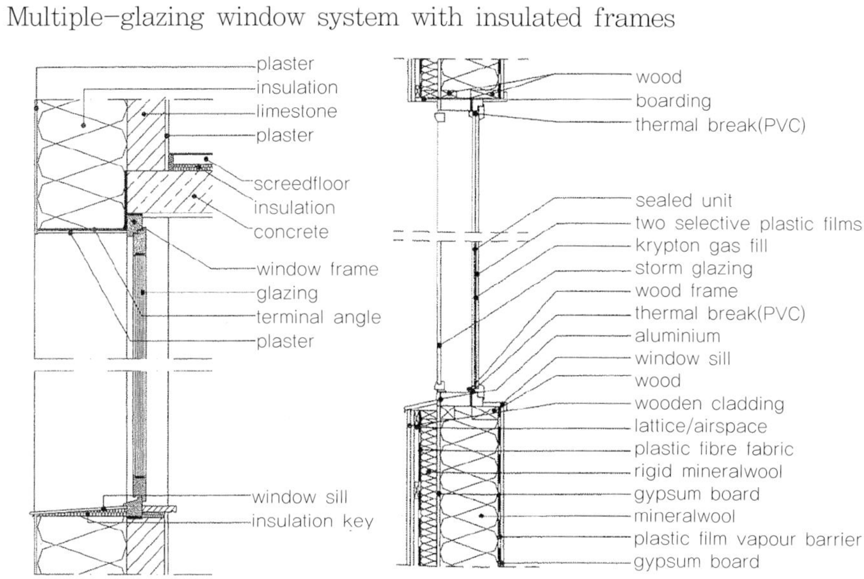

그림 3.14 창호주변 상세

최근 건축물에 있어서 생활환경의 고급화에 따른 입주자의 거주성능 향상 요구와 주택성능표시제도 등 성능 중심의 건설법규 강화에 따라 단열, 결로 및 차음성능이 개선된 창호 시스템이 요구되고 있으며, 유가급등에 따른 에너지 비용의 절감이 절실히게 필요하게 되었다.

건축물의 외피(exterior wall)의 구성요소인 vision부분의 창호(window)와 벽체인 solid 부위로 구성되며, 일반적으로 건축물에서 주요 열손실과 누음이 발생하는 부위인 창호에 대한 성능 향상은 건축물의 전체적인 열적성능 향상에 따른 에너지 절감과 차음성능 향상에 크게 작용하게 된다.

이러한 의미에서 슈퍼창호는 에너지 절약은 물론 단열성능 향상을 통해 실내 거주자의 열적 쾌적을 확보하고, 아울러 결로를 방지할 수 있으며, 또한 외부 교통소음 등에 대한 차음성능을 향상시켜 사용자에게 쾌적한 거주공간을 제공할 수 있는 기술이다.

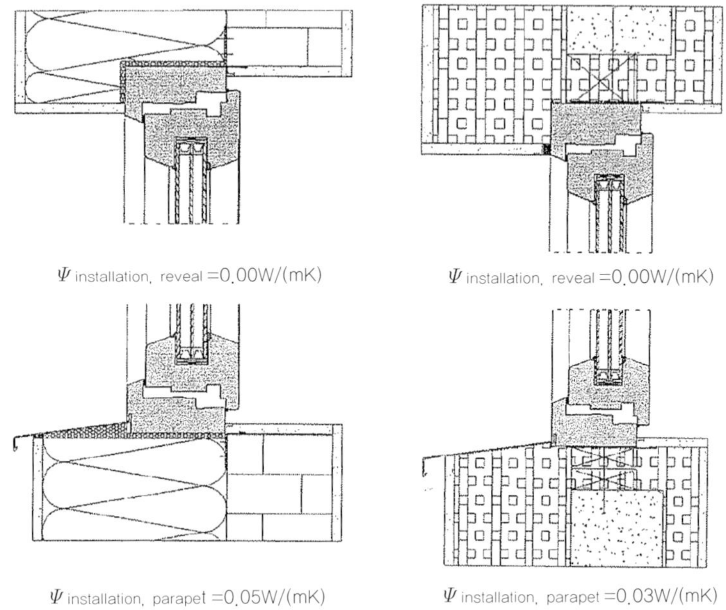

그림 3.15 창호와 벽체 연결부

3.3 건물의 기밀화

최근 국내에서는 고층 건물 및 에너지절약형 건물의 건설이 증가하고 있다. 건물은 건물의 상하부 압력차로 인해 누기 및 침기가 발생하게 된다. 이러한 누기 및 침기는 건물 외피에서의 열손실을 증가시켜 에너지 비용을 증가시킨다. 또한 건물 구조체 내부에 실내 및 외부의 수증기를 전달하여 내부결로를 유발하기도 한다. 또한 건물 외피의 기밀이 취약할 경우 침기에 의한 콜드 드래프트가 발생하여 거주자의 불쾌적을 야기시킨다. 따라서 건물 외피에서의 열손실을 줄이고 구조체 내부 결로에 의한 피해를 방지하고 거주자의 열적 쾌적도 향상을 위해서는 건물의 기밀도 향상이 매우 중요하다.

현재 국내에는 기밀도 향상에 대한 인식은 있으나 이를 위한 설계가 반영되어 있지 않고, 상용화된 기밀자재 역시 없는 상황이다. 기밀시공을 위한 시공지침 및 시방서도 확립되어 있지 않아 실제 시공현장에서 기밀도를 향상하기 위한 정형화된 프로세스는 확립되지 않은 상황이다. 따라서 건물의 기밀 향상을 위한 시공관리 및 설계반영은 중요한 요소라고 할 수 있다. 또한 기밀시공관리 및 자재 적용 현황에 따른 건물의 기밀도에 대한 정량적 데이터가 부족하므로 관련 데이터의 확보도 중요하다 할 수 있다.

그러므로 건물의 기밀시공 현황에 따른 기밀성능 데이터, 시공관리를 통한 기밀성능 향상에 관한 자료의 확보가 시급한 상황이다. 본 절에서는 기밀시공을 실시한 건물을 대상으로 건물별 기밀성능을 평가하여 상호비교를 통하여 기밀도 향상을 위한 설계 및 시공관리의 중요성을 확인하고자 한다.

1) 건물의 기밀성능

건물의 기밀성능이란 건물과 외기 사이에서 유·출입되는 공기를 차단하는 정도를 말한다. 이에 대한 측정방법이나 평가방법을 요약하면 다음과 같다.

(1) 기밀성능 표현방법

① CFM50

CFM50은 실내외 압력차를 50Pa로 유지하기 위해 실내에 불어넣어야 할 기류량을 의미한다. 50Pa의 압력은 대략적으로 20mph(약 9m/s)의 바람이 건물의 사방에서 불어올 때 생기는 압력이다. CFM50은 건물에서 새어나가는 바람의 양을 쉽게 파악할 수 있어서 많이 쓰고 있다. SI단위를 사용하는 국가에서는 CFM50 대신 CMH50을 사용하기도 하는데, $1ft^3$/min은 1.698m^3/h로 환산할 수 있다.

② ACH50

서로 다른 면적의 건물에서 측정된 누기량을 비교하기 위해서는 50Pa에서의 환기율을 비교하면 된다. 50Pa에서의 환기율(ACH50)을 구하기 위해서는 CFM50을 60분으로 곱한 후 건물의 체적으로 나누면 된다. ACH50은 건물의 외피에 50Pa의 압력이 작용하고 있을 때 실내공기가 몇 번 환기되는지를 나타낸다.

③ 상당 누기면적(EqLA)

EqLA(Equivalent Leakage Area)는 NRC(National Research Council)에서 정립한 누기면적 척도이며, 10Pa에서 발생하는 누기량과 같은 양의 공기가 새는 얇은 판 위의 구멍의 크기를 나타낸다.

④ 유효 누기면적(ELA)

ELA(Effective Leakage Area)는 LBL(Lawrence Berkeley Laboratory)에서 정립한 개념으로 LBL 침기모델에 쓰인다. ELA는 건물 내부에서 4Pa의 압력이 발생할 경우의 누기풍량과 같은 공기가 새어나가는 구멍의 크기를 blower door fan의 inlet 부분과 유사한 노즐면적으로 환산한 값이다.

(2) 기밀성능 측정방법

기밀도를 측정하는 궁극적인 목적은 자연상태에서의 환기량을 파악하기 위해서이다. 자연상태에서의 환기량을 알아내기 위한 방법으로 추적 가스를 이용하여 직접 환기량을 측정하는 가스추적법과 측정대상 실을 특정 압력으로 가압 또는 감안하여 그때의 누기량을 통해 누기면적을 산출하는 가압·감압법이 있으며 누기면적을 통해 자연상태에서의 환기량을 추정할 수 있다.

① 추적가스법(tracer gas method)

추적가스를 측정대상 공간에 뿌려놓고, 그 농도의 변화추이를 관찰하는 방식이다. 건물 내 공간으로 들어오는 공기는 제어되지 않는 침기(infiltration)와 의도적인 환기에 의해 이루어진다. 개구부로부터 들어오는 공기량은 직접적인 측정법으로 측정이 가능하지만 건물의 많은 틈새나 크랙 등으로부터 들어오는 공기량은 측정하기가 실질적으로 불가능하다. 이러한 문제는 추적가스법을 이용함으로써 해결할 수 있다.

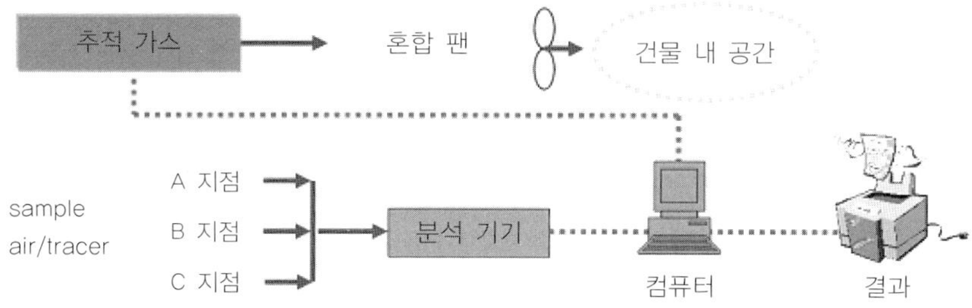

그림 3.16 추적가스법의 개념

② 가압·감압법(pressurization/depressurization method)

가압·감압법은 공조시스템이나 팬을 사용하여 가압 또는 감압을 한 후, 주어진 내·외부 정압 차이에서 흐르는 기류량을 측정하여 기밀성능을 구하는 방법이다. 측정대상 실의 문에 팬과 유량측정장치를 설치하여 일정 압력으로 가압·감압함으로써 외부와의 차압을 유지시키기 위해 필요한 풍량을 측정하여 기밀성능을 구하는 방식이다.

소규모 건물에서 기밀도를 측정하기 위해서는 blower door를 이용할 수 있다. 기후조건의 영향을 최소화하기 위해 약 10Pa에서 60Pa 또는 그 이상의 압력차를 두고 실행된다. 이 압력값들은 연돌효과 및 바람의 영향으로 발생하는 자연적인 압력보다는 훨씬 크기 때문에 그것들의 영향을 감소시켜주어 측정의 정확도를 높여준다.

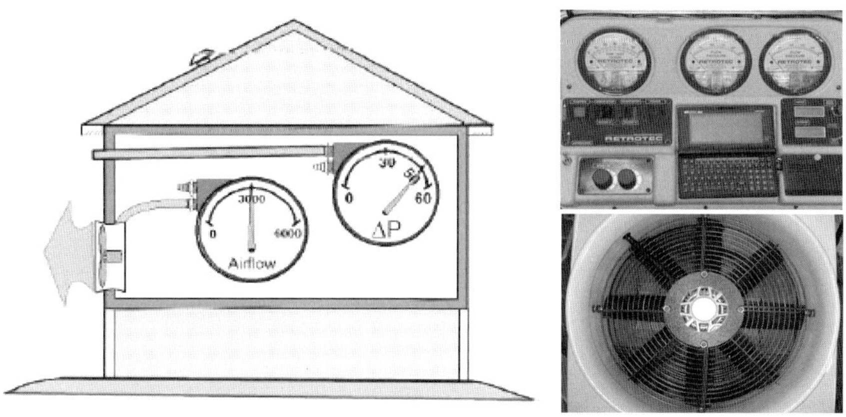

그림 3.17 가압·감압법의 개념

(3) 기밀시공 사례

다음은 해외의 기밀시공 사례이다. 그림 3.18은 벽체 기밀시공 사례이며, 그림 3.19는 창호기밀 시공 사례이다. 벽체는 필름지 및 기밀테이프 시공으로 기밀화를 달성하였고, 창호는 조인트 부위 기밀시공으로 기밀화를 달성하였다. 그림 3.20은 콘센트박스 기밀 시공 사례이며, 그림 3.21은 전선 관통부위 기밀시공 사례이다. 전선박스는 전선 관통부위에 연질고무막을 설치하여 기밀화를 달성하였고, 관통부위는 패킹재를 설치하여 기밀화를 달성하였다.

그림 3.18 벽체 기밀

그림 3.19 창호 기밀

그림 3.20 콘센트박스 기밀

그림 3.21 전선관부위 기밀

이러한 시공관리를 통해 유럽에서 많이 지어지고 있는 패시브하우스는 50Pa의 압력차에서 시간당 환기횟수 0.2~0.6회의 기밀성능을 가지는 것으로 보고된다.

그림 3.22는 독일의 주택 기밀성능 현황을 나타낸다. 과거에는 통상 ACH50 기준 10회의 환기횟수를 가졌으나, 최근 법적기준은 3회, 패시브하우스는 약 0.5회 정도의 환기횟수를 가지는 것으로 나타났다. 그림 3.23은 건물의 기밀도 확보를 위한 외피의 기밀라인을 나타낸다.

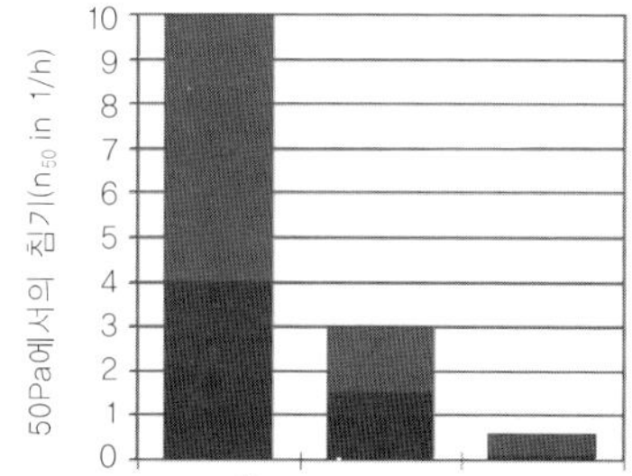

그림 3.22 독일 주택 종류별 기밀성능

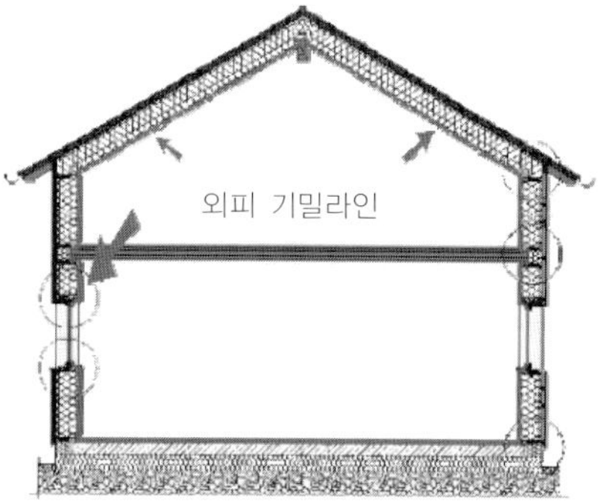

그림 3.23 기밀도 확보를 위한 외피 기밀라인

3) 기밀성능평가

(1) 대상건물 개요

표 3.1은 대상건물의 개요를 나타낸다. 3개의 건물의 대상건물로 선정하였으며, 기밀시공현황 및 시공관리 실황을 기준으로 분류하였다.

그림 3.24는 창호부위 기밀화 시공방안에 대한 개념이고 그림 3.25는 창호 및 골재 조인트 부위의 기밀시트 시공현황을 나타낸다.

표 3.1 기밀시공 대상건물 현황 및 관리

위치	용도/규모	평면	외관	기밀시공 현황	기밀시공 관리
용인	단독주택 /47평			• 창호 조인트 부위 기밀시트 시공 • 콘센트박스 우레탄 폼 충진 • 배관 관통부위 모르타르 충진	• 시공자와 사전 시공상세 협의 • 사진촬영에 의한 시공관리 • 전문가 입회하에 시공 실시
대전	공동주택 /40평	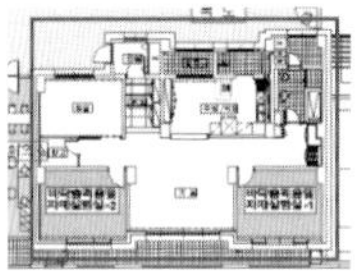		• 창호 조인트 부위 코킹 시공 • 배관 관통부위 모르타르 충진	• 기밀시공에 대한 업무지침 전달 • 기밀시공 유경험자에 의한 시공
대구	업무시설 /72평	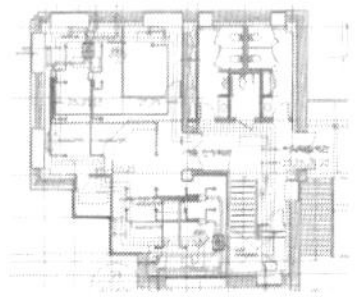		• 창호 조인트 부위 코킹 시공	• 기밀시공에 대한 업무지침 전달

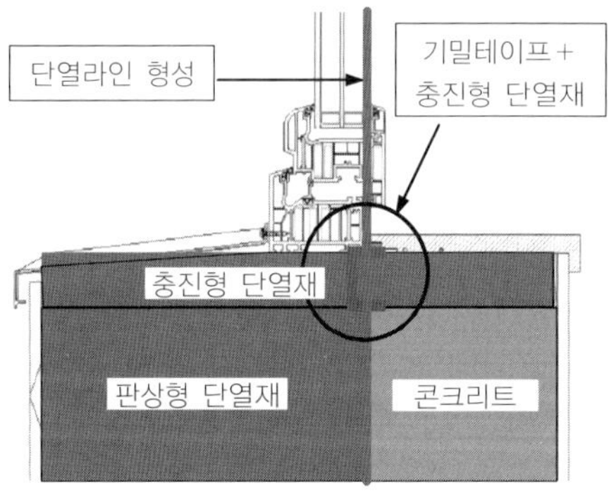

그림 3.24 창호부위 기밀화 시공

그림 3.25 기밀시트 시공

그림 3.26 및 그림 3.27은 배관 관통부위 백업재 충진 후 모르타르 사춤을 통해 기밀시공한 모습이다.

그림 3.26 배관 관통부위 1

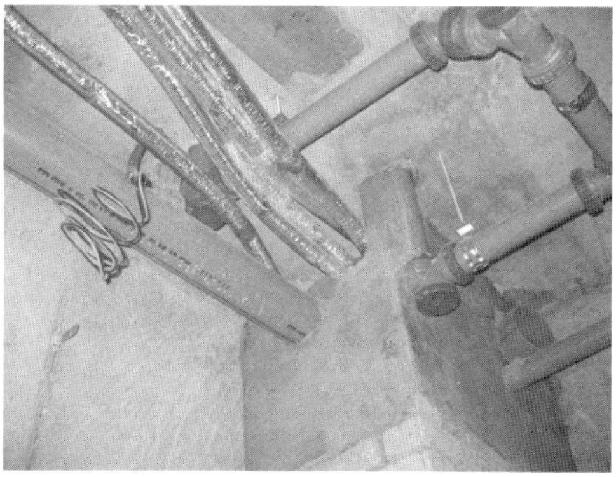

그림 3.27 배관 관통부위 2

(2) 기밀성능 측정결과

상기와 같이 기밀화 시공의 조치가 이루어진 건물에 대한 측정결과는 표 3.2와 같다.

표 3.1에서 제시된 바와 같이 주요 부위 기밀시공 및 시공 집중관리가 진행된 대상건물 1은 50Pa[8)]에서의 시간당 환기횟수가 0.67회로 매우 기밀한 것으로 나타났으며, 주요부위 기밀시공 및 유경험자에 의해 시공된 대상건물 2는 50Pa에서 1.37회로 나타났다. 대상건물 1 및 2에 비해 기밀시공관리가 집중적으로 이루어지지 않은 대상건물 3의 경우 3.74회의 환기횟수를 가지는 것으로 나타났다.

따라서 기밀시공에 대한 시공요소를 적용하고 정밀한 현장관리가 진행되지 않으면 건물의 기밀도는 매우 큰 차이를 보이는 것을 알 수 있다. 상기의 결과에 의하면 기밀시공관리가 잘된 건물과 일반적인 건물은 환기횟수가 약 5.6배의 차이가 남을 알 수 있다.

이러한 결과는 동일한 조건의 건물에 대한 평가가 이니므로 정량적 결과로 도출하는 데에는 무리가 있다고 판난되나, 시공관리 정도에 따른 기밀성능의 차이를 보여주는 결과라고 할 수 있다. 따라서 건물의 기밀성능 확보를 위해서는 정확한 도면 반영, 시공기술 및 자재 적용, 정확한 현장관리가 필요하다.

8) ACH50 : Air Change per Hour @50 Pa(50P의 압력차에서 시간당 환기횟수)
기밀기준(미국 주거건물,) 매우 기밀 < 2 ACH50, 다소 기밀 2~5 ACH50, 보통 기밀 5~10 ACH50, 매우 느슨 > 20 ACH50

표 3.2 대상건물별 기밀성능 측정결과

결과	단위	대상건물 1	대상건물 2	대상건물 3
Flow@50Pa	m^3/h	230.64	525.82	4,321.64
ACH@50Pa	$m^3/h/m^3$	0.67	1.37	3.74
SLR@50Pa	$m^3/h/m^2$	2.31	5.26	43.22
Air leakage index@50Pa	$m^3/h/m^2$	2.31	13.15	43.22
Permeability@50Pa	$m^3/h/m^2$	2.31	13.15	43.22
EfLA@4Pa	m^2	0.0048	0.0097	0.1057
EqLA@10Pa	m^2	0.0090	0.0191	0.1876
NLA@10Pa	cm^2/m^2	0.90	4.77	18.76

4

하이브리드 환기 기술

4.1 하이브리드 환기방식의 개념

1) 하이브리드 환기의 정의

하이브리드 환기는 자연환기와 기계환기방식을 조화시켜 쾌적한 실내환경을 제공하는 환기시스템을 말하는 것으로, 외기조건과 실내환경 조건에 따라 각각 다른 시간에 각 시스템의 특성을 효과적으로 활용하여 환기로 인한 에너지 소비를 줄이고 재실자의 쾌적감을 높이기 위한 것이다.

하이브리드 시스템에서 기계력과 자연구동력(풍력, 부력)은 두 가지 모드로 결합되며, 운전모드는 계절 및 각 시간대별로 변하게 된다. 따라서 운전모드는 외부환경을 반영하여 외기가 가지는 실내환경 조절능력을 최대한 활용할 수 있도록 작동된다.

기존의 환기시스템과 하이브리드 환기시스템의 가장 큰 차이점은 하이브리드 시스템이 에너지 소비를 최소화하기 위해서 자연환기 모드와 기계환기 모드를 자동적으로 전환할 수 있는 자동제어시스템을 가지고 있다는 점이다.

단, 하이브리드 시스템은 두 가지 모드, 즉 자연환기와 기계환기가 시간적으로 공존하지 않는 것을 원칙으로 한다. 예를 들어 자연환기로 적정 환기횟수를 확보하는 것이 불가능할 경우에만 기계환기가 작동되고, 이 경우 기계환기에 방해가 될 가능성이 있는 자연환기는 정지되는 것으로 기존의 단순 2종 또는 3종 환기실비와 구분된다.

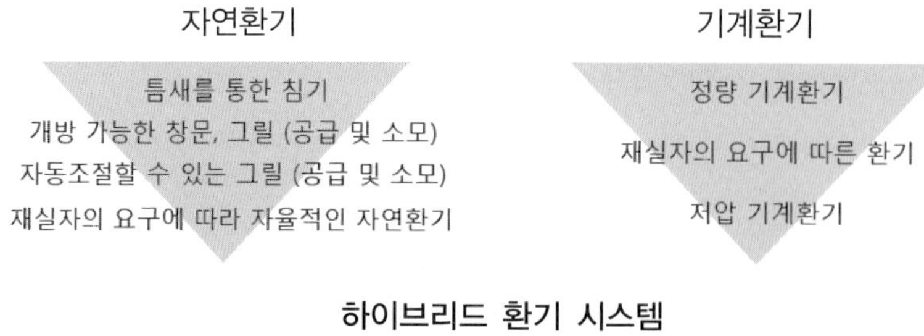

그림 4.1 하이브리드 환기를 위한 자연환기와 기계환기 방식의 개발단계

2) 하이브리드 환기시스템의 종류[9)]

- 자연환기와 기계환기 병용시스템(natural and mechanical ventilation) : 두 가지 시스템이 외부환경 조건(풍속, 온도, 엔탈피 등)에 따라 자동적으로 전환되는 시스템
- 보조팬형 자연환기시스템(fan-assisted ventilation) : 급기 또는 배기팬과 연동되는 자연환기시스템으로, 자연구동력만으로 환기량이 부족할 경우에 급기 또는 배기팬을 활용
- 연돌 및 풍압력을 활용하는 기계환기시스템(stack and wind-assisted mechanical ventilation) : 자연적인 구동력(연돌, 풍압력)을 최적하게 이용하는 저압력형 기계환기시스템

(a) 자연환기와 기계환기 병용시스템 (b) 보조팬형 자연환기시스템 (c) 연돌 및 풍압력을 활용하는 기계환기시스템

그림 4.2 하이브리드 환기의 종류

9) IEA Annex 35(2002). Principle of Hybrid Ventilation. Aalborg Univ., Aalborg, Denmark.

3) 하이브리드 환기의 역할

(1) 실내공기질 조절을 위한 환기

환기의 가장 기본적인 역할은 실내에 신선한 공기를 도입하여 실내에서 발생한 오염물질을 제거함으로써 실내공기를 항상 청정하게 유지하는 것이다. 거주공간의 필요 환기량을 결정하는 요인은 법적 환기량 또는 환기횟수, 실내공기질 상태에 따라 환기수요(demand control)를 제어하는 방법 등으로 나눌 수 있다. 그러나 환기에 동반하여 겨울철 차가운 기류가 실내로 유입됨으로써 발생하는 콜드 드래프트(cold draft)현상, 냉난방 부하의 증가, 건물 에너지 소모량의 증가 등을 고려하면, 법적 환기횟수에 따르기보다는 실내공기질 상태에 따라 환기량을 결정하는 것이 보다 효율적이라고 할 수 있다.

환기와 관련된 모든 요소를 고려하여 가장 효율적이고 에너지절약적인 환기를 실시하려면, 먼저 거주환경에서 오염원을 제거하거나 발생량을 최소화하는 것이 가장 유효한 방법이다. 그리고 환기에 따른 냉난방 부하를 줄이기 위해서는 폐열회수시스템(Heat recovery system)을 사용하거나 건축적인 방법(예를 들면 이중외피, 구체냉각, 구체축열)을 통해 열을 보상하는 방법이 있다.

또한, 환기팬에 요구되는 에너지를 최소화하기 위해서는 압력손실을 최소화하도록 덕트를 제작하고, 풍력과 부력 등 자연적인 구동력에 의해 환기가 이루어지도록 계획하는 것이 중요하다. 그리고 외기조건이 양호한 중간기에 외부풍속에 의해 환기가 원활하게 이루어질 수 있는 경우에는 환기량을 증대시켜 별도의 에너지 소비 없이 실내공기를 청정하게 할 수 있도록 환기시스템을 설계해야 한다.

(2) 실내온도 조절을 위한 통풍

하이브리드 환기가 친환경성을 가지는 이유 중의 하나가 외기도입을 통해 실내환경을 조절할 수 있다는 점이다. 하이브리드 환기는 기본적으로는 실내공기질을 조절하기 위해 환기를 실시하지만, 외기조건에 따라서는 도입 풍량을 실내공기질 조절에 요구되는 필요환기량 이상으로 유입하여 실온을 조절하는 역할을 기대할 수도 있다. 특히 외기조건이 양호한 중간기, 즉 외부의 온·습도가 실내에 비해 쾌적한 계절에는 유입 외기량을 필요환기량 이상으로 하여 실내의 공기질을 청정하게 하는 것은 물론 실내의 열을 제거하여 실온을 쾌적한 상태로 제어할 수도 있다.

또한 비교적 고온다습한 여름철의 경우에도 야간에는 외기온도가 실온보다 낮아지는 시간대가 발생하기 때문에, 이 시간대에 실내로 외기를 도입하여 실내에 정체되어 있는 열을 제거하고 건물 구조체를 냉각시켜 구조체에 적체되어 있는 축열성분을 제거한다. 보통 여름철 아침시간대에 냉방을 시작할 경우, 구조체의 축열성분에 의해 실온이 쾌적한 상태에 이르기까지 다소 많은 시간과 냉각량이 소요되지만, 이러한 야간환기를 통한 냉각을 이용하면 빠른 시간 내에 실내를 쾌적하게 제어할 수 있으며 에너지 소비도 절감할 수 있다. 이러한 개념을 야간축열냉각(night time ventilation)이라고 한다.

이처럼 여름철 야간의 환기를 통한 구조체 냉각은 인공적인 냉방시스템이 없는 건물에서 거주자의 열적 쾌적성을 향상시키기 위해 사용하는 중요한 방법이며, 냉방시스템이 구비된 건물에서도 에너지 절감 차원에서 많이 시도되고 있는 수법이다. 이러한 효과가 실현되기 위해서는 맞통풍의 극대화 등으로 건물 구조체가 충분히 냉각될 수 있도록 환기설비를 설계해야 한다.

4) 하이브리드 환기의 구성요소

하이브리드 환기시스템은 별도의 전용설비가 존재하는 것은 아니다. 하이브리드 환기가 자연환기와 기계환기가 통합된 시스템이기 때문에 기존의 자연환기와 기계환기에 적용되는 시스템이 동일하게 사용되어진다. 하이브리드 환기시스템하에서 자연환기와 기계환기의 두 가지 시스템이 모두 효과적으로 운전되기 위해서는 다음과 같은 사항을 검토해야 한다.

- 압력손실이 적은 덕트
- 주파수 제어(frequency control)나 풍량 제어(air-flow control) 등의 제어논리를 구비한 저압력 팬
- 압력손실이 적은 열교환기와 필터
- 배기를 촉진하는 wind tower, solar chimney
- 도입외기의 온도보상을 위한 지중덕트, 천장구조
- 환기와 관련하여 실내공기질, 열쾌적성, 기류분포를 조정하기 위해서 요구되는 장치로

외벽 및 내벽에 설치되는 수동 또는 자동개폐 창, 통기구 등 실온센서, CO_2 센서, 풍속센서 기상계측 기능이 있는 제어시스템

5) 하이브리드 환기의 제어방법

하이브리드 환기시스템의 제어는 시간과 유입공기량 조절로 결정되며, 환기로 인한 에너지소비를 최소화하기 위하여 하이브리드 환기에서는 외기조건에 따라 각각 다른 제어방법이 선택되어야 한다. 그러나 실제 환기시스템의 제어는 환기관련 법규, 건물 사용자의 환기 수요, 건물 소유자의 요구 등을 반영하여 결정해야 할 것이다. 다음은 하이브리드 환기시스템과 관련된 제어내용이다.

- 재실시간에 대한 실내공기질 제어
  - 거주자에 의한 수동 제어
  - 간이 타이머 제어
  - 재실자 감지센서에 의한 제어
  - 실내공기질의 직접 측정결과에 기반한 제어
- 비재실 시간에 대한 실내공기질 제어
  - built-up pollution을 제거하기 위한 비재실 시간에 대한 환기
  - 건자재에서 방출되는 화학물질의 배출을 위한 비재실시간에 대한 환기
  - 아침 출근시간 전 건물에 신선공기를 공급하기 위한 환기

한편, 하이브리드 환기시스템에서 유입 외기량 및 자연환기 모드에서 기계환기 모드로의 전환은 주로 외기온도와 습도, 풍속 등을 기준으로 하고 있다. 외기 엔탈피가 실내 설정 엔탈피에 비해 높을 때에는 벤트슬릿과 같은 자연환기장치에 있는 유입공기량 조절장치(댐퍼)를 적정하게 조정해 최소환기량만을 유입하게 된다. 하지만 창문을 사용하는 경우나 자연환기장치에 댐퍼가 없는 경우에는 기계환기 모드로 전환되어 최소환기량만을 실내로 도입하게 된다.

하이브리드 환기시스템에서는 외부풍속에 따라 제어모드의 변환이 요구된다. 외부풍속이 약한 경우에는 자연환기를 통해 실내의 필요환기량을 충족시킬 수 없기 때문에 제어모드는

자연환기 모드에서 기계환기 모드로 전환되어 실내에 일정 환기량이 확보되도록 제어된다. 외부풍속이 지나치게 강한 경우에는 자연환기장치에 설치된 댐퍼를 통해 유입공기량이 조절될 수 있으나, 댐퍼가 없는 경우에는 기계환기 모드로 전환되어 일정 양만 실내로 유입된다. 그러나 외기조건이 양호한 중간기(봄, 가을)의 경우에는 외부풍속이 약간 강하여 자연환기를 통해 실내로 유입되는 공기량이 필요환기량 이상이 되는 경우에도 자연환기 모드는 지속된다. 유입 외기를 통해 실내공기질 개선뿐만 아니라 실내 냉방에도 이용할 수 있기 때문이다.

6) 하이브리드 환기의 적용 가능성 평가

그림 4.3은 환기시스템의 초기 설계단계에서 자연환기, 하이브리드 환기, 기계환기 중 최적의 방식을 선정하는 데에 이용할 수 있는 환기시스템의 검토 및 평가를 위한 것이다. 이 평가지는 9개 부문에서 총 35개의 항목을 검토하여 가장 적합한 환기방식을 찾도록 하고 있다. 여기에서 검토해야 할 항목으로 제시하고 있는 것은 외기조건, 실내공기질 수준, 열적 쾌적성, 소음, 에너지 비용, 경제적 비용, 건물 및 시스템 관련 요소, 환경에의 영향, 사용자 만족성 등이다. 각 부문별 하위 항목들을 간단히 살펴보면, 외기조건에서는 기후특성과 공기오염, 주변환경의 소음 등을 제시하고 있다. 실내공기질과 열적 쾌적성은 사용시간 대비 요구되는 퍼센트로 제시하고 있으며, 소음부문에서는 팬의 작동이나 기류에 따른 소음과 건물 내부에서 발생하는 소음을 검토하도록 하고 있다.

에너지 비용은 팬 작동에 따른 에너지와 냉각 및 난방 에너지를 체크하도록 하며, 경제적인 비용은 초기 설치비용과 유지·보수비용으로 나누어 검토하도록 하고 있다. 건물 및 시스템 요소에서는 사용 및 점검의 편의성, 청소의 용이성, 외기에 의한 냉각 가능성, 시스템의 감가상각, 공간의 가용성 및 유연성, 내구성 등을 점검하도록 한다. 이 평가지는 위에 제시한 여러 항목들을 각각 L(Low), M(Middle), H(High)로 평가하도록 하고, 그 결과를 종합하여 가장 적합한 환기방식을 선정하도록 한다.

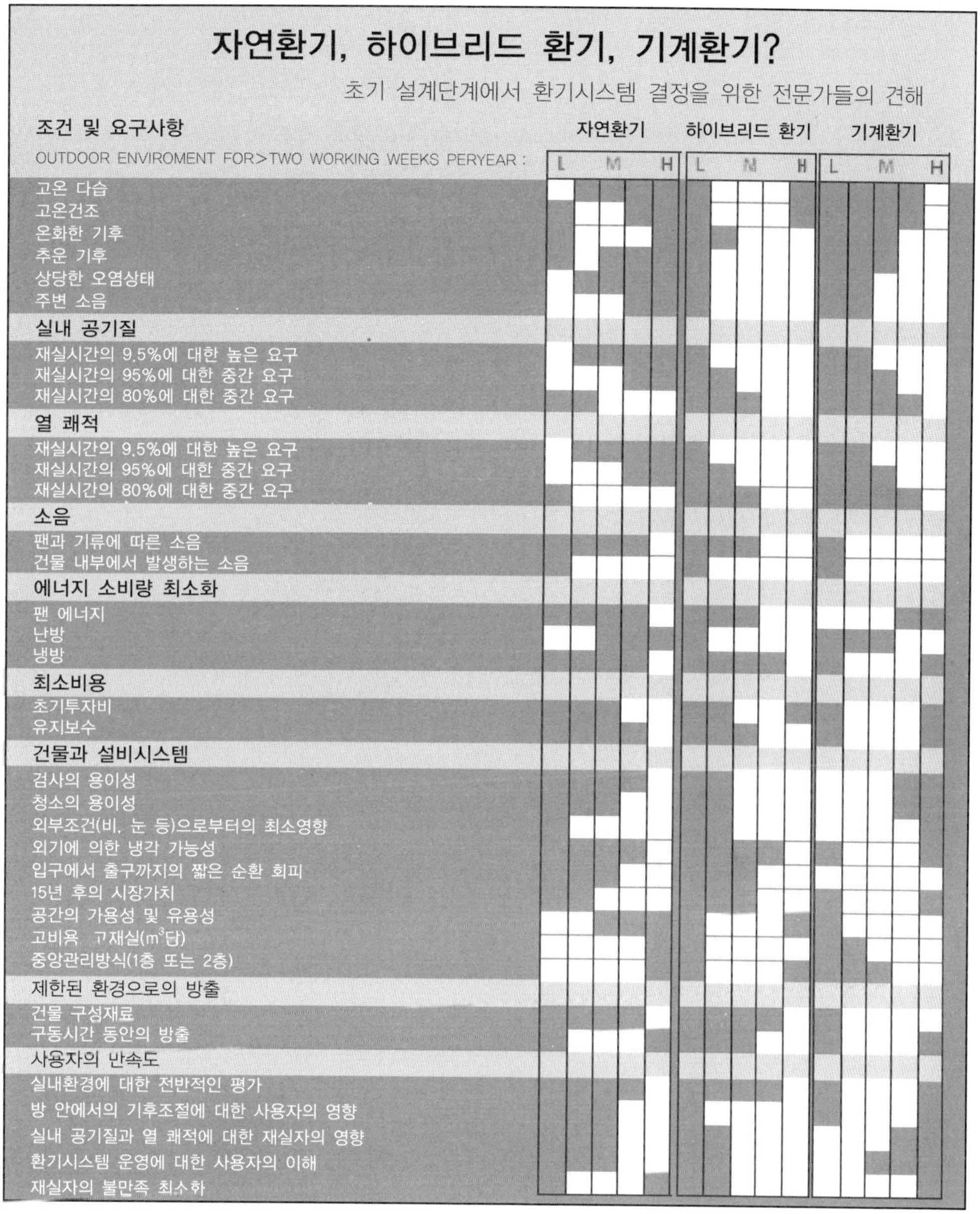

그림 4.3 초기 설계단계에서 환기시스템 선정을 위한 검토 시트

4.2 하이브리드 환기의 적용 사례

1) ANNEX 35

IEA 산하의 ECBCS에서 수행된 ANNEX 35 HybVent 연구[10])에서 정의하고 있는 하이브리드 환기시스템의 분류방식에 따른 적용 사례를 살펴보면 다음과 같다.

(1) 자연환기와 기계환기 병용시스템(Natural and mechanical ventilation) : Liberty Tower, Meiji University, Tokyo(Japan)

그림 4.4 리버티타워의 전경

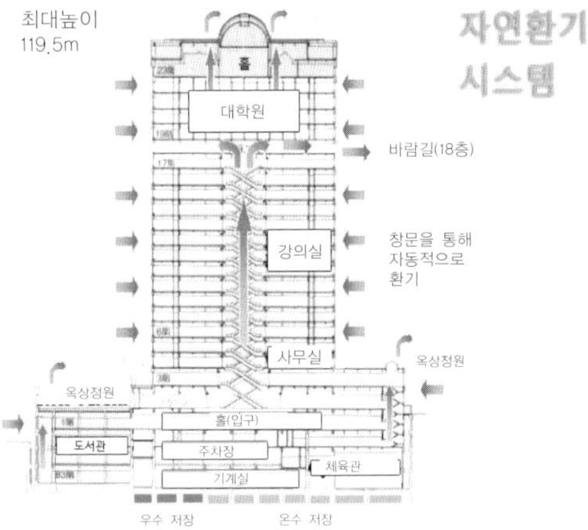

그림 4.5 건물환기의 개념도

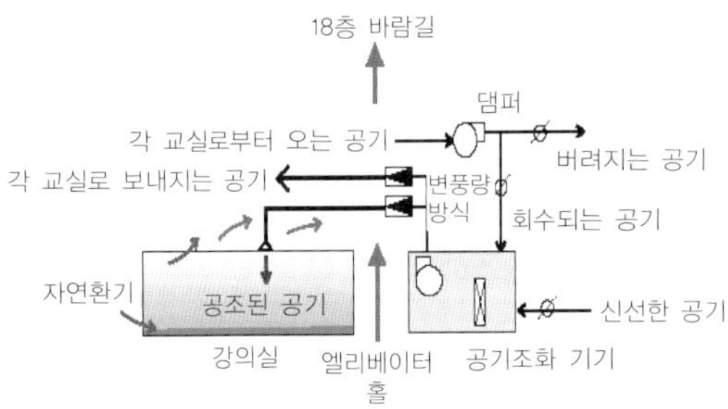

그림 4.6 하이브리드 환기제어 개념

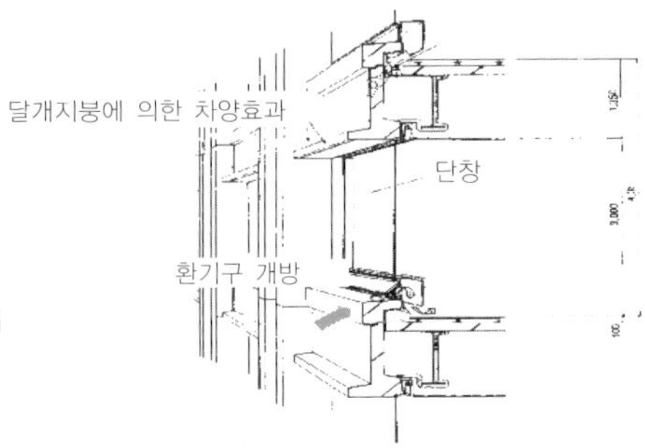

그림 4.7 시스템 상세

10) 상게서

메이지대학의 리버티타워는 “도심형 대학”의 모델로 계획된 것으로, 최대 특징은 도심에 위치한 고층형(지상 23층, 지하3층) 학교 건물로 자연환기방식을 채용했다는 점이다. 또한, 대학 건물의 특성상 재실밀도가 높으며 도심부 대학 건물이라는 면에서 정보시스템, OA시스템 등으로 인해 연간 냉방부하가 높다. 이에 따라 중간기에는 자연환기를 통해 냉방부하를 줄임으로써 에너지 절감을 시도하였다.

리버티타워는 주변에 고층건물이 없어 통풍이 잘 되는 대지 특성에 따라 고층건물임에도 불구하고 거의 전 실에 원격조정이 가능한 자동개폐형 자연환기시스템을 도입하고 있다. 학생들의 교실 이동을 위해 1층에서 17층까지 설치된 에스컬레이터를 이용하여 연돌효과에 의한 자연환기를 도모하고, 상승된 열 및 오염물질은 18층에 설치된 통기층(wind floor)을 통해 배출된다. 그리고 19층 이상의 대학원 연구실 및 강의동에는 별도의 상하환기구를 통해 23층 레벨에서 배기되도록 하고 있다.

각 실의 환기창은 실내 온·습도와 외부 온·습도센서, 우량센서, 외부풍속센서 등의 정보를 기초로 자동 개폐되며, 환기창은 인접도로의 교통소음에 대비하여 차음성능을 가지도록 설계되었다. 환기창은 자동제어에 의해 작동되며, 환기를 통해 실내 축열성분 및 공기오염물질을 제거한다. 자연환기만으로 부족한 경우에는 공조(AHU)로 보충하는 하이브리드 공조제어를 통해 자연환기의 에너지 절감효과를 최대화하도록 계획하였다. 1999년 4월부터 11월까지 BEMS에 의해 측정된 결과를 보면, 자연환기 횟수는 외부풍속과 풍향 및 계절에 따른 차이는 있으나 약 3회/h 전후였으며, 자연환기창의 개폐시간은 대략 연간 500~600시간으로 나타났다. 이때 자연환기를 통한 에너지 절감효과는 연간 17% 정도인 것으로 분석되었다.

(2) 보조팬형 자연환기시스템(fan-assisted natural ventilation) : Bang & Olufsen Headquaters, Struer(Denmark)

Bang & Olufsen 본사 빌딩은 바닥면적 1,650m²의 3층 오피스 건물로 1998년 덴마크의 Struer 지역 교외에 건설되었다. 그림 4.4에 보이는 북측 파사드는 전면 유리마감으로 각 층의 하부에 환기창이 설치되어 있으며, 남측 파사드의 각 층 상부에는 거주자가 임의로 개폐 가능한 창이 설치되었다. 그림 4.5는 이 건물의 환기시스템 개념도이다. 유입된 외기는 계단실을 통해 옥상에 설치된 배기탑에서 배출되며, 배기탑에는 팬이 설치되어 있다. 환기창은 온도 및 CO_2 레벨에 따라 개폐가 제어된다. 적정 환기량(동기 1.5회/h, 하기 3회/h)이 확보되지 않은 경우에는 배기탑 내부의 팬이 가동되어 배기탑 내의 공기속도가 설정치가 되도록 제어하고, 이에 따라 적정 환기횟수를 확보하게 된다. 또한, 환기시스템은 외기온도가 5℃ 이하일 경우에는 난방배관의 동결 방지를 위해 우천 또는 강풍 시에는 정지되도록 하였다.

환기창에서 실내로 도입되는 공기는 외기 유입구에 설치되어 있는 난방코일에 의해 실온보다 약간 낮은 온도까지 예열되어 실내에 도입된다. 여름철 야간의 경우는 패시브쿨링을 위해 자동적으로 환기창의 개폐가 제어된다. 이 건물의 하이브리드 환기시스템 초기 설치비용은 기존의 환기시스템에 비해 약 60% 정도로 경제적이다. 치환환기를 통해 실내공기질은 청정한 상태로 유지 가능하며 각 실의 환기효율 또한 상당히 높은 것으로 나타났다.

2000년 2월부터 1년간에 걸쳐 BEMS시스템을 통해 모니터링을 실시하였는데, 당초 CO_2 농도 설정치를 600ppm으로 하였으나 환기량이 과다한 것으로 판명되어 7월부터는 설정치를 1,000ppm으로 변경하였다. 실온이 설정온도 25℃를 초과할 경우에는 CO_2 제어를 온도제어로 전환하도록 하고 있다. 준공 후 최초 3년간은 외기 도입구 댐퍼 및 배기댐퍼가 제대로 작동되지 않아서 침기(누기)로 인해 적정 환기량을 초과하는 결과를 보이기도 했다. 또한, 보조팬의 소음으로 인한 클레임이 있었으나 최대 회전수를 낮춤으로써 해결하였다.

이 건물의 난방 소비에너지는 약 124kW·h/(m²·년)로 이것은 덴마크 건축법에 정해진 69kW·h/(m²·년)를 상당히 초과하는 수치이다. 이처럼 에너지 소비가 과다한 것은 이 건물의 북측 면이 전면유리로 마감되어 있어 단열성이 낮은 점, 침기(누기)로 인해 환기량이 약 0.5회/h~1회/h 정도 증가한 점에서 그 원인을 찾을 수 있다. 또한, 전기소비량 역시 66kW·h/(m²·년)로 덴마크의 빌딩 표준치 44.3kW·h/(m²·년)를 상회하고 있다. 이것의 주요 원인은 이 건물에서 1인당 1대의 PC을 사용하고 있는 점을 들 수 있다. 환기팬 동력에 의한 전기소비는 전체의 약 3%로 전력소비에 큰 영향을 미치지 않는 것으로 나타났다.

그림 4.8 Bang & Olufsen 건물

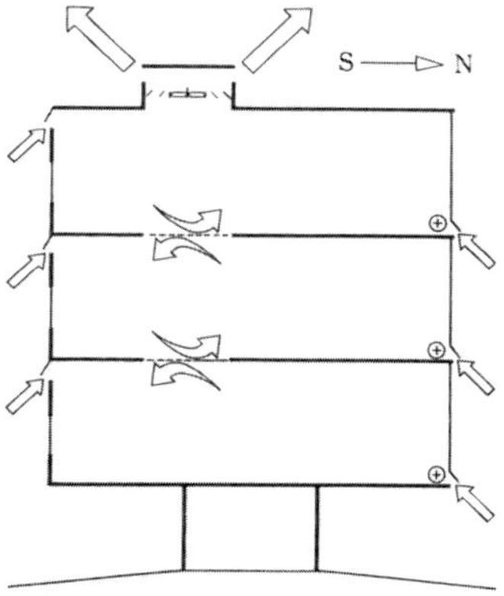

그림 4.9 환기시스템 개념도

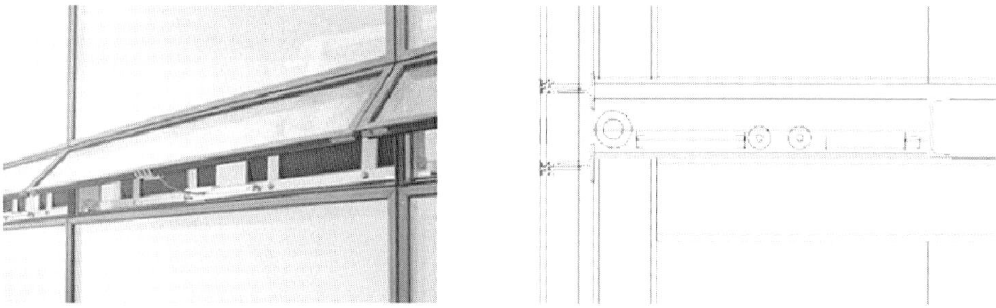

그림 4.10 환기창의 상세

(3) 연돌 및 풍압력을 활용하는 기계 환기시스템(Stack and Wind assisted Mechanical Ventilation) : Media Elementary School(Norway)

노르웨이의 Media Elementary School은 단층으로 습기가 많았던 오래된 학교 건물을 1998년에 개수한 예이다. 개수의 주 목적은 거주자를 위하여 호흡영역의 실내공기질을 개선하고, 모든 거주자의 열적쾌적성을 보장하며, 최소의 에너지 소비로 쾌적한 실내환경을 조성하는 것이었다.

외기의 도입은 건물로부터 약간 떨어진 곳에 위치한 급기타워를 통해 이루어지며, 도입된 외기는 지중의 급기팬이 설치된 쿨튜브를 통해 챔버 역할을 하는 지하층 복도를 경유하여 환기효율을 높이기 위해 각 실의 바닥에 설치된 취출구를 통해 각 실에 공급된다. 바닥의 취출공기는 0.05~0.1m/s, 19℃이다. 실내공기는 채광 천장에 모아지고 배기팬에 의해 배기타워에 도달하게 되며 배기타워에 있는 3면의 배기구를 통해 외부로 배출된다. 이 과정에서 열교환시스템을 거치게 되고 현열교환이 이루어진다. 배기구는 열교환 효율을 높이기 위해 외기가 역류·유입되지 못하도록 설계되어 있으며, 외부 풍압력을 이용하여 배기를 촉진시키도록 설계되어졌다.

요구되는 환기량의 확보는 각 실에 설치된 CO_2 센서에 의해 조절되며, 만약 설정된 CO_2 수준을 초과할 경우에는 실 상부에 있는 배기창이 자동으로 열려 배기 및 환기가 효과적으로 이루어지게 된다. 1999년 11월부터 2002년 2월에 걸쳐 BEMS에 의해 수집된 데이터를 살펴보면, 실내공기질 및 열적 쾌적성 측면에서 상당히 유효한 결과를 보이고 있다. 또한, 지중 쿨튜브의 효과는 기대 이상으로 높게 나타났다.

에너지 사용 면에서는 노르웨이의 초등학교 평균치와 거의 동일한 결과를 보이고 있으나, 이것은 예상보다 높게 나타난 것이다. 그 이유는 초기에 건물제어 시스템이 제대로 보정되지 못한 점과 BEMS나 난방용 펌프동력이 과소평가되었기 때문이며, 현재는 건물제어 시스템이 제대로 작동되어 에너지 효율 측면에서 상당히 개선된 결과를 보이고 있다.

그림 4.11 Media Elementary School의 전경

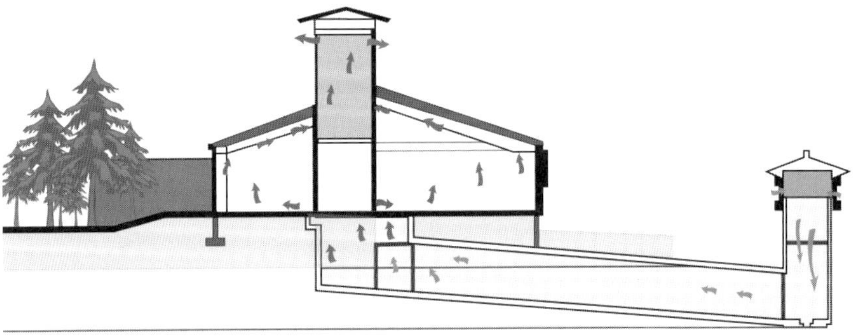

그림 4.12 환기개념도

그림 4.13 실내공기 흐름

그림 4.14 옥외 배기탑

2) EU RESHYVENT

2002년 1월부터 2004년 12월까지 노르웨이, 스웨덴, 네덜란드, 벨기에, 프랑스가 참여하여 연구한 RESHYVENT Project[11]에서는 유럽을 크게 4개 기후지역으로 구분하여 각 기후별 주거용 건물에 적합한 하이브리드 환기방식을 개발하고자 하였다.

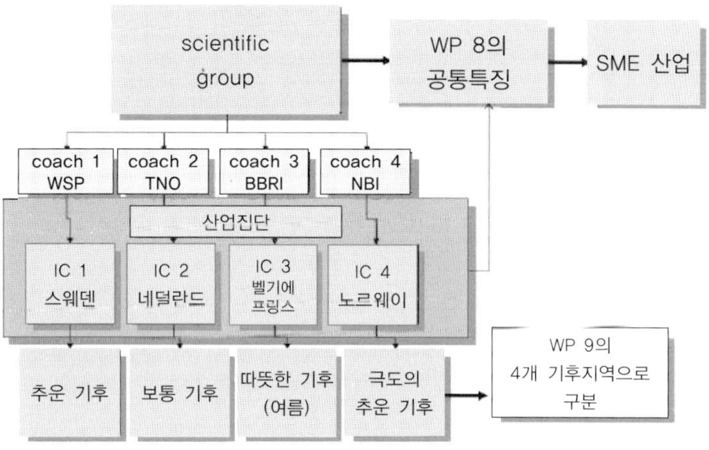

그림 4.15 RESHYVENT의 구조

11) Viktor Dorer, Andreas Pfeiffer, Andreas Weber(2005). Parameters for the Design of Demand Controlled Hybrid Ventilation System for Residential Buildings, AVIC Technical Note 59, 5

(1) 추운기후(cold climate, 스웨덴)

스웨덴의 추운 기후를 위한 하이브리드 환기의 개념은 각각의 세대에 압력손실을 최소화하고 분리된 팬을 설치하는 배기시스템 체계에 기반을 둔다. 각각의 팬은 경계조건에서 독립적으로 일정한 풍량을 적당히 조절할 수 있는 내장된 제어시스템을 가지고 있어 연돌효과나 바람이 충분히 강할 때 팬은 작동을 멈추게 된다. 건물 내에 사람이 없을 때에는 출입문에 설치된 시건장치의 작동유무 및 예약기능을 통해 적당한 환기량으로 조절될 수 있다. 환기량은 재실자의 수에 따라 설정되거나 필요시에는 사용자에 의해 세대의 컨트롤 패널에서 조정할 수 있고, 이는 습도와 외기조건에 의해 자동적으로 제어된다. 이 프로젝트의 목표는 기존의 열교환기가 없던 기계 환기시스템에 비해 에너지 효율을 증대시키고 보다 편리하게 사용할 수 있는 환기시스템을 개발하는 것이다. 이 시스템의 주된 특성은 다음과 같다.

- 개인은 각각 아파트의 실내온도와 환기를 제어할 수 있음.
- 재실자에게 에너지를 효율적으로 운영하기 위한 동기화 방법으로 에너지 사용량, 환기, 실내온도의 개별세대당 미터링을 가능하게 함.
- 개선된 모니터링 작동을 가능하게 하는 LON-based BEMS
- 전기에너지 절감을 위한 환기시스템의 압력손실 최소화
- 습기문제의 해결을 위해 건물 내 욕실공간을 활용한 습기 제어
- 연돌효과(passive stack) 및 상공의 외풍(wind catcher)은 실내공기의 배기작용을 개선시키며 배기팬의 성능을 향상시키고, 집에 사람이 없는 경우에는 팬의 작동을 감소시켜 에너지 소비를 줄임.
- 세대 내의 환기
  - 각 아파트마다 EC 팬을 통해 자체적으로 조절되도록 하여 일정한 유량을 확보
  - 배출공기는 최종적으로 화장실과 부엌에서 배출
  - 거실과 침실에 위치한 외기 도입구에 역류방지 댐퍼를 설치
  - 일반적인 환기는 사용자가 입력하는 재실자 수에 따라 조절
  - 타이머와 수동제어 환기가 가능한 높은 효율의 주방후드 설치
  - 재실자가 없는 경우, 환기량은 수동 또는 자동으로 제어 가능

- 야간의 거실환기는 수동 또는 자동으로 적은 양으로 제어
- 만약 재실자가 없고 습도가 높으면 화장실에서 환기가 가능하도록 제어

• 공용공간의 환기
  - 계단실, 자전거보관실, 아파트창고나 세탁실, 기계실 등과 같은 공동 사용공간에 설치된 demand controlled ventilation은 배기공기와 급기공기 간의 열 교환을 통해 이루어짐.

• 실내난방
  - 침실에 공급되는 공기는 라디에이터에 의해 예열
  - 침실은 라디에이터로 난방
  - 거실에 공급되는 공기는 back draft damper의 special convector에 의해 18℃로 예열
  - 거실은 라디에이터와 컨벡터에 의해 난방
  - 실내 설정온도는 19℃～23℃

(2) 보통기후(moderate climate, 네덜란드)

네덜란드에서의 연구는 파사드를 통한 국부적인 흡기와 기계중앙배기를 통합하여 운영하는 완전한 하이브리드 디맨드 컨트롤(demand control)시스템에 관한 것이다. 이 연구에서는 극도의 low-resistance ductwork(< 2Pa at 56dm^3/s)를 개발한 것이 특징이다. 사용된 특수한 팬은 20Pa, 56dm^3/s에서 2Watt만 사용되도록 개발되었다. 이와 같이 낮은 팬 동력은 압력손실이 적은 덕트와 최적 설계된 기올(cowl)의 결합으로 가능하다(< 1Pa at 56dm^3/s). 이 시스템은 2004년 Technology Czech Republic의 브르노대학(Brno University)에 설치된 이후 계속적으로 연구되고 있다.

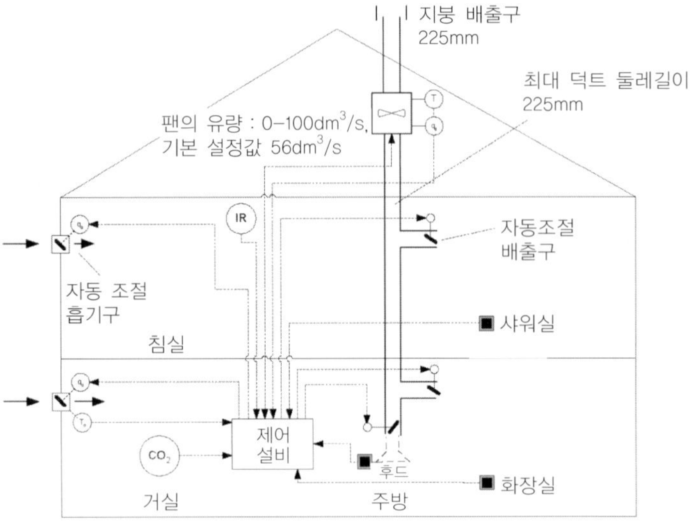

그림 4.16 디맨드 컨트롤 하이브리드 환기시스템(네덜란드 : moderate climate)

① 시스템 구성(system description)

그림 4.17은 이 시스템의 개요를 보여준다. 거실과 부엌은 1층, 욕실과 침실은 2층에 있는 단독주거형 주택으로 기류저항을 감소시키기 위해 배기구는 지붕출구(roof outlet) 아래에 위치한다. 거실과 침실에 설치된 CO_2 센서로 측정된 값에 의해 환기작동이 제어된다. 이외에도 적외선 센서와 같은 재실자 유무를 찾아내는 다른 센서를 사용할 수도 있다. 중앙제어부분은 센서에서 정보를 받아 자동조절되는 흡기구와 통풍구에 설정 값을 제공하거나 팬의 작동을 제어한다. 전체 유량의 기본 설정 값은 $56dm^3/s$이지만, 요리나 샤워를 하는 동안이나 패시브 쿨링(passive cooling)을 위해 사용되는 최대유량은 $100dm^3/s$까지 변화한다.

② 급기

외기의 흡기구는 다음의 요구에 따른다.

- 자동조절기능의 흡기구
- 창문 프레임에 위치된 흡기구

- 콜드드래프트의 방지 기능
- 컨트롤 유닛에 의해 주방후드가 가동되는 동안의 급기 보상 제어
- 큰 개구부와 같이 고정되어 있는 부가적 급기구를 통한 패시브 쿨링의 가능성
- 흡기구를 통한 누기의 보상 가능

③ 기류의 확산

기류 확산을 위한 구성요소는 다음의 요구에 따른다.

- 압력 손실 이상의 덕트 설계(56dm³/s 최대 2Pa)
- 최대덕트의 둘레길이는 225mm
- 창호 조합의 개선
- 팬의 소음제한
- 중앙배기에 있어 개별단위 세대의 급기를 위한 특수한 창호 설치
- 제어 가능한 유량과 약 5Pa의 압력차에서 자동조절이 가능한 흡기장치 개발

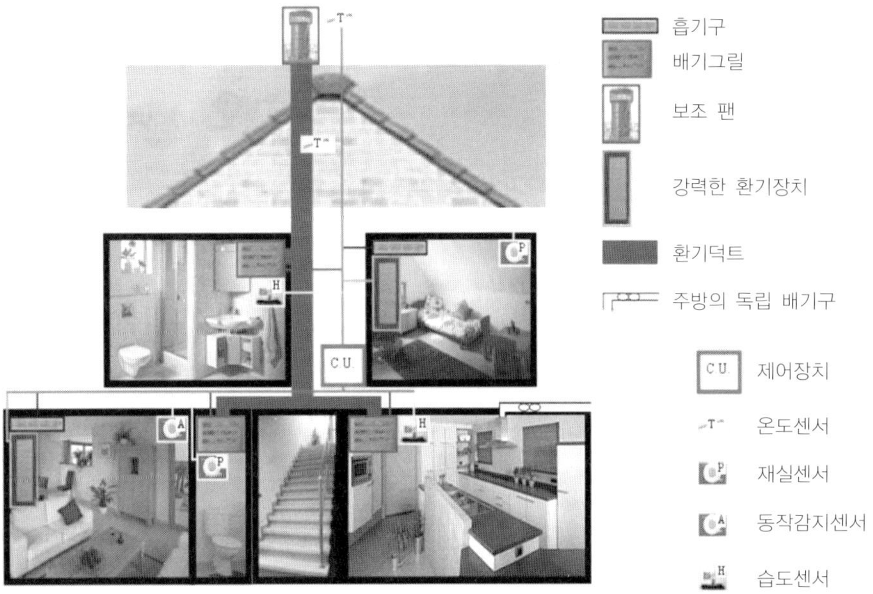

그림 4.17 디맨드 컨트롤 하이브리드 환기시스템(warm climate : 벨기에/프랑스)

(3) 따뜻한 기후(warm climate, 벨기에/프랑스)

프랑스와 벨기에에서 실시한 이 연구의 목적은 쾌적한 실내공기질 유지, 냉·난방 에너지 절감, 여름철 온열 쾌적감 제공, 특수 신재생 가능 에너지를 사용한 환기시스템을 제안하는 것이다. 이 시스템은 욕실과 부엌의 상대습도 및 침실과 화장실의 재실 여부, 거실의 재실자 수를 감지하여 제어에 반영한다. 환기 구동력은 가능한 한 자연적인 힘으로(온도차에 의한 부력 및 풍력) 사용하되, 연돌효과가 부족한 경우에는 그 부족함을 보상하기 위하여 광전지로 작동하는 지붕팬(roof cowl fan)이 그 환기력를 제공하게 된다.

주로 야간과 같이 외기온도가 실온보다 낮은 경우에는 야간냉각 환기모드로써 팬 가동을 최대화 하고, 창문을 개방하여 최대환기(over-ventilation)를 실시한다. 온화한 기후를 위해 개발한 이 하이브리드 환기시스템은 재실자 탐지, 공기혼탁 정도 탐지, 상대습도 및 온도를 감지하는 센서에 기초하는 디맨드 컨트롤 벤틸레이션 시스템(demand control ventilation system)이다. 이는 환기강화장치(Intensive ventilation devices)와의 통합에 의해 여름철 냉방기 동안의 열 쾌적을 제어한다.

환기와 팬의 가동을 위해 자동화된 급·배기구, 급속환기장치와 중앙제어 유닛을 통해 팬 가동을 제어하며, 각 방의 풍량 및 팬의 회전속도와 창문의 개폐 여부를 결정한다. 또한 중앙제어 유닛에 의해 급기와 배기 간의 균형이 유지된다. 센서에 의해 재실자가 없는 것으로 감지되면 부엌 및 목욕탕 안의 기류는 상대습도 제어장치에 의해 통제되며, 재실 여부 및 공기혼탁 정도의 탐지에 의해 거실과 침실의 기류가 관리되어 재실자가 없을 때에는 최소량으로 환기된다.

이 시스템에서 가장 중요한 부분은 팬으로, 팬의 전원이 꺼져 있을 때에도 자연환기가 가능하도록 특별히 개발된 것이다. 이 팬에서 발생하는 압력손실은 70dm^3/s의 환기를 위한 1Pa의 압력보다 더 낮은 것이 특징이다. 지붕에 설치된 팬은 자연환기가 가능하도록 바람의 효과를 최대화할 수 있도록 되어 있다. 팬의 에너지 소비는 6Pa, 70dm^3/s의 경우에 2 Watt를 소비한다. 또한 팬은 태양광발전시스템(PV)을 보조 에너지원으로 사용하는 것도 가능하다. 시스템의 구성요소 간 통신은 유·무선을 통해 가능하며, 여름철의 열 쾌적을 위해 최적화된다. 루버나 차양장치는 자연환기를 집중적으로 가능케 하며 주로 밤 시간의 야간 냉각환기의 목적으로 사용된다.

(4) 극도의 추운 기후(severe cold climate, 노르웨이)

노르웨이의 연구는 극도의 추운 기후에 대해 진행되었다. 이러한 기후에서의 열교환은 예열기능과 에너지 보존을 위해 필요하다. 이 연구의 개념은 매우 낮은 압력손실을 갖는 시스템과 열교환의 장점을 통합하고자 하는 시도로서 다음의 특징을 가지고 있다. 기류저항이 최소화된 모듈화된 통합공조유닛(modular packaged air handling unit)으로 환기의 균형을 유지하며 EC-모터로 작동하는 2개의 고효율 축류식 송풍기와 로터리식 전열교환기, 세척 가능한 정전기식 금속에어필터로 구성된다.

자연환기는 지붕에 위치한 급배기가 통합된 형태의 윈드 카울(wind cowl)의 보조로 이루어진다. 환기횟수는 재실자가 없을 경우에는 0.5에서 0.2회로 이루어지도록 설계되었으며, 시스템의 압력손실이 환기횟수 0.2회/h에서 5Pa일 때 자연환기가 가능한 추진력을 얻도록 설계된다.

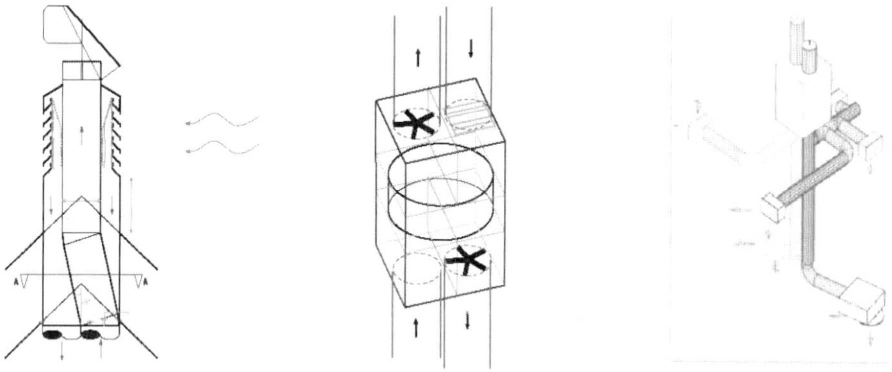

그림 4.18 급기구와 로터리식 열교환기, 덕트시스템

환기 유닛의 배기구에 놓여진 CO_2나 RH센서에 의해 환기량이 조절된다. 환기량을 일정 수치 이하로 유지시키기 위해 공기량은 PI-controller에 의해 관리된다. 건물이 사용될 때, 팬동력은 25W이며 부가적으로 5W는 자연환기로 보강된다. 건물 내에 오랜 시간 동안 재실자가 없을 경우에는 자연환기만으로 요구되는 5Pa을 충족하기 때문에 팬동력은 0W가 되기도 한다. 모터에 의해 작동되는 댐퍼는 거실의 급기덕트에 위치하며, 거실의 적외선

센서를 통한 재실 여부에 의해 댐퍼는 제어된다. 만약 거실에 사람이 없을 때는 보다 많은 급기가 침실로 전환되며, 모든 구성요소는 낮은 압력손실을 갖도록 설계된다. 보다 편리한 유지·보수를 위해 짧고 넓은 덕트를 사용했으며 송수관과 낮은 속도의 공기 급배기 터미널을 설치하여 잡음발생을 낮추고 침실 내에서의 치환환기를 가능하게 한다.

3) 일본 NISHIMATSU 'Wind 24S'

'Wind 24S'[12]는 일본의 건설회사인 西松(서송, Nishimatsu)건설에서 제안하고 있는 공동주택용 하이브리드 환기기법이다. 이는 자연풍이 있을 때는 바람에 의한 환기를 실시하며 약풍이나 무풍 시에는 보조 팬이 자동운전해 공동주택의 24시간 필요환기량을 확보하는 시스템이다. 종래 기계환기방식의 문제점인 바람이 불어나가는 방향인 거실의 환기 부족이 해소되도록 하였다.

현재 일본의 차세대 에너지 절약 기준이나 개정 건축기준법에 의하면, 일반적으로 0.5회/h 정도의 환기가 필요한 실정이므로 본 시스템도 이 기준에 상응하는 성능을 보유하도록 설계되었다. 이와 같은 하이브리드 환기시스템과 일반시스템을 비교할 경우, 西松의 하이브리드 환기시스템의 경우는 자연풍을 이용하므로 팬의 소비전력량이 일반시스템에 비해 대략 1/4 정도로 절감된다. 일반기계시스템은 바람이 불어 나가는 측인 거실의 환기량이 부족하게 되어 바람이 불어오는 측이 과잉 환기(환기량이 너무 많아서 냉·난방부하가 커짐)가 된다.

그러나 西松의 환기방식은 풍향에 의한 외기도입의 불균형을 최소화하고 신선외기를 실내 각 실에 최적의 양으로 배분하는 것이 가능하다. 부재 시에 환기팬의 가동을 정지하고 있더라도 자연풍으로 환기가 가능하므로, 여름철 낮의 외출 시나 장기 부재 시의 실온 상승을 억제하는 효과도 가진다. 또한 기밀성이 높은 주택에서는 부엌의 환기팬을 가동했을 때에 실내 압력에 의하여 문의 개폐가 어려워지는 현상이 발생할 수 있지만, 이 시스템에서는 자연환기구를 보유하고 있어 이와 같은 현상은 발생하지 않는다.

이 시스템은 통상적으로 일본 내의 모든 지역에서 사용이 가능하지만, 가급적 콜드드래

12) http://www.nishimatsu.co.jp/

프트의 영향이 적은 온난한 지역(관동 이서)에서 사용할 것이 권장되고 있다. 'Wind 24S'는 결로문제에 있어서도 장점을 가지는데, 24시간 환기를 실시함으로써 취사나 샤워에 의해 발생한 수증기가 효율적으로 배출되고, 절대습도가 낮은 바깥 공기를 실내에 공급하므로 실내의 (절대)습도가 내려가 결로발생이 방지된다.

또한 급기 측의 급기덕트 내에 설치되어 있는 소음조절기에서 흡음이 되기 때문에 외부 소음의 실내 유입이 줄어들게 되며, 이에 부가하여 환기구를 방음형 캡으로 변경하면 외부의 소음을 크게 저감할 수 있다.

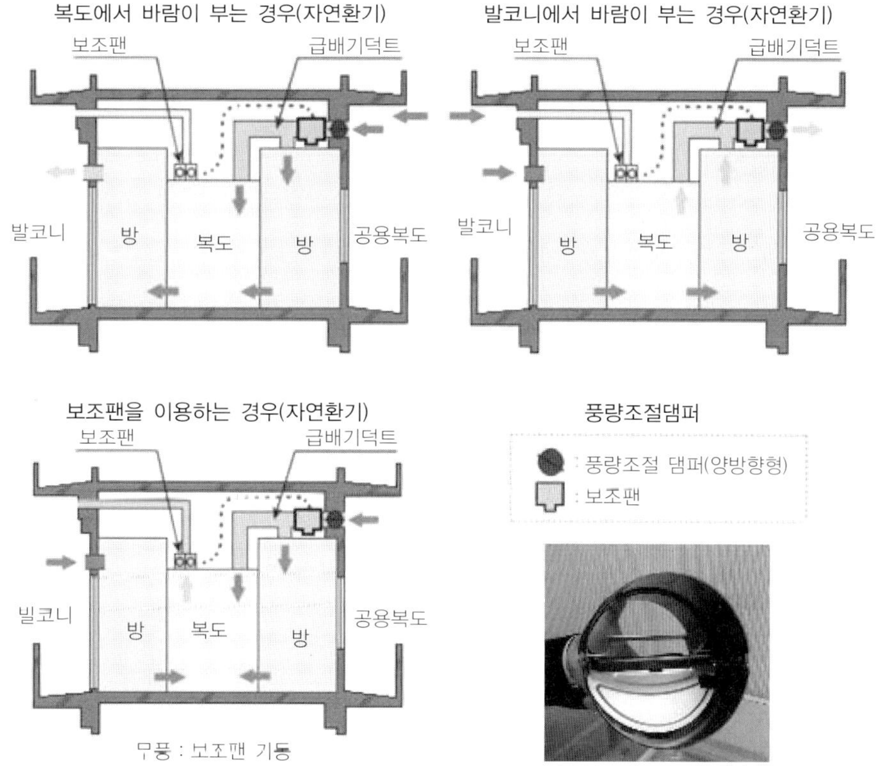

그림 4.19 서송(西松)건설의 Wind '24S' 개념도

5

자연형 태양열시스템

5.1 자연형 태양열시스템의 구성 및 원리

1) 태양열시스템 기본원리

태양열시스템이란 태양에너지를 건물의 난방 혹은 냉방에 이용하는 방법이다. 시스템은 크게 집열부(collector element), 축열부(thermal storage element), 그리고 분배 및 활용부(distribute or distribution & use element)의 3가지로 구성된다.

이들 구성요소 간의 열전달방법이 모두 기계적 강제순환방식에 의할 때 이것을 설비형(active) 시스템이라고 하며, 자연순환방식에 의할 때 이를 자연형(passive) 시스템이라고 분류한다. 또, 주로 자연순환방식에 의한 것이나 약간의 기계적인 순환방식이 병용되는 방식은 혼합형(hybrid) 시스템이라고 한다.

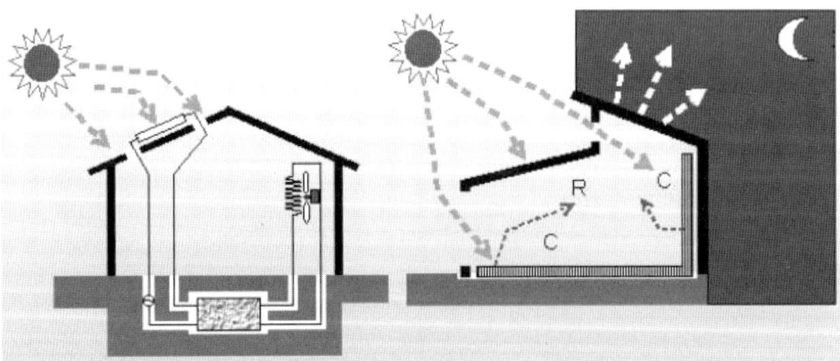

액티브시스템　　　　패시브 솔라 빌딩

그림 5.1 자연형 및 설비형 태양열시스템의 차이

기계적 강제순환방식이라 함은 펌프(pump)나 송풍기(fan) 등과 같이 별도의 에너지를 소모하는 기계를 사용하는 열의 전달방식을 뜻하며, 자연순환방식은 외부로부터의 에너지 공급 없이 열의 전달이 전도, 대류 또는 복사와 같은 자연적인 열전달에 의해서만 수행되는 방식을 의미한다.

2) 자연형 태양열시스템의 기본원리

자연형 태양열시스템은 각 구성부(집열부, 축열부, 이용부) 간의 에너지 전달방법이 자연순환, 즉 전도, 대류, 복사 등의 현상에 의한 것으로 특별한 기계장치 없이 태양에너지를 자연적인 방법으로 집열, 저장하여 이용할 수 있도록 한 것이다. 자연형 태양열 난방시스템 구성부의 특성은 다음과 같다.

① 집열부는 일반적으로 투명한 남면의 유리면이다. 유리 이외에도 투명한 플라스틱이나 섬유유리가 사용될 수 있다. 이때 재료의 선택은 햇빛이나 기타 기후요소들에 의한 재료의 퇴화 등을 고려해야 한다.

② 축열부의 재료로서는 물 또는 기타 액체 등과 함께 조적구조도 사용된다. 또한 용융소금이나 파라핀과 같은 상변화 물질(PCM : Phase Changing Material)을 사용하여 축열성능을 높일 수도 있다.

③ 열의 분배는 전도, 대류, 복사 등과 같은 자연적인 방법에 의하여 이루어지므로 송풍기와 같은 기계장치는 가급적 피한다.

④ 열소설을 위해 통기구(vent), 댐퍼(damper), 가동단열 및 차양장치 등이 부수적으로 사용된다.

자연형 태양열시스템은 주로 난방을 위해 사용되지만 여름철에 과열을 방지하고 냉방효과를 도모할 수 있는 방법이 강구되어야 한다. 자연냉방방식에는 자연통풍, 구조체에 의한 냉각효과, 주·야간의 개구부 개폐, 냉각공기의 유입, 실내공기의 야간냉각, 지중 냉각효과, 증발효과, 그리고 건습제 등의 이용과 같은 방식들이 있다.

5.2 자연형 태양열시스템의 종류 및 특징

1) 직접획득형(direct gain)

남향면의 집열창을 통하여 겨울철 많은 양의 햇빛이 실내로 유입되도록 하여 얻어진 태양에너지를 바닥이나 실내 벽에 열에너지로 저장하여 야간이나 흐린 날 난방에 이용할 수 있도록 한다. 또한, 냉방효과를 위하여 실내의 환기를 원활히 할 수 있도록 환기창을 두어야 한다.

직접획득형의 집열창은 측창, 고창, 천창으로 분류할 수 있으며, 가능한 건물의 남쪽에 설치를 하고 실내로 유입되는 일사를 최대로 할 수 있도록 계획해야 한다.

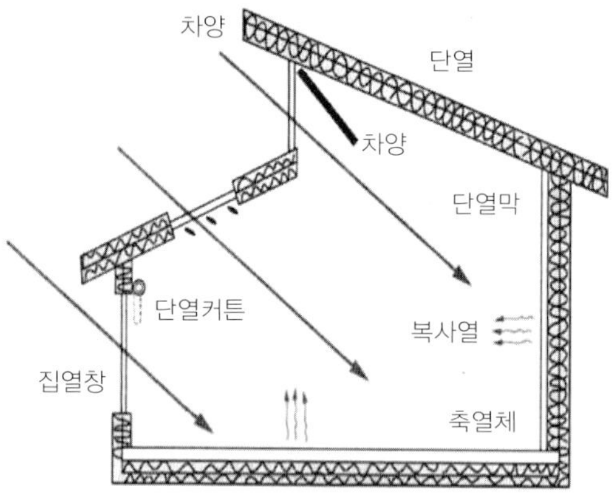

그림 5.2 직접획득형의 개념

계획과정에서 유의할 점은 과도한 채광으로 인해 프라이버시 문제가 발생하지 않도록 유의해야 한다. 남향 창을 통하여 충분한 빛을 얻을 수 없는 구조일 경우 다음의 그림과 같이 천창이나 채광창을 추가로 설치하여 충분한 빛을 유입시켜 축열량을 늘린다. 열교현상이 발생되지 않도록 기밀시공하는 것은 물론이고 외기와 접하는 집열창의 틀은 열전도율이 적은 재료를 사용해야 한다.

축열체는 자연형 태양열시스템의 필수적인 요소이다. 직접획득형에서 축열체는 벽, 지붕, 바닥 등 구조체 자체가 축열부가 되어 에너지를 저장하는 역할을 한다. 축열체는 주간에 유입된 복사열을 저장하는데 유리하도록 질량과 비열이 큰 재료를 사용한다. 야간에 유출되는 열을 차단할 수 있는 단열셔터를 설치하여 그 효과를 크게 할 수 있다. 실내의 바닥이나 벽체는 태양광의 흡수율을 높이기 위해 어두운 무광택으로 마감해야 하며, 여름철에 태양각도를 감안하여 벽체에 직접 빛이 미치지 못하도록 처마의 길이를 산정해야 하며, 겨울철에는 최대한 일사량을 실내로 유입시킬 수 있도록 집열창의 크기를 산정한다.

축열체의 성능과 크기는 열용량에 의해 결정된다. 열용량은 재료의 질량과 비열의 곱으로 계산된다. 15℃ 물의 경우 비열이 4.2kJ/kg·K이며 목재의 경우 물에 비해 1/3, 콘크리트는 1/5, 강재는 1/10 정도밖에 되지 않는다. 그러나 열용량은 비열에 질량을 곱한 값이기 때문에 1㎥당의 열용량은 물이 4.2MJ/K, 목재는 0.7MJ/K, 콘크리트는 2.2MJ/K, 강재는 3.8MJ/K가 된다.

표 5.1 직접획득형 장·단점

장 점	단 점
• 일반화되고 추가비가 거의 없다. • 계획 및 시공이 용이하다. • 창의 재배치로 일반건물에 쉽게 적용할 수 있다. • 집열창이 조망, 환기, 채광 등의 다양한 기능을 유지한다.	• 주간에 햇빛에 의한 눈부심이 발생하고 자외선에 의한 열화현상이 발생하기 쉽다. • 실온의 변화폭이 크고 과열현상이 발생하기 쉽다. • 유리창이 크기 때문에 프라이버시가 결핍되기 쉽다. • 축열부가 구조적 역할을 겸하지 못하면 투자비가 증가된다. • 효과적인 야간 단열을 하지 않으면 열손실이 크게 된다.

2) 간접획득형(indirect gain)

태양에너지를 석벽, 벽돌벽 또는 물벽 등에 집열하여 취득열의 전도, 복사 및 대류와 같은 자연현상에 의하여 실내 난방효과를 얻을 수 있도록 하는 것으로 태양과 실내 난방공간 사이에 집열창과 축열벽을 두어 주간에 집열된 태양이 야간이나 흐린 날 서서히 방출되도록 하는 축열재의 재료에 따라 벽돌벽 방식 및 물벽형으로 구분된다.

이 방식은 집열창을 통과한 빛이 축열벽(tromb wall)에 도달되어 축열되고 그 축열된 열이 복사, 대류에 의해 이용부에 전달되는 방식이다. 낮 동안은 전도에 의한 열전달도 이루어진다. 집열창은 보통 또는 반투명유리나 자외선에 내구성이 강한 투명 또는 반투명 합성수지를 이용하며 투과율이 클수록 효과적이다. 축열벽을 통한 대부분 복사열에 의해 야간이나 흐린 날 이용부 쪽으로 전달하는 방식이 직접 빛이 이용부에 도달되는 직접방식과는 다른 점이다.

(1) 축열벽형(trombe wall)

축열벽형은 다음의 그림 5.3과 같이 남측면 유리의 안측에 벽을 두어 축열체로 하는 방법으로 트롬월이라고 한다. 트롬월과 유리 사이에 있는 공기가 고온으로 가열될 경우 대류에 의해 실내를 따뜻하게 하고 트롬월에 축열된 열은 야간에 방열하여 난방에너지원으로 사용한다. 국내에서 트롬월의 두께는 벽돌벽으로 할 경우 250mm가 가장 적절하며, 벽 표면의 반사율이 낮고 흡수율이 높은 특수도료를 사용하면 효과를 더욱 증대시킬 수 있다.

트롬월은 벽의 하중으로 고층건축물에 적용하기 어렵기 때문에 1층이나 하층부에 설치

표 5.2 축열벽형 장·단점

장 점	단 점
• 거주공간의 온도변화가 적다. • 일사가 없는 야간에 축열된 에너지의 대부분이 방출되므로 이용효율이 높다. • 햇빛에 의한 과도한 눈부심이나 자외선의 과다 도입 등의 문제가 없다. • 우리나라와 같은 추운 기후에서 효과적임.	• 창을 통한 조망 및 채광이 결핍되기 쉽다. • 벽의 두께가 크고 집열창과 이중으로 구성되어 유효공간을 잠식 • 효과적으로 집열창에 대한 야간 단열을 하기가 용이하지 않다. • 건축디자인에 있어서 조화 있는 해결이 용이하지 않다.

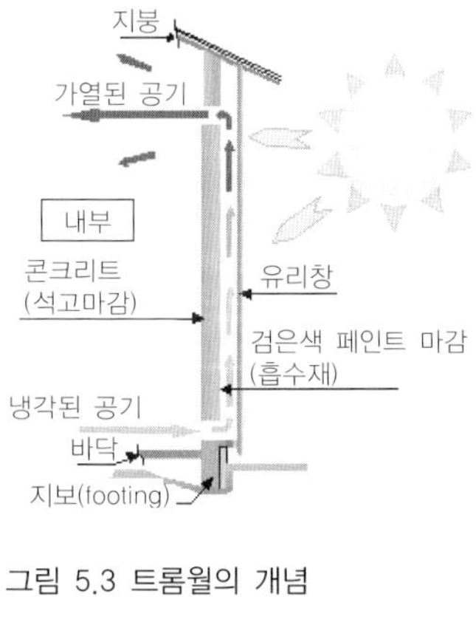

그림 5.3 트롬월의 개념

그림 5.4 트롬월의 설치 예

하는 경우가 대부분이며, 특히 도심지에서는 남측면으로 직달일사를 받기 어렵기 때문에 남측면 전면에 부지의 여유가 있을 때 사용하면 더욱 효과적이다.

(2) 축열지붕형(roof pond)

축열지붕형은 지붕연못형이라고도 한다. 앞에서 설명한 것처럼 물은 열용량이 커서 같은 용적의 콘크리트보다 2배, 중량에 비해 5배의 열을 축적할 수 있는 특징을 가지고 있다. 지붕에 있는 물은 연못과 같이 대기중에 노출시키는 방법과 물주머니(water bag)에 저장시켜 사용하는 방법이 있다. 하절기에는 주간에 실내의 열이 지붕 축열체에 흡수되고 강한 여름 태양빛으로부터 단열되도록 단열패널을 닫고 야간에는 축열체가 공기중으로 열을 복사 방출하도록 단열패널을 열어 둔다. 동절기에는 주간에 물에 태양열이 축열되도록 대기중에 노출시키며 야간에는 대기에 노출되지 않도록 하여 축열된 열이 실내로 유입되도록 하여 난방에너지를 절감시킨다. 즉, 냉방과 난방의 운전방법은 난방기간에는 주간에 단열패널을 열어 축열체가 태양열을 받도록 하며, 야간에는 저장된 에너지가 건물의 실내로 복사되도록 한다.

지붕연못의 깊이는 태양열 취득과 직접적인 관계가 있기 때문에 많은 물을 저장하는 것이 유리할지 모르지만 건물구조에 고정하중이 추가로 발생하기 때문에 일반적으로 15~30cm로 하며, 이때 150kgf/㎡의 하중이 추가로 발생하게 된다.

지붕 자체가 집열기 역할을 하기 때문에 최상층을 난방하는 데 적합하며, 연못을 포함하여 지붕은 대체적으로 평평하게 하거나 북쪽으로 set-back시킨다. 이 시스템은 다른 시스템에 비해 방위나 평면계획이 매우 자유로우며 외관상 눈에 띄지 않는 장점을 가지고 있다.

표 5.3 축열지붕형 장·단점

장 점	단 점
• 냉난방에 모두 이용 가능 • 거주공간에의 온도변화폭이 적다. • 열전달효과가 완만하고 공간 전체에 균일하게 분배된다.	• 무거운 축열체는 구조적으로 처리기 어렵고 초기투자비가 많이 든다. • 고위도 지방에서 난방에 적용하기 어렵다. • 동파 방지조치 필요 • 가동단열재의 설치 및 관리가 어렵다.

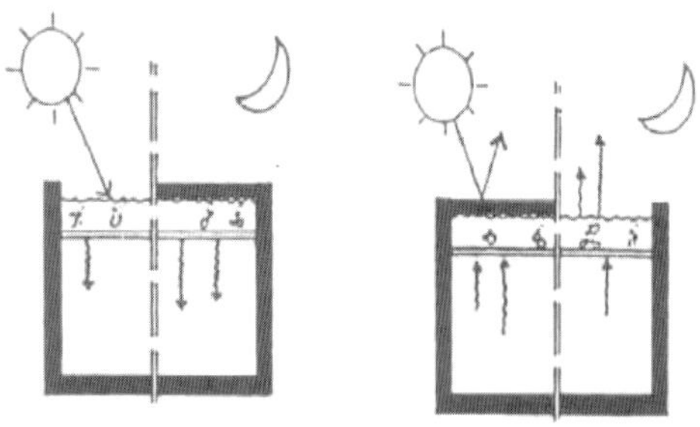

(a) 난 방　　(b) 냉 방

그림 5.5 축열지붕형 개념

그림 5.6 축열지붕형의 설치 예(1)

그림 5.7 축열지붕형의 설치 예(2)

그림 5.8 축열지붕형의 설치 예(3)

3) 분리획득형(isolated gain)

집열 및 축열부와 이용부(실내 난방공간)를 격리시킨 형태이다.

이 방식은 실내와 단열되거나 떨어져 있는 부분에 태양에너지를 저장할 수 있는 집열부를 두어 실내난방 필요 시 독립된 대류작용에 의하여 그 효과를 얻을 수 있다.

(1) 부착온실형(attached sun space)

직달일사를 이용하는 방법으로 온실을 설치하는 방법이 있다. 이 방법을 부착온실형(sun space)이라 불리기도 한다. 다음의 그림과 같이 남면의 방에 큰 개구부를 두고, 전면에 부착온실을 설치하여 고도가 낮은 동절기에는 일사가 실내온도를 상승시킴과 동시에 내벽의 축열체 온도를 상승시키게 된다. 직접획득형에 비해 유리의 면적이 크기 때문에 야간의 단열대책이 없을 경우 열획득량보다 손실량이 더 크게 될 수 있다. 따라서 야간에는 거주공간의 열부하를 증가시킬 수 있기 때문에 부착온실과 격리시켜야 한다. 낮에 온실을 개발함으로써 열이 건물 내부에 자연적으로 전달되거나 송풍기로 전달하거나 축열체에 열을 저장하여 밤에 사용할 수 있도록 한다.

하절기에는 부착온실의 온도가 외기온도 이상으로 상승되지 않도록 외기로 창을 개방하며, 건물과 부착온실과의 열 이동이 없게 격리시켜 건물 내부가 과열되지 않도록 한다.

표 5.4 부착온실형 장·단점

장 점	단 점
• 거주공간의 온도 변화폭이 적다. • 휴식이나 식물재배 등 다양한 기능을 갖는 여유공간을 확보할 수 있다. • 기존 건물에 쉽게 적용할 수 있다. • 디자인 요소로서 부착온실을 활용하면 자연을 도입한 다양한 설계가 가능하다.	• 초기투자비가 다른 방식에 비해 비교적 높다. • 설계에 따라 열성능에 큰 차이가 나타난다. • 부착온실 부분이 공간 낭비가 될 수 있다.

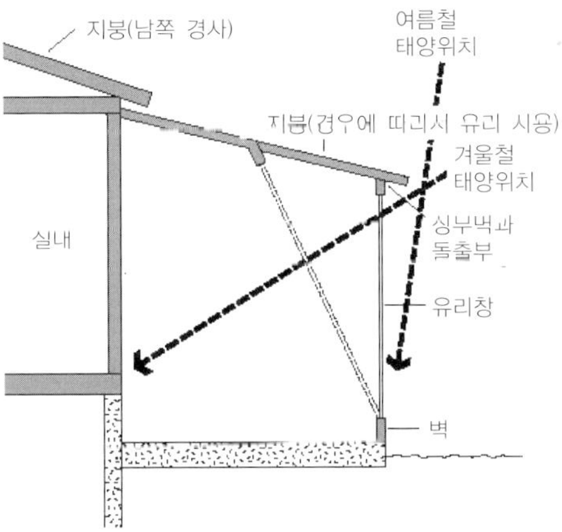

그림 5.9 부착온실의 개념

그림 5.10 부착온실의 설치 예

(2) 자연대류형(thermo syphon)

공기가 데워지고 차가워짐에 따라서 자연적으로 일어나는 공기의 대류에 의한 유동현상을 이용한 것이다. 태양이 집열판 표면을 가열함에 따라 공기가 데워져서 상승하고 동시에 축열체 밑으로부터 차가운 공기가 상승하여 자연대류가 일어난다. 집열부가 주거공간과 완전히 분리되기 때문에 설비형 시스템과 비슷해 보이나 강제순환방식을 사용하지 않는다는 점에서 자연형 시스템에 속한다. 집열체를 반드시 부착할 필요가 없으므로 태양에 잘 노출되도록 하는 이점이 있고, 집열부분이 건물로부터 분리되어 있으므로 벽체나 개구부를 설계하는데 융통성이 있다.

표 5.5 자연대류형 장·단점

장 점	단 점
• 집열창을 통한 열손실이 거의 없으므로 건물 자체의 열성능이 우수 • 기존의 설계를 태양열시스템과 분리하여 자유롭게 할 수 있다. • 온수급탕에 적용할 수 있다.	• 집열부가 항상 건물 하부에 위치하므로 설계의 제약조건이 될 수 있다. • 일사가 직접 축열되지 않고 대류공기가 축열되므로 효율이 떨어진다. • 시공 및 관리가 비교적 어렵다.

(a) 난 방　　(b) 냉 방

그림 5.11 자연대류형 개념도

(3) 이중외피 시스템(double skin)

건물을 이중외피로 하여 그 사이로 공기가 순환되도록 하는 형식을 말한다. 주간에 부착온실(남측면에 보통 설치)에서 데워진 공기는 이중외피 사이를 순환하게 되며, 바닥 밑의 축열재를 가열하게 된다. 야간에는 역류현상이 일어나 축열조에서 가열된 공기가 북측 벽과 지붕을 가열하여 열손실을 막는다.

외부에 대한 환경부하를 최소화하면서 자연환경 조건을 최대한 이용하고, 또한 재생 가능한 에너지원을 활용하는 환경친화적 파사드의 하나로서 최근에 활용도가 가장 높은 시스템이다. 이중외피 시스템은 기존의 외피에 하나의 외피를 추가한 다중외피의 원리를 이용한 것으로, 외측 파사드는 외기의 영향을 최소화하는 역할을 하고 있다. 또한 각 외피에 개구부를 둠으로써 중공층과 실내로의 환기가 가능한 구조로 되어 있다. 즉, 두 외피 사이에 형성되는 중공층을 적극적으로 활용하는 시스템으로서 일반적으로 외측 외피(outer skin), 중공층(cavity), 내측 외피(inner skin), 차양장치(shading device), 개구부(aperture)로 구성되어 있다.

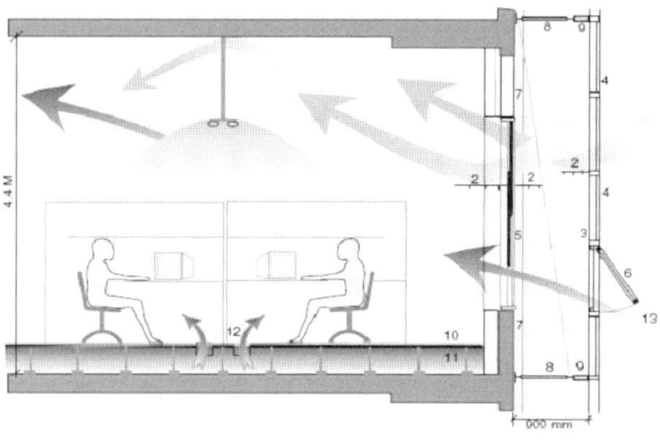

그림 5.12 이중외피구조의 개념도

개구부의 크기는 중공층과 개구부 사이의 기류속도와 유형에 따라 결정되며, 중공층의 두께는 40cm 이상이며 공기의 흐름에 지장이 없다. 내측 외피는 이중, 3중 유리, 공기, 아르곤, 혹은 크립톤으로 채운 유리를 사용하게 되며, 외측 외피는 보통 단층강화유리를 사용한다. 차양장치는 유리로의 유입되는 일사 및 주광의 변화를 가져오게 되며 차양막의 루버 각도에 따라 환기율이 크게 변하기 되므로 정확한 계산을 필요로 한다.

표 5.6 이중외피의 장·단점

장 점	단 점
• 전자감응식, 온도감응식, 광감응식 판유리를 이용한 에너지 절약 기술보다는 경제적임. • 도심지 빌딩의 경우에는 소음차단 효과 있음. • 단열효과–겨울에는 중공층 내의 데워진 공기를 난방에 이용할 수 있고, 여름에는 데워진 공기를 적절히 상부로 배출함으로써 열부하를 줄일 수 있는데, 매우 신중하게 설계되어야 효과를 발휘함. • 야간환기 : 외부온도가 26도 이상 상승하는 하절기에 이중외피를 일정부분 이상 개방 시 실내의 냉각효과를 기재할 수 있다. 이른 아침에는 바깥의 온도보다도 내부가 낮게 할 수 있다. 각 층 사이에서 실내면적의 2% 이상 이중외피를 효과적으로 개방 시 자연 양면환기에 의하여 야간냉각 효과를 기재할 수 있다. • 풍압감소 효과 • 자연환기 : DSF의 주요 장점의 하나. 지역, 기후, 향 등에 따라 적절한 유형의 개구부를 설계하면 입주시간 동안 에너지 절약을 할 수 있고 입주자를 쾌적하게 할 수 있다.	• 일반커튼월에 비하여 공사비 상승 • 방화와 관련되어 DSF가 긍정적인지는 아직 명확치 않음. • 임대공간 적용률 감소 • 유지관리, 운영비 증가 • 다층 샤프트형 중공층의 경우 높이별로 기류속도의 차이로 층별 온도조건이 다를 수 있음. • 구조계산상 하중 증가 • 주광량이 부족할 수 있음 • 복도형 중공층의 경우 인접실간 음의 전달이 생길 수 있다.

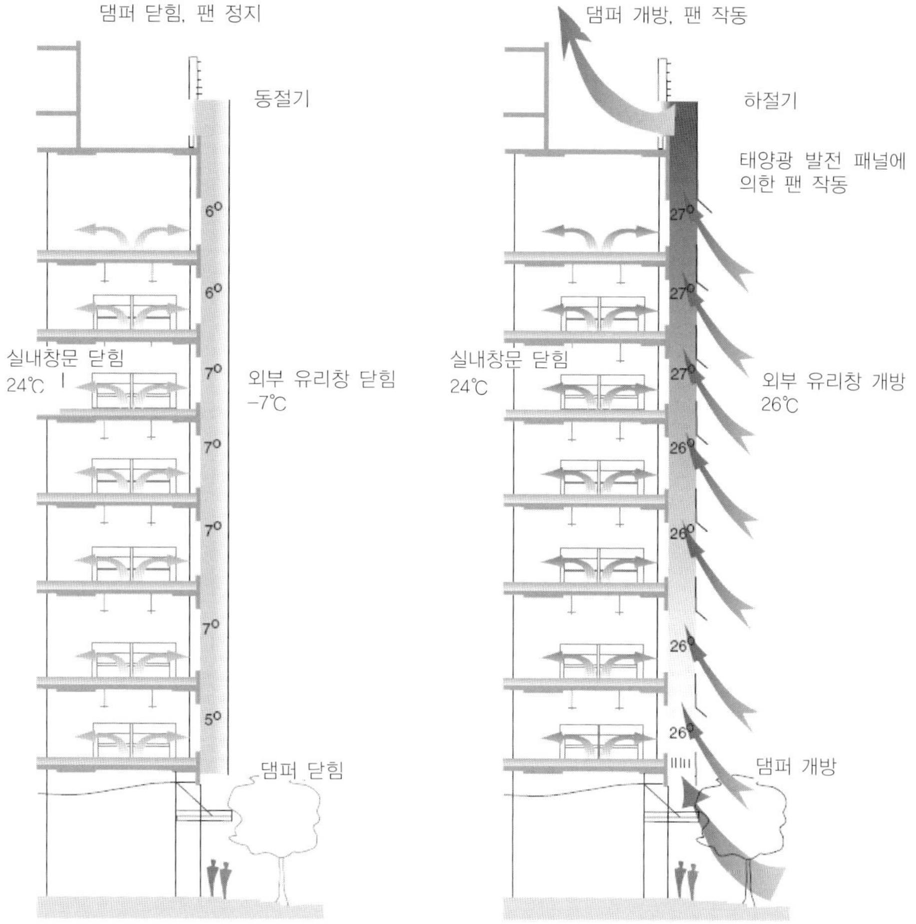

그림 5.13 동·하절기 이중외피의 운전방식의 개념도

우리나라는 동절기와 하절기의 외기온도차가 40℃ 이상 발생하기도 한다. 이중외피구조는 계절별로 부착온실과 같은 온도특성을 갖고 있기 때문에 동절기에 난방에너지 절감효과가 있는 반면, 하절기에는 중공층의 과열된 공기가 실내의 냉방부하를 오히려 증가시키는 요인이 될 수 있기 때문에 동하절기에 맞는 운전을 실시해야 한다. 그림 5.13은 이중외피의 동·하절기 운전방식의 개념도를 나타내고 있다.

(4) 국내외 이중외피구조의 적용 예

도로교통 연구원 연구동의 본관동 전면에 적용된 이중외피는 5개 층이 연결되는 중공층 폭 600mm의 다층 이중외피로서 내·외피 16mm 복층유리가 적용되어 기밀하게 닫힐 수 있는 구조이다. 하단 공기 유입구에는 수동 프로젝트 창이고 상단의 공기 배출구는 건물외피에 자동 블라인드창, 내피는 수동 슬라이딩창으로 적용되어 있다. 외피부분에 부분적으로 프로젝트 창이 구성되어 있어 필요에 따라 중공층에 환기가 필요할 때 개방이 가능하다. 중공층 내에 롤 스크린 적용 외에 이중외피 바깥부분에 수평 고정 차양장치를 별도 설치하여 겨울에는 중공층 상부의 과열을 집열하여 이를 내부로 급기하여 사용하며, 봄·가을에는 상하단부/중앙부를 모두 개방하여 최적 환기를 유도하고 있다. 여름에는 상단부 배기창만 개방하고 하단부를 폐쇄하며 최하단부에 에어컨디셔닝 배기를 유입하여 중공층의 과열을 방지한다.

그림 5.14 도로교통 연구원의 연구동 본관

그림 5.15 고양시 아람누리도서관

고양시 아람누리도서관에 설치된 이중외피의 주요 목적은 남측면 일산대로에서의 소음차단 및 3개 층에 동일한 자연환기 조건을 제공하고 냉난방에너지를 절감할 수 있다. 남측면에만 다층형 이중외피(외피 8mm 강화유리, 내피 24mm 복층유리, 수동 개폐창 형식, 중공층 두께 900mm 및 롤스크린 채용)를 적용하였다.

6

설비형 태양열시스템

태양열 이용기술은 비교적 오랜 보급역사를 갖고 있는 신재생에너지 기술 중 하나이다. 우리나라의 경우를 보면 이미 1980년대 초반부터 태양열시스템은 가정용 급탕, 복지시설, 양만장, 목욕탕, 숙박시설, 수영장 등 저온의 온수를 생산하거나 예열을 목적으로 주로 적용되어 왔다. 그 결과 현재까지 태양열 온수기를 포함하여 약 19만여 개의 태양열시스템이 보급되었다. 이들 보급된 시스템 중에 일부는 신뢰성 측면에서 문제가 된 것도 있었지만 태양열 이용 기술은 대체적으로 건물 분야에서의 에너지 절감을 위해서 전 세계적으로 가장 많이 적용되어 왔고 현재도 지속적인 보급이 이루어지고 있다. 2000년대 들어서는 선진국을 중심으로 에너지가 아주 적게 드는 패시브하우스, 그린 빌딩, Low Energy 건물 또는 저탄소 건물 보급을 위해서 많은 노력을 하고 있으며, 유럽, 북미 등을 중심으로 2010년대 중·후반부터 신축건물을 중심으로 탄소제로 건물 보급 의무화를 추진하고 있다. 최근 몇 년 전부터는 아예 건물에서 화석에너지를 거의 사용하지 않는 탄소제로 건물 또는 제로에너지 건물이 시범 보급되고 있다.

우리나라도 정부의 저탄소 녹색성장의 일환으로 그린 홈 100만 호 보급, 그린 빌딩, 그린 스쿨, 그린 빌리지 등 화석에너지가 적게 드는 건물 및 신축단지 보급을 확대하기 위한 정책을 펴고 있다. 독일, 영국, 캐나다 등 선진국의 경우 '90년대 중반부터 태양열시스템이 주된 에너지 공급원인 Low Energy House와 제로에너지 타운이 이미 상당수 보급된 바 있다.

건물에서 열부하, 즉 냉난방 및 온수급탕부가 차지하는 비중은 상당히 크다. 특히 주택에서는 거의 80%대를 육박하고 있다. 태양열이 건물의 열부하를 공급하는 적정한 신재생에너지원이라는 것은 이미 태양열시스템의 역사를 보더라도 쉽게 알 수 있을 것이다. 전 세계 에너지 소비의 많은 부분을 차지(우리나라 에너지 총사용량의 24%, 유럽은 49%)하고 있는 건물 분야에서의 화석에너지 저감을 위한 태양열 적용 연구가 최근에 유럽을 중심으로 활발하게 일어나고 있다. 최근 EU의 태양열 분야 2030 기술개발 로드맵을 보면 건물의 열부하를 태양열로 100% 공급하는 설비형 태양열 건물(Active Solar Building)을 위한 각종 태양열 기술개발이 계획되고 있다.

본 절에서는 건물에너지 저감을 위한 태양열시스템 적용/설계기술 및 이와 관련한 국내외 현황에 대해서 논하고, 열부하를 자립하는데 중요한 역할을 하는 태양열시스템과 타 신재생 열공급시스템이 결합된 신재생 하이브리드 시스템 기술에 대해서도 언급하고자 한다.

6.1 태양열시스템의 설계절차

태양열시스템의 설계는 일반적으로 그림 6.1과 같은 절차를 거쳐 진행된다. 가장 먼저 설치대상이 결정되면 설계자와 사용자 간에 여러 가지 협의를 통해 타당성 및 시스템 설계에 대한 검토가 이루어지고, 현장조사를 거쳐 최종적으로 세부설계가 이루어지게 된다. 현장조사를 제외한 시스템 설계에 필요한 열부하 계산, 집열기 및 집열면적 결정, 시스템 구성 및 상세설계에 관련된 내용이 중점적으로 다루어져야 하며, 특히 시스템의 규모와 구성, 이에 따른 태양열시스템 주요 구성요소(component)의 용량계산 및 설계에 고려되어야 할 내용을 중심으로 다루어져야 한다.

태양열시스템의 최적화 설계는 태양열에 대한 기본적인 전문지식과 설계 및 분석 프로그램을 활용해서 가능하다.

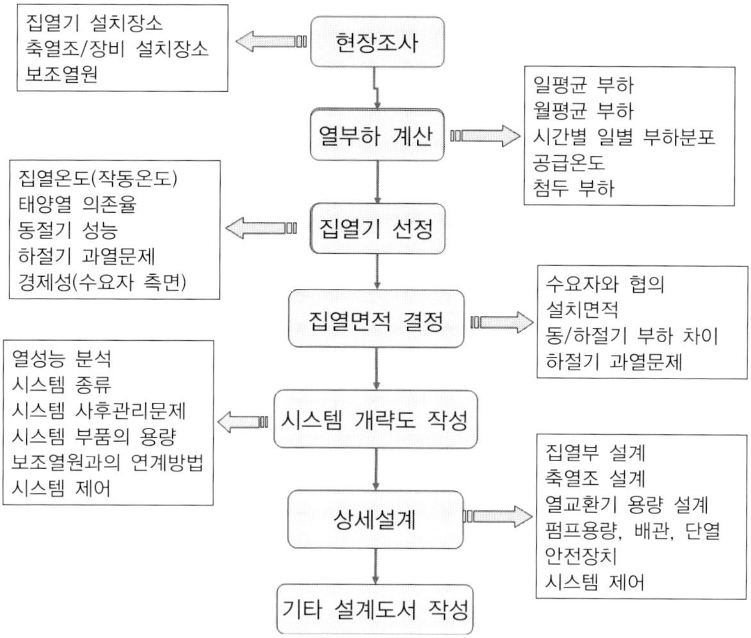

그림 6.1 태양열시스템 설계절차

6.2 열부하 및 시스템 규모 결정

1) 부하계산

태양열시스템 적정 규모를 결정하기 위해서는 온수급탕 부하 및 시간별, 일별, 월별 부하분포를 알아야 한다. 일반적으로 보일러/공조설비의 용량을 선정하는 것과는 달리 태양열시스템은 열부하 분포를 충분히 감안해야 한다. 특히 월별 부하분포는 태양열시스템 규모, 축열조 용량, 과열방지 방안, 집열기 선정 등을 결정하는데 중요한 인자가 된다.

온수급탕 부하는 일반적으로 다음의 방법으로 계산할 수가 있다.

① 온수 사용량으로부터의 온수 부하계산(Qw)

QW(kcal/day) = M(kg/day) · [1(kcal/kg·℃)] · [TH(℃) − TC(℃)]

여기서

M = 온수사용량

TH = 온수 설정온도 TC = 시수온도

② 연료 소비량 자료가 있는 경우, 이것으로부터 부하계산

Q = 사용된 연료 × F × E

여기서 E = 보일러 효율(0.8~0.85 내외, 전기히터는 1.0)

F = 저위발열량

에너지원별 저위발열량은 다음과 같다.

경유 : 38.9MJ/l, 가스 : 38.4MJ/m^3, 전기 : 860kcal/kWh

③ 설계자료의 온수 부하계산 자료 이용

2) 난방 부하계산

난방 부하는 다음과 같은 방법으로 계산될 수 있다.

① 설계도서의 부하계산 자료 활용

② 난방도입법에 의한 부하계산 : 건축설비 핸드북 참조

③ 시뮬레이션에 의한 부하계산 : 이 방법은 DOE, TRNSYS 등과 같이 복잡한 프로그램에 의해서 계산되기 때문에 전문가 외에는 계산이 곤란하다. 참고로 주거건물(단독주택)

표 6.1 평형별 다독주택 난방부하(서울) (단위 : Mcal)

월	20평	25평	35평	45평
1	2401	3009	3856	4989
2	1920	2410	3097	3963
3	1458	1843	2391	2933
4	873	1115	1466	1694
5	386	500	667	713
9	64	85	116	109
10	617	793	1051	1170
11	1345	1703	2213	2694
12	2130	2674	3435	4397
합계	11194	14132	18292	22664

의 경우에는 표 6.1에 실내 설정온도를 18℃로 가정하였을 때 서울지방에서의 난방부하를 계산한 결과를 평형별로 나타내었다. 이 계산결과는 물론 특정 주택에 대한 것이기 때문에 그 값이 일반적인 주거건물을 대표할 수는 없으나 그 크기 및 경향은 유사할 것으로 본다.

④ 표준부하로부터의 간이계산 : 건물이 위치한 지역과 건축설계, 향, 구조체의 종류 및 주거자의 특정 생활양식과 같은 다양한 인자들이 열부하에 영향을 미치기 때문에 일률적인 값을 적용하기는 곤란한 경우가 많다. 그러나 부하에 가장 큰 영향을 미치는 것은 결국 외기온도라고 볼 수 있다.

외기온도가 난방부하에 미치는 영향을 지역별로 정리해 보면 대략 표 6.2와 같이 크게 4개의 지역으로 구분하여 지역별 난방 부하지수를 부여할 수가 있다. 즉, 제주도 지역의 설계난방 부하는 경기지역의 설계난방 부하의 약 70% 정도에 불과하다는 의미이다. 따라서 이 표는 지역별로 대략적인 부하를 산출하는데 유효하게 사용될 수가 있다.

표 6.2 지열별 난방 부하지수

지 역	지 수
경기, 강원, 충남북, 경상북도지역	1
전남북, 경상남도지역	0.8
제주도, 남부해안지역	0.7
특히 추운지역(양평, 춘천 등)	1.2

3) 집열기 선정

(1) 집열기 종류

태양열 집열기의 종류는 크게 다음과 같은 것이 있으며, 각각에 대한 십열온도는 대략 다음과 같다.

- 평판형 집열기 : 주로 온수급탕용으로 적합한 집열기로서 저온(동절기 기준으로 60℃ 이하)의 집열영역에서는 나른 종류의 집열기보다 집열효율이 높으나, 집열온도가 높아짐에 따라 효율저하가 크다는 단점이 있다. 특히 다음에 언급할 진공관 집열기에 비해 대체적으로 과열에 대한 대처가 용이한 장점도 있다.
- 진공관식 집열기 : 평판형 집열기보다 좀 더 높은 온도영역에서 효율이 좋다는 장점이

있다. 그러나 과열 및 열충격(thermal shock)에 약한 단점이 있다. 이 집열기는 크게 단일진공관형 집열기와 이중진공관형 집열기 2종류가 있으며, 이 중 진공관형 집열관은 현재 중국에서만 생산되고 있다.

- PTC 집열기 : 집광형 집열기로 200℃ 전후의 높은 온도를 집열하는 데 효과적인 집열기다. 이 집광형 집열기는 주로 직달일사만 집열 가능하기 때문에 청명도(=직달일사량/전체일사량)가 높은 지역에서 주로 사용되고 있다. 참고로 우리나라의 경우는 청명도가 50% 정도로 높은 편이 아니기 때문에 특별히 높은 온도를 요구하는 경우를 제외하고는 적합하다고 볼 수 있다.

① 평판형 집열기

건물의 난방 및 온수급탕과 같이 비교적 저온용에 사용되는 평판형 집열기는 그림 6.2와 같다. 이 집열기는 그림 6.2의 단면도에 나타난바와 같이 상단부는 일사광선을 투과시키고 열손실을 줄이는 역할을 하는 투과체가 있으며, 그 하단부에는 투과된 일사광선을 흡수해서 열에너지로 변환시켜 주는 열매체관(지관)이 부착된 흡수판(absorber plate)이 있고, 그 하단부에는 단열재로 단열되어 있다.

이 집열기는 전 일사량, 즉 직달 및 산란 일사 성분 모두를 집열할 수 있기 때문에 청명도에 관계없이 어느 지역에서나 사용이 가능하다. 그러나 집열온도와 외기온과의 차이가 클 경우는 집열기로부터의 열손실이 커져서 비효율적이다. 난방 및 온수급탕용으로 대부분이 집열기가 사용되고 있다.

투과체로는 태양열 투과율이 좋고 강도가 큰 3mm 두께의 저 철분 강화유리가 사용되고 있으며, 흡수판은 열전도가 좋은 동판이나 알루미늄 등의 태양광선 흡수율이 좋고 방사율이 낮도록 표면이 선택흡수막(selective coating) 처리된 것이 사용된다. 현재 사용되고 있는 흡수판은 흑색 크롬 코팅이나 티타늄 코팅이 된 것이 주로 사용되고 있으며 무광의 흑색 페인트를 사용하는 것도 있다.

평판형 태양열 집열기의 집열 및 열손실 개념도를 그림 6.3에 표시하였다. 여기에 표시한 수치는 집열온도와 외기온도에 따라서 크게 달라진다는 것을 주지하기 바란다.

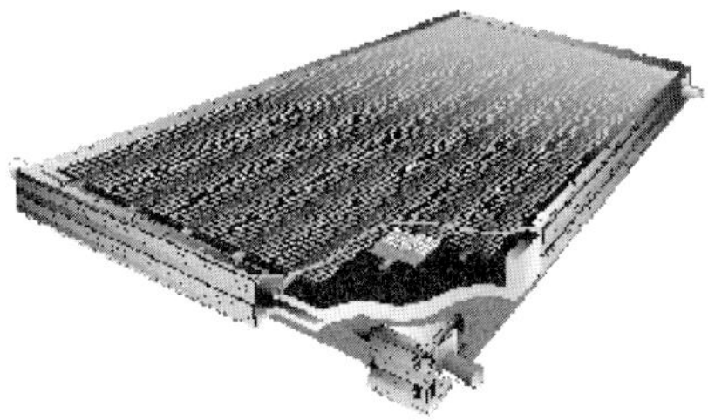

(a) 평판형 집열기 형상

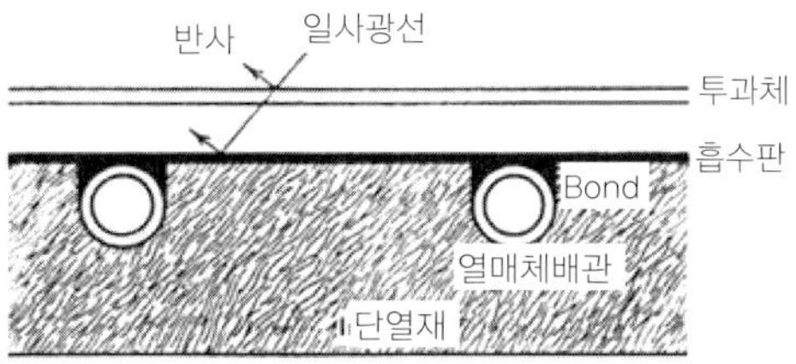

(b) 단면의 형상(액체식)

그림 6.2 평판형 태양열집열기 형상

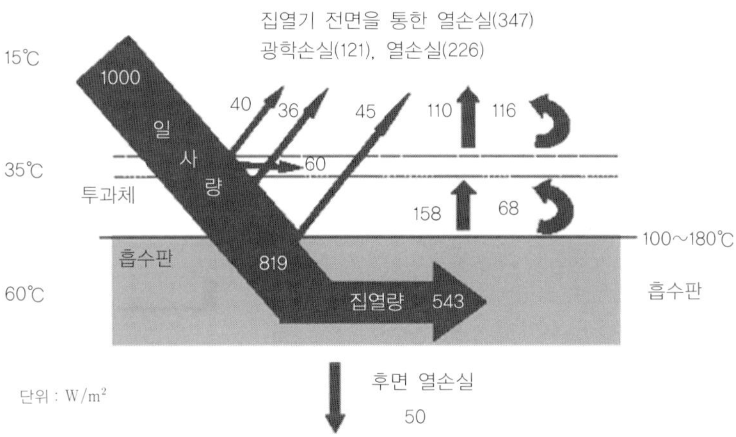

그림 6.3 평판형 태양열 집열기의 집열 및 열손실

② 진공관형 집열기

집열방식은 평판형 집열기와 거의 동일하나 흡수판을 진공유리관 내부에 위치시켜서 대류에 의한 열손실을 최소화시킨 집열기로 그 단면과 전체 형상(1개 모듈)을 그림 6.4에 나타내었다.

이 집열기는 특히, 흡수판에 부착된 열매체관 대신 히트파이프와 같은 고효율 전열소자를 이용한 집열기술을 적용하여 열효율을 더욱더 향상시키고 있다. 이 집열기는 평판형 집열기에 비해 고온에서 집열효율이 높기 때문에 온수급탕은 물론이고 냉난방 및 산업 공정

열에 사용된다.

집열기의 성능은 평판형 집열기와 동일하게 표시되며, 대체적으로 평판형 집열기에 비해 y축과의 교점은 조금 낮으나 열손실률이 적어 기울기가 작으며 평판형보다는 높은 온도를 얻는데 효과적이다.

진공관형 집열기는 유리관 내부 전체가 진공으로 되어 있는 1중 진공관형(A의 우측 그림)과 유리가 2중으로 되어 있으면서 이 사이가 진공으로 되어 있는 2중 진공관형(A의 좌측 그림) 집열기가 있다. 1중 진공관은 2중 진공관에 비해 효율은 좋으나 진공도 유지가 어려운 단점이 있어 주로 제작이 용이한 2중 진공관형 집열기가 많이 상용화되었다.

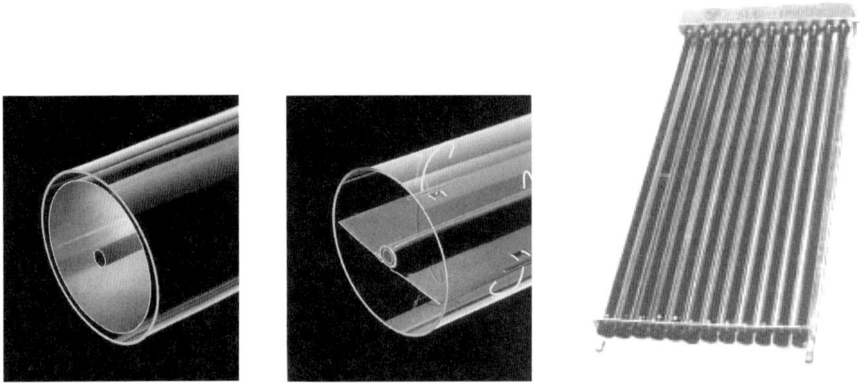

(a) 집열관 상세 (b) 집열관 모듈

그림 6.4 진공관식 집열기의 형상

(2) 집열기 성능 특성 및 선정방법

집열기의 성능은 실험적으로 구해지는 것으로 전 세계 공통으로 그림 6.5와 같이 표시되며, 수식으로는 다음과 같이 표시된다. 모든 인증 집열기는 이 수식과 그림이 함께 제공된다.

$$\eta = F_R(\tau\alpha)_n - F_R U_L \frac{T_i - T_a}{G_T}$$

상단부 성능곡선 : $\eta = 0.73 - 3.62\frac{T_i - T_a}{G_T}$

하단부 성능곡선 : $\eta = 0.62 - 3.25\frac{T_i - T_a}{G_T}$

여기서 GT는 집열면 일사량, $F_R(\tau\alpha)_n$은 y축과의 교점으로 집열기의 광학적 특성에 의해 결정되며, 열손실이 집열기의 최고효율을 의미하는 것이다. 이 값은 집열기의 열손실이 없는 경우일 때의 태양열 투과흡수율을 의미한다. F_RU_L은 곡선의 기울기로 집열기의 열손실률을 의미한다. 따라서 집열기 성능은 $F_R(\tau\alpha)_n$ 값은 클수록, 그리고 기울기는 작을수록 성능이 좋은 집열기다. 그러므로 집열기는 투과체, 흡수판의 흡수율, 열손실률이 집열기의 성능에 절대적인 영향을 미친다는 것을 알 수 있다.

집열기의 성능곡선으로부터 집열기를 선정할 때 외기온도와 집열온도의 차, 즉 $(T_i - T_a)$가 큰 분야에 적용될수록 곡선의 기울기인 F_RU_L 값이 작은 집열기를 선정하는 것이 좋다.

참고로 평판형 집열기의 열성능 곡선은 진공관형 집열기에 비해 y축과의 교점은 높으나 기울기는 크게 나타난다.

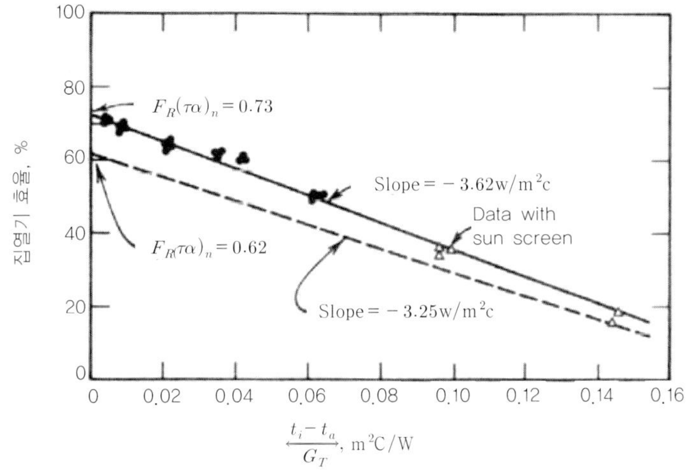

그림 6.5 집열기의 열성능 곡선

이와 같은 집열기 종류에 따른 특성을 고려하여 적절한 집열기를 선정하는 것이 태양열 시스템 설계에서 가장 먼저 고려되어야 할 사항이다. 일반적으로 태양열 집열기를 선정할 경우에 고려되어야 할 사항은 다음과 같다.

- 태양열 작동온도 영역에서 효율이 높을 것, 좀 더 구체적으로 적용 분야에서 경제성이 좋은 집열기가 고려되어야 함.
- 하절기 과열 및 동절기 동파에 문제가 없을 것 : 일부 집열기는 과열에 취약하거나 또는 열충격에 약한 집열기가 있다.
- 운전 중 발생할 수 있는 어떠한 조건에서라도 심각한 문제가 발생하지 않을 것

그림 6.6은 작동영역에 적합한 집열기를 대략적으로 나타낸 것이다. 대체적으로 저온영역에서는 평판형 집열기, 고온영역에서는 진공관형 집열기가 사용된다. 즉, 집열온도가 높아질수록 집열기의 열손실 계수값이 적은 집열기(평판형보다는 진공관 집열기가 열손실 계수값이 작음)가 사용되는 것이 좋으나, 일반적으로 가격도 비례해서 비싸지는 것이 일반적이기 때문에 정확한 선택은 경제성 분석을 통해서 결정되는 것이 좋다.

어떠한 경우라도 집열기의 선정은 경제성 이전에 전술한 시스템의 안전성, 신뢰성과 사후관리상의 문제 등에 대한 것이 우선적으로 고려되어야 한다.

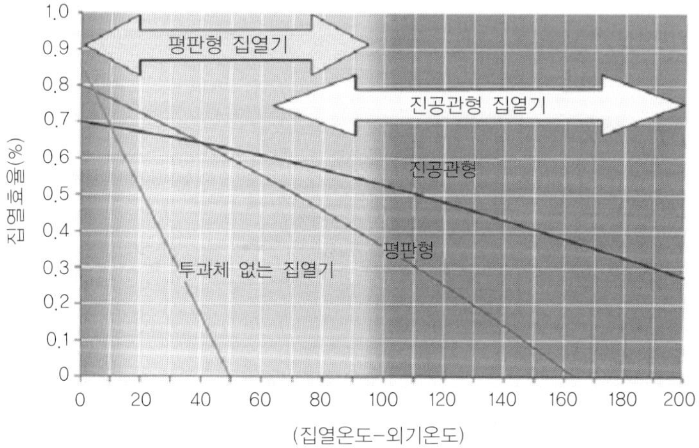

그림 6.6 평판형과 진공관식 집열기 작동영역 및 성능 비교

4) 시스템 규모

전체부하 중 태양열로 공급하는 비율을 태양 의존율(f)이라 하며, 다음 식과 같이 정의된다.

$$f = \frac{q_{sol}}{q_{lod}} * 100z$$

여기서, q_{sol} : 태양열 공급량, q_{sol} : 전체부하

이 태양 의존율은 집열기 면적이 증가하면 증가하는데, 태양열 집열면적과 태양 의존율과의 관계는 그림 6.7에 있는 바와 같이 일차 비례하지는 않는다. 의존율이 낮은 경우에는 집열면적이 늘어나면 태양 의존율도 거의 비례적으로 증가하나 의존율이 높아질수록 그 증가율은 감소한다. 이것은 태양 의존율이 높아질수록 부하가 적은 날(또는 계절)에는 집열 가능한 태양열이 부하보다 많기 때문에 시스템 작동을 중단시키거나 불필요하게 축열조 온도가 높아져 집열효율이 저하되게 되어 결과적으로 태양열시스템의 효율이 저하되기 때문이다.

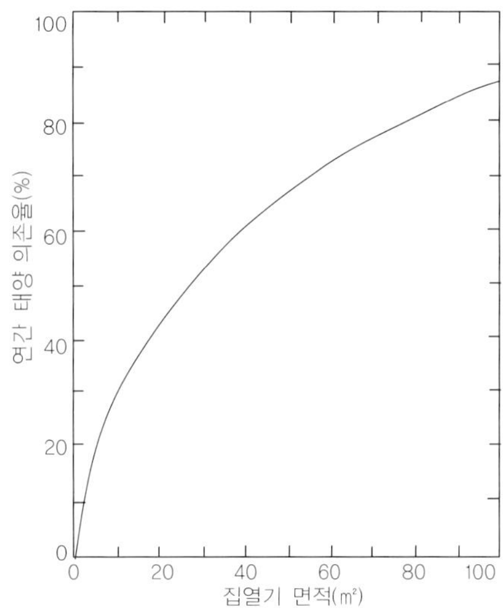

그림 6.7 태양열 집열면적과 의존율 관계

따라서 태양열시스템 규모는 표 6.3에 있는 것처럼 태양 의존율이 태양열 난방시스템인 경우는 40~60%, 태양열 급탕시스템인 경우는 60~80%가 되도록 시스템 규모를 선정하는 것이 일반적이며, 동절기가 추운 지역에서는 이보다 낮게 적용되는 것이 좋다. 그러나 건축적인 측면에서 부하를 크게 줄여놓아서 계절 간 부하격차가 줄어든 건물에서는 이보다 높게 설계될 수도 있다.

표 6.3 경제적인 시스템 규모 산정을 위한 적정 태양열 의존율

시스템 종류	적정 의존율	비 고
태양열 난방시스템	40~60%	동절기 일사량이 낮은 추운지방에서는 보다 낮게 설계되는 것이 바람직함. 이 경우 일사량이 좋은 초봄과 늦가을의 경우 태양 의존율은 온수는 100%, 난방시스템은 80~90% 정도 공급이 가능함.
태양열 온수급탕시스템	60~80%	

6.3 태양열시스템의 구성

1) 시스템 기본 구성도

태양열시스템 구성은 여러 가지 요인에 따라서 적정하게 시스템을 구성해야 한다. 예를 들어 밀폐형 시스템은 다음과 같은 여러 가지 형태로 시스템을 구성할 수 있다. 즉, 시스템 규모, 부하의 형태, 백업설비의 운전 등에 따라서 적정하게 시스템이 구성되어야 한다.

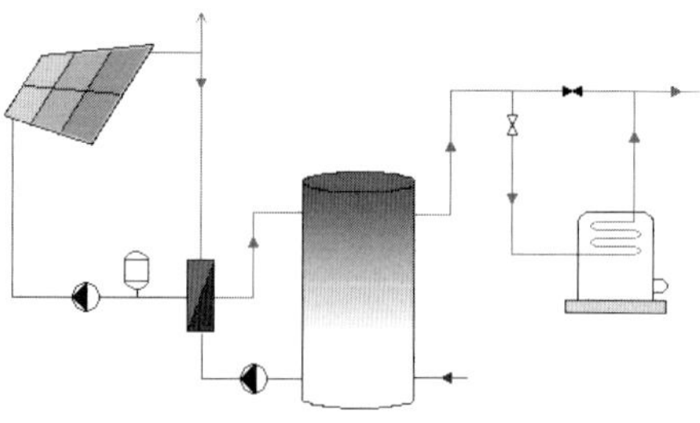

(a)

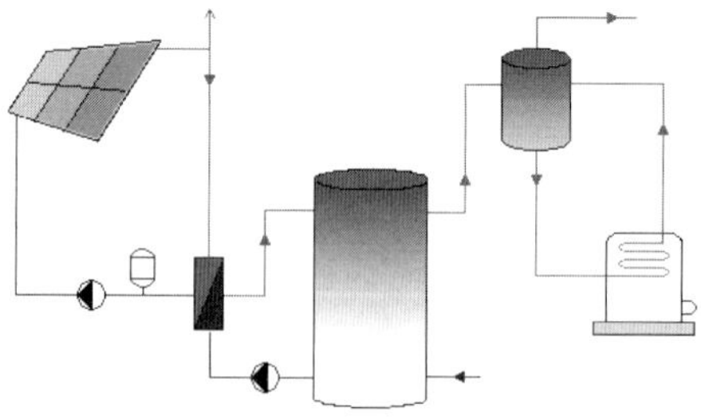

(b)

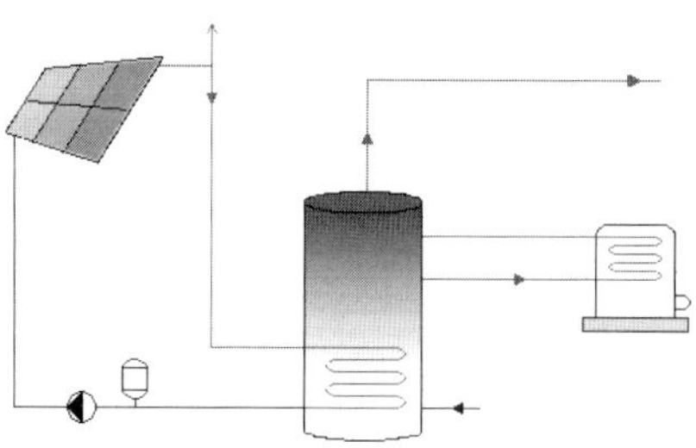

(c)

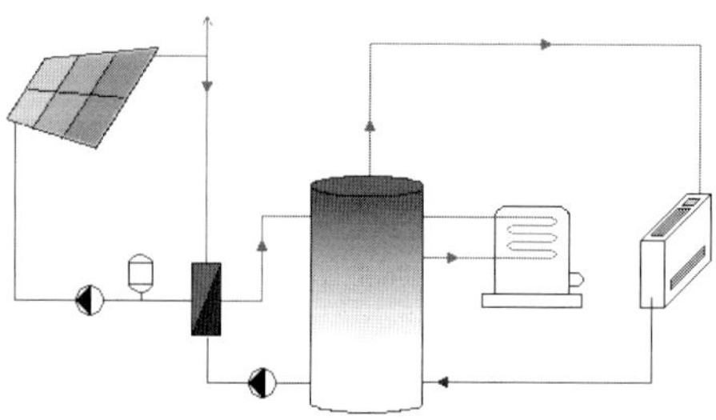

(d)

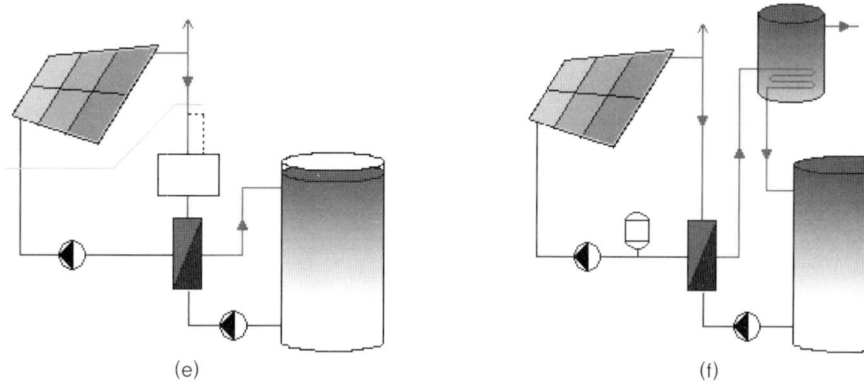

그림 6.8 밀폐형 태양열시스템 구성의 예

이러한 적정한 시스템 구성은 그림 6.8과 같이 될 수 있으며, 여러 가지 태양열시스템에 대한 전반적인 전문지식이 있어야 가능하다.

2) 집열부

집열부는 태양열시스템에서 가장 중요한 부분으로 다음과 같은 것들이 검토되어야 한다.

- 집열기 종류
- 집열기 어레이 설계 : 집열기 향 및 경사각, 집열부 레이아웃, 설치대 등
- 집열배관
- 필요한 각종 구성요소 : 순환펌프, 각종 안정장치

기본적으로 시스템 선정과정에서 설정한 바대로 집열온도 및 사용온도 등에 따라서 집열기의 종류가 선정되어야 하며, 다시 강조하면 고온일수록 집열기의 열손실계수($F_R U_L$)가 낮은 집열기를 사용해야 한다.

집열기의 종류가 선정되면, 이후에는 향과 경사각을 결정하는 것이 중요하다. 집열면 일사량이 가장 많은 정남향을 원칙으로 하되 불가피한 경우 정남향에서 ±30° 이내가 되도록 하는 것이 좋다. 또한 경사각은 연중 가장 많은 일사량을 필요로 하는 경우는 위도와 비슷하게 하고, 동절기에 주로 사용하는 경우는 "위도 +15°" 정도로, 하절기에 주로 사용

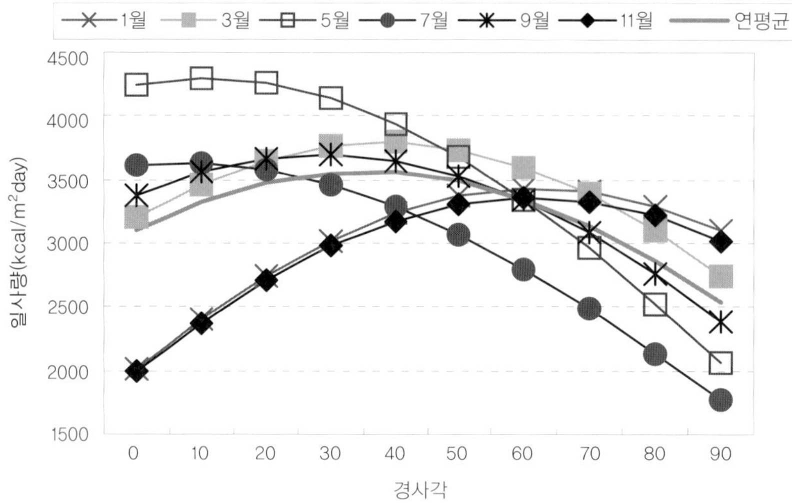

그림 6.9 대전지역에서의 경사각에 따른 일사량 변화(향 : 정남)

하는 경우는 "위도 −15°"로 하는 것이 좋다. 참고로 대전지방의 집열기 설치각도(정남의 경우)에 따른 월별 및 연평균에 대하여 그림 6.9에 나타내었다.

3) 태양열 축열조

시간별 열부하 분포가 집열분포와 유사할 때, 즉 정오를 중심으로 많은 부하가 있는 분야의 경우 축열조의 용량은 적어지게 되며, 야간에 주로 열부하가 많거나 요일별 부하 차이가 크거나 주말 부하가 없을 때에는 더 큰 저장용량이 요구된다. 큰 용량의 태양열 급탕시스템에서 온수부하 분포에 따른 경제적으로 적정한 축열조 크기의 범위는 집열면적당

표 6.4 온수 부하분포에 따른 경제적인 축열조 크기

부하분포	최소 축열조 크기(단위 집열면적당 : ㎡)
7일/주 일정한 주간 부하	25~35l/㎡
5일/주 일정한 주간 부하 (주말 부하 없음)	45l/㎡
일정한 야간 부하*	75~85l/㎡

* 5일/주에 대해서는 주어진 범위의 최대값 사용; 7일/주에 대해서는 주어진 범위의 최소값 사용

20.4~81.6l/m^2 정도이며, 좀 더 구체적으로는 표 6.4와 같다. 부하분포에 대한 자료가 없다면 최소 40l/m^2 이상으로 한다.

난방용의 경우 단위 집열면적당 축열조 용적은 난방온도에 따라서, 그리고 집열기의 성능에 따라서 적정히 조절되어야 한다.

- 난방 최소온도가 높으면 높을수록 축열조 용적은 커져야 한다.
- 집열기의 열손실 계수값이 크면 클수록 축열조 용적은 커져야 한다.

온수 연결부는 탱크의 상단부에, 냉수배관은 최하단부에 있어야 하며, 모든 배관의 입출구에는 온도층화를 위한 장치(디퓨저 등)가 있어야 한다.

참고로 그림 6.10은 열부하량 및 분포, 집열량, 축열되어야 할 양과의 관계를 도면으로 나타낸 것이다. 이 그림으로부터 열부하 분포가 축열조의 크기를 결정하는 데 얼마나 중요한 인자인지를 알 수 있을 것으로 본다.

그림 6.10은 집열기 단위면적당 축열조 용량과 태양 의존율과의 관계와 용도별 축열조의 용량을 나타낸 것이다.

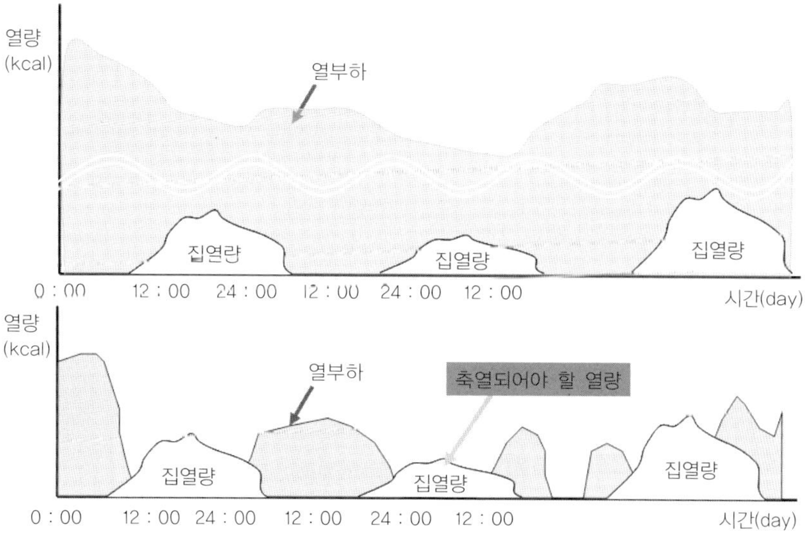

(a) 일별 열부하분포

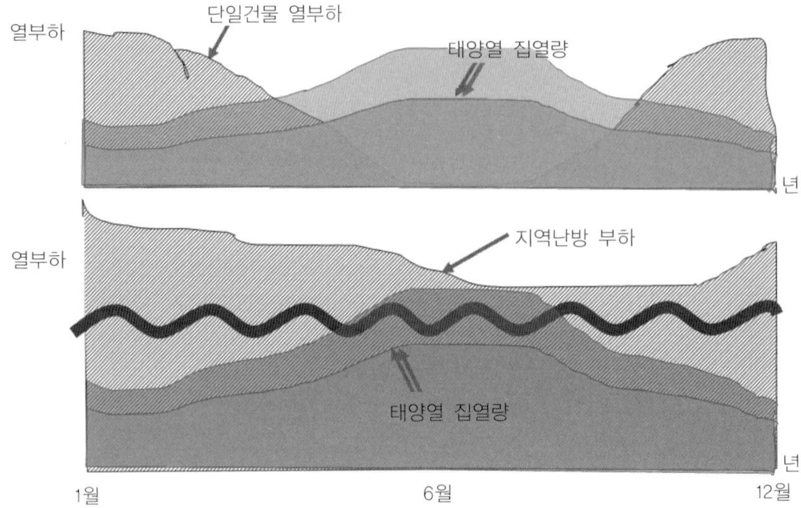

(b) 연중 열부하 분포

그림 6.10 열부하에 따른 태양열 축열의 필요성

4) 태양열시스템과 백업설비와의 연계

태양열시스템은 어떠한 형태로든 백업설비와 연계되어야 하며, 적정한 방법을 선택하여야 태양열 의존율을 극대화할 수 있다. 일반적으로 다음과 같은 형태의 연결방식이 사용된다.

① 축열조 가열방식

② 저탕조 가열방식

③ 백업설비 순간가열방식(백업설비 직렬연결방식)

④ 병렬연결방식

(1) 태양열 축열조 가열방식

축열조 가열방식은 그림 6.11에 있는 방식과 같이 백업설비가 축열조 상단부를 직접 가열하는 방식이다. 이 방식은 다음과 같은 장단점이 있다.

- 장점
  - 시스템이 단순하여 주로 소형의 태양열시스템에 주로 사용된다.

- 보일러가 축열조의 상단부를 가열하므로 보일러의 ON-OFF 작동이 빈번하지 않기 때문에 보일러의 운전이 효율적이다.

- 단점
  - 백업설비에 의해 축열조의 온도가 높아지므로 태양열 집열효율이 낮아지게 된다. 따라서 이러한 연결방식은 축열조의 온도성층화와 관련된 것에 특별히 신경을 써서 설계하지 않으면 태양열시스템 효율이 크게 저하될 수도 있다.

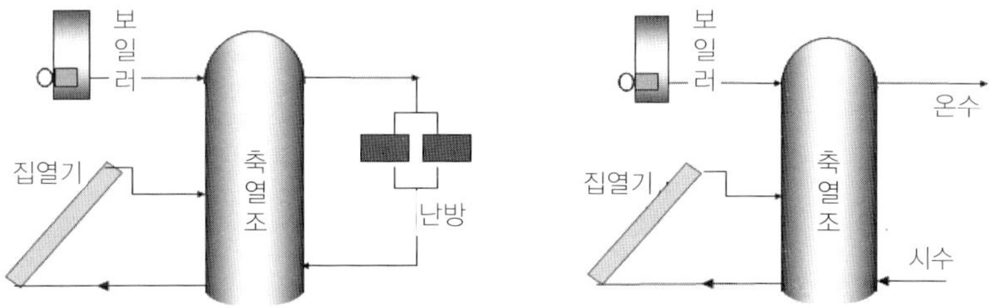

그림 6.11 백업설비 축열조 가열방식

(2) 저탕조 가열방식

저탕조 가열방식은 그림 6.12에 있는 방식과 같이 별도의 저탕조가 있어 보일러가 이 저탕조를 가열하는 방식이다. 이러한 연결방식은 주로 대규모 온수 급탕시스템에서 사용되는 방식으로 다음과 같은 장단점이 있다.

- 장점
  - 보일러의 운전이 효과적이다.
  - 태양열 집열효율이 높아져서 태양열 이용효과가 좋다.
  - 중대형 급탕시스템에 효과적이며 주로 사용되는 시스템이다.
- 단점
  - 저탕조를 두기 때문에 시스템 설치비가 약간 많이 들며, 또한 열손실이 약간 많아진다.
  - 태양 의존율이 높을 경우 저탕조의 온도가 높게 되므로 태양열 축열조 온도가 높아져서 시스템 효율이 낮아질 수도 있다. 즉, 저탕조의 설정온도가 높을 경우 축열조

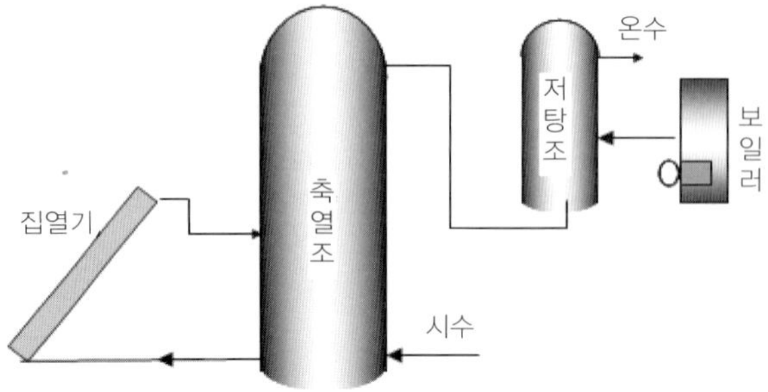

그림 6.12 저탕조 가열방식

를 통해서 들어가는 시수량이 적어져서(축열조 용량에 비해 시수공급량이 상대적으로 적을 경우) 축열조의 온도가 높아져 집열효율이 저하될 수 있다.

(3) 백업설비 순간가열방식(직렬연결방식)

백업설비 순간가열방식은 그림 6.13에 있는 그림과 같이 축열조로부터 공급되는 온수(또는 열매체)의 온도가 낮을 경우 백업설비에 의해서 승온되어 공급되는 방식이다. 이 시스템은 다음과 같은 장단점이 있다.

- 장점 : 시스템이 단순하다.
- 단점 : 작은 부하에도 보일러가 작동될 수 있으므로 백업설비의 운전이 비효율적이다.

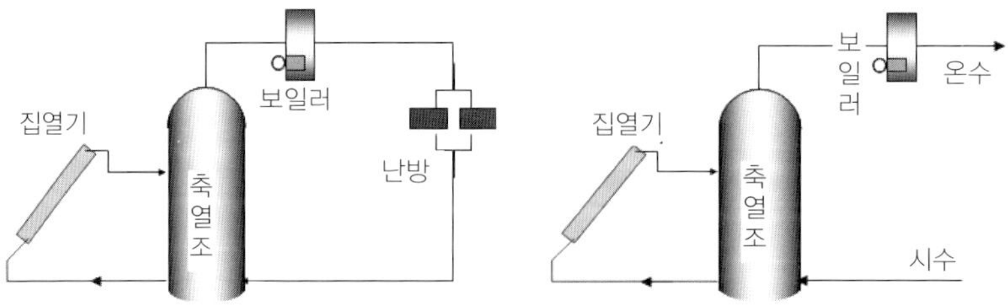

그림 6.13 백업설비 순간가열방식

(4) 백업설비 병렬연결방식

백업설비 병렬연결방식은 그림 6.14와 같이 축열조와 백업설비가 병렬로 연결되어 있는 방식이다. 이 경우 축열조 온도가 일정온도 이하이면 시수나 난방수는 축열조로부터 공급되는 것이 아니고 직접 보일러로부터 공급된다. 이 시스템은 난방용으로는 일반적으로 많이 쓰이는 방식이나 온수급탕용으로는 비효율적이기 때문에 잘 사용되지 않는 방식이다.

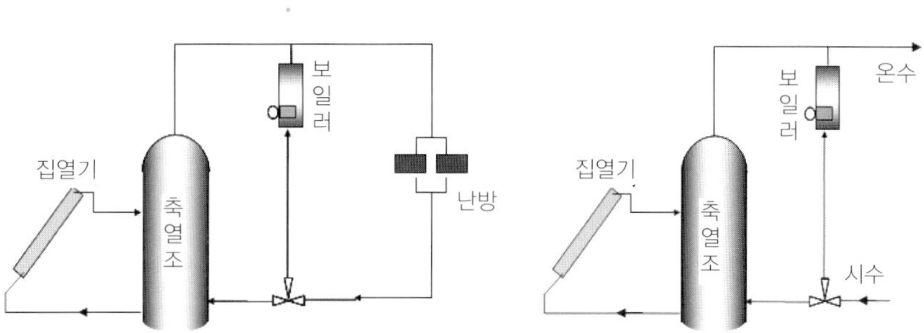

그림 6.14 백업설비 축열조 가열방식

6.4 태양열시스템의 효율적 적용

전술한 태양열시스템에 영향을 미치는 주요 설계인자들을 고려해볼 때 태양열시스템 적용효과가 좋은 분야는 다음과 같은 조건을 만족하는 분야이다.

① 연중 태양열 사용기간이 긴 분야 : 태양열에 의한 에너지 절감효과가 크다.

② 가능한 한 저온을 이용하는 분야이거나 고온을 필요로 하는 분야라도 태양열은 저온으로 예열해서 사용할 수 있는 분야

③ 규모가 크고 관리자가 있는 분야 : 기존의 에너지시스템을 위해 관리자가 있는 분야에 태양열시스템이 설치되는 것이 태양열시스템 관리가 잘 될 수 있으므로 효과적이다.

④ 집열기 설치공간 확보가 가능한 분야

상기와 같이 태양열시스템은 전술한 조건을 충족시키는 분야에 적용되는 것이 효과적이라고 할 수 있다. 이러한 분야는 대체적으로 온수를 많이 사용하는 분야이며, 고온의 온수를 필요로 하는 분야라도 태양열은 '예열(pre-heating)' 개념으로 사용될 수 있도록 시스템을 설계하고 운전되도록 해야 태양열 집열효율이 높아진다. 이것도 바로 태양열 난방시

스템보다 태양열 온수급탕시스템이 더 효과적인 이유이다.

좀 더 구체적으로 태양열시스템을 적용하기에 적정한 건물 또는 분야를 세부적으로 보면 대략 다음과 같다.

① 수영장, 목욕탕, 스포츠센터 등 온수를 많이 사용하는 상업용 건물 : 수영장과 목욕탕, 스포츠센터 등은 연중 사용기간이 길며 에너지 소비가 많은 분야이다. 이 분야는 저온의 온수를 사용하거나 태양열로 일정온도까지 승온하고, 그 이상의 승온은 보조열원으로 하는 예열방식으로 운전될 수 있기 때문에 태양열에 의한 에너지 절약효과가 크다. 또한 이 분야는 시스템을 관리하는 기사가 있기 때문에 태양열시스템 유지관리가 용이하다.

② 복지시설(양로원, 감호소, 의료재활원, 직업훈련원 등)의 온수급탕시스템 : 복지시설에 태양열시스템을 이용한 온수공급은 에너지 절감 차원에서는 물론이고 복지향상 차원에서도 상당히 고무적이라 생각되며, 현재 지역에너지 사업을 통해 많이 보급되고 있는 분야이다.

③ 기숙사, 연수원, 여관, 호텔 등 숙박시설 : 도시지역 내에서는 비교적 설치여건이 좋은 적용분야 중 하나로 온수를 많이 사용하는 분야이다.

④ 집단주거시설의 온수시설 : 대규모 시설이기 때문에 단독주택의 경우보다 집열면적당 설치비용을 줄일 수 있고 시스템 관리가 용이하므로 효과적이다.

⑤ 건물의 냉난방 분야 : 아직은 국내에서는 태양열로 냉난방을 하는 시스템 보급이 거의 없는 실정이다. 동절기에는 난방 및 온수급탕, 하절기에도 냉방과 온수급탕에 사용할 수 있다는 점에서 향후 보급을 고려해볼만하다.

⑥ 주택의 온수공급 : 태양열 온수기가 제품화 되어 있기 때문에 손쉽게 설치 가능하고 또한 보조열원으로 값싼 심야전기를 사용하고 있기 때문에 보급이 용이하며, 이미 전국에 약 17만여 대가 보급되었다.

⑦ 끝으로 태양열시스템은 단일 건물에 적용되는 것보다는 마을 규모 또는 단지 규모로 적용될 때 보다 효과적으로 태양열을 사용할 수 있게 된다. 이러한 것이 바로 제로에너지 타운에 태양열이 효과적으로 사용될 수 있는 이유라고 볼 수 있다.

7

지열 히트펌프시스템

7.1 지열의 정의 및 특성

지열이란 지구가 가지고 있는 내부의 열(熱)을 총칭하지만, 실제 우리가 이용할 수 있는 의미에서의 지열 에너지(geothermal energy)란 지각 내 수km 심도 이내의 열에너지를 말한다. 지구는 중심부로 갈수록 뜨거워지며, 방사선 물질의 붕괴에 의해 야기되는 핵반응 때문에 용해된 지구 중심부의 온도는 4,000℃에 달한다. 우리가 활용하는 지열은 외기온에 근접한 지표면에서부터 얕은 곳에서 부터 수km 깊이에 존재하는 뜨거운 물과 암석을 포함하여 땅이 가지고 있는 에너지로서, 대표적인 것이 온천수를 활용하는 것이다.

대체적으로 지중의 온도는 심도가 100m 증가할 때 평균 2.5~3℃씩 증가한다고 알려져 있다. 지표면의 평균온도를 15℃라고 할 때 지하 1km 깊이에서의 지중온도는 40℃에 이른다. 그러나 이는 평균적인 것일 뿐, 예를 들어 화산에서는 지표면에서의 온도가 이미 100℃를 넘을 수도 있다.

태양열의 약 47% 내외가 지표면을 통해 지하에 저장되며, 이렇게 태양열을 흡수한 땅속의 온도는 지형에 따라 다르지만 지표면 가까운 땅속의 온도는 개략 10℃~20℃ 정도로 외기온에 따라 다소 변하나, 지하 수km의 지열온도는 깊이에 따라서 대략 40℃~150℃ 이상을 유지한다.

우리나라의 경우 일본, 이태리 등과 같은 화산지대가 거의 존재하지 않아 심층지열 이용은 매우 어려운 것으로 보고되고 있다. 따라서 현재는 지하 100~150m 깊이의 지열 이용이 활성화되고 있다.

지중의 온도는 그림 7.1에 표시한바와 같이 지표면 근처의 지중의 온도는 외기에 다소 영향을 받지만 일정 깊이 이상은 외기에 거의 영향을 전혀 받지 않으면서 연중 온도가 일정하다. 우리나라 지중의 온도는 지역에 따라서 다소 차이는 있으나 특정 지역을 제외하면 대부분이 그림 7.1에 있는 바와 같다. 우리나라에서 주로 이용되는 지표로부터 150m 이내(이 깊이가 비교적 경제적으로 이용할 수 있는 깊이임)의 지중(토양, 암반 및 지하수)의 온도는 대체적으로 15℃ 전후이다. 이 지열은 뽑아내도 다시 태양이나 강우로부터 얻는 열과 지구 내부와의 열전달이 지속적으로 일어나기 때문에 지열은 태양과 지구가 존재하는 한 계속 생성되는 무한대의 청정에너지라고 할 수 있다.

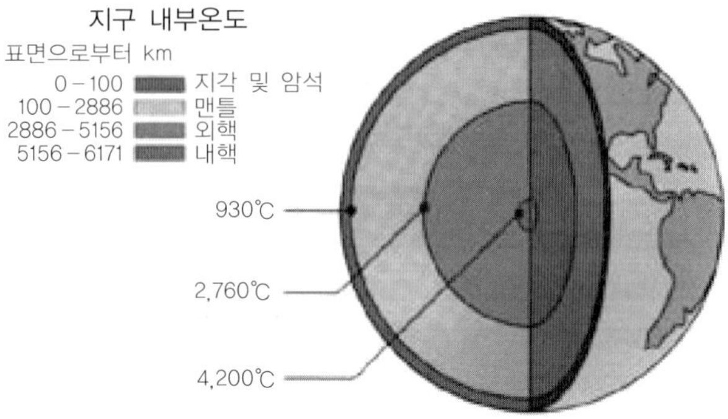

그림 7.1 지구 내부의 온도

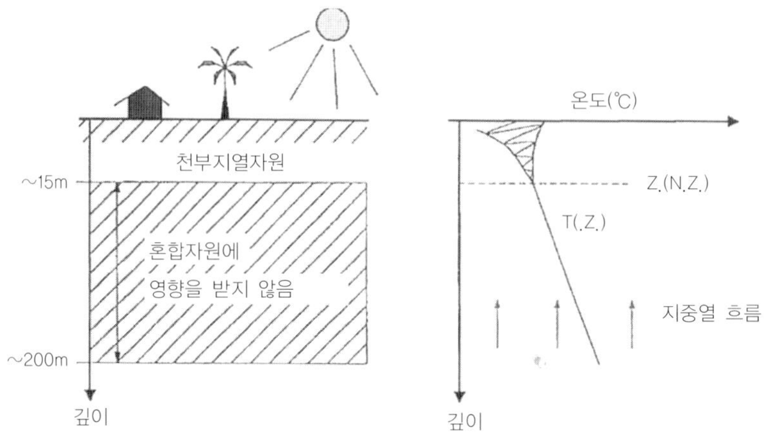

그림 7.2 지열에너지 온도

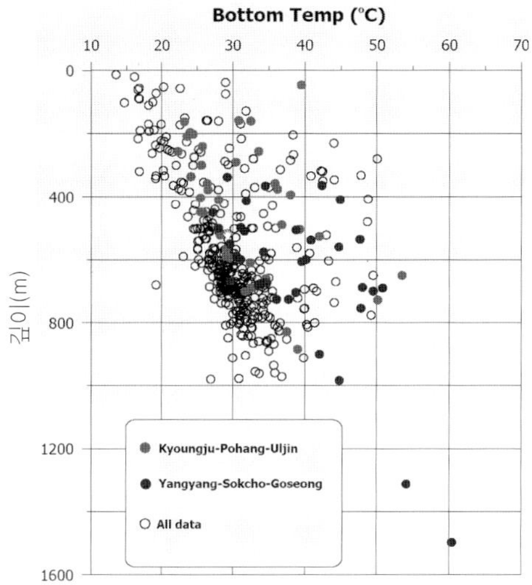

그림 7.3 지중깊이에 따른 지중온도

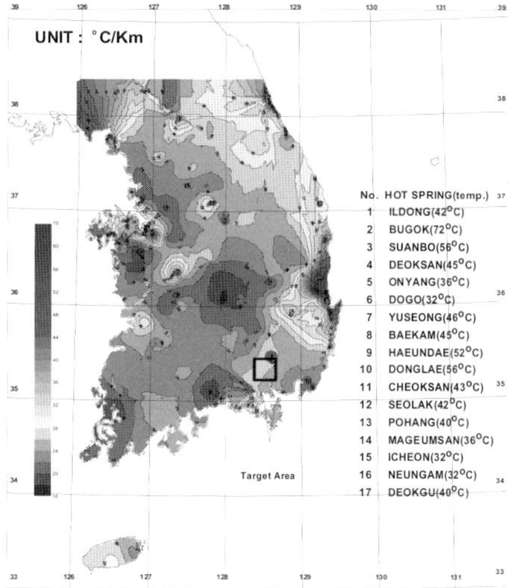

그림 7.4 남한의 지온 경사 분포도

지열은 그림 7.5에 있는 바와 같이 여러 가지로 이용된다. 크게 지열발전과 직접이용 기술 그리고 히트펌프의 열원이나 열 싱크로 이용하는 방식으로 분류할 수 있다.

우리나라와 같이 화산활동과 관련된 고온성 지열 에너지가 부존하지 않은 지역에서의 지열 이용은 온천수, 급탕 및 건물의 냉난방 등에 직접 이용하거나 또는 히트펌프와 같은 기기를 통해서 간접적으로 이용을 하고 있다.

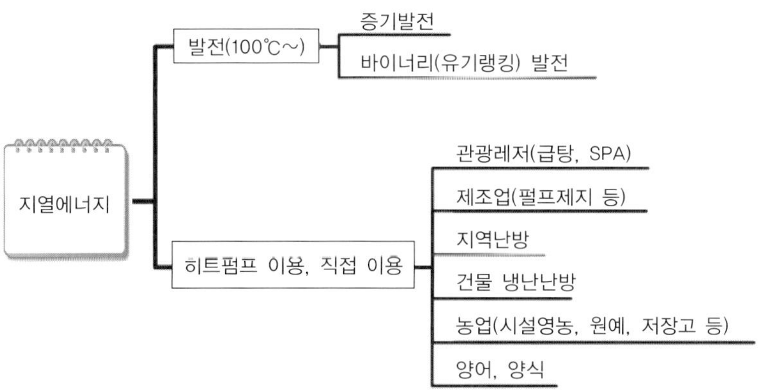

그림 7.5 지열의 활용기술

지열은 크게 고온과 중·저온으로 나뉘는데, 고온 지열은 120℃ 이상의 열은 가진 것으로 주로 열발전으로 이용하고, 중저온 지열은 10℃~120℃의 온도로 지역난방이나 온실, 양어, 및 냉난방 등에 직·간접적으로 이용되고 있다.

우리나라에서의 지하 열자원 활용은 크게 심부 지열수 자원의 활용과 천부 지중열 자원의 활용으로 나눌 수 있다.

심부 지열수 자원은 지하 심부로 갈수록 온도가 증가하는 지온경사가 큰 지역으로 지열에너지를 실제 이용 가능하게 만들어주는 전달매체인 지열수의 부존 여부 등의 이유로 지역적으로 편재되어 있는 문제가 있다. 우리나라에서는 경상북도 포항 일원이 심부 지열수 자원의 부존 가능성이 제일 높은 지역(김형찬, 2004)으로 현재 한국지질자원 연구원에서는 2003년도부터 이 지역에서 대규모 집단 지역난방에 활용 가능한 심부 지열수 개발사업을 수행하고 있다.

심부 지열수 자원의 활용은 온도별 단계적 이용(cascade use) 시스템을 체계화하는 것이 필요한데, 그림 7.6은 현 단계에서 생각해 볼 수 있는 하나의 이용방안을 보여준다.

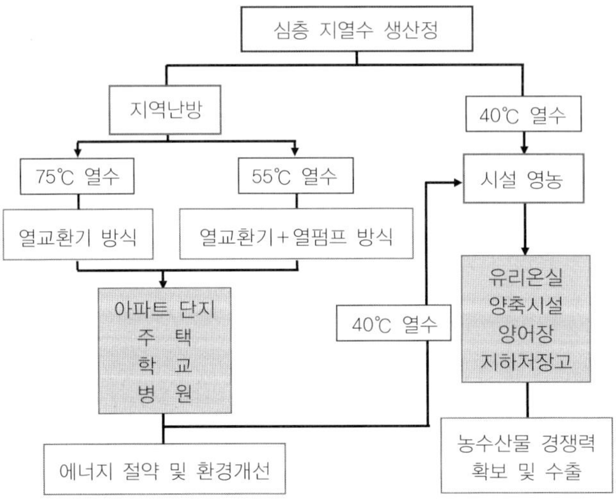

그림 7.6 온도별 지열수의 단계적 활용방안

천부지열 이용 기술은 우리나라와 같이 화산대가 없으면서 혹한기가 있는 지역에서 주로 이용되는 기술로 지열을 히트펌프의 열원이나 열싱크로 이용하는 방식이다. 본 절에서는 주로 우리나라에서 사용되고 있는 지하 150~200m 이내의 저온지열 이용 기술을 중심으로 논하고자 한다. 이 저온의 지열은 경우에 따라서는 직접 이용하는 경우도 있으나 대부분이 히트펌프를 활용한 시스템이 일반적이다.

7.2 히트펌프와 지열 활용

1) 히트펌프의 특성과 지열

히트펌프(heat pump)(또는 열펌프)는 이름에서 암시하듯이, 열을 한 곳(저온 측)에서 다른 곳(고온 측)으로 이동시키는 장치로서 압축기라는 것과 냉매의 상변화 현상(액상 ↔ 기상)의 물리적 성질을 이용한 것이다. 히트펌프는 그림 7.7에 도시한바와 같이 압축기, 응축기, 팽창밸브 및 증발기로 구성되어 있으며, 냉매가스의 "압축→응축→팽창→증발→압축"의 사이클을 갖는다. 우리에게 가장 잘 알려진 히트펌프는 공기를 열원(heat

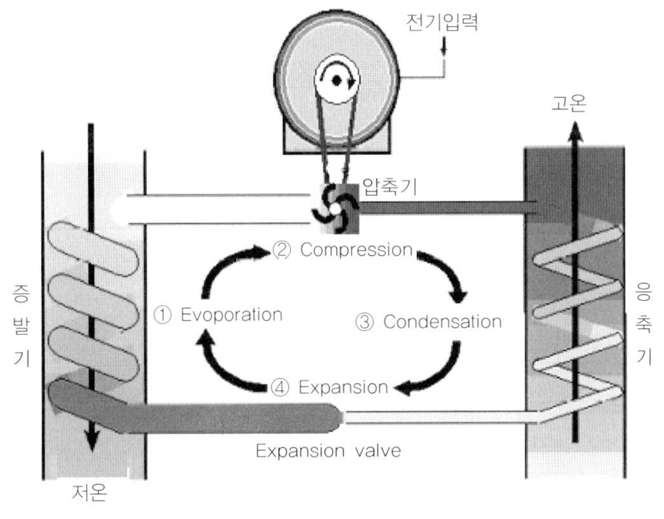

그림 7.7 히트펌프 구성 및 작동 개념도

source)이나 열싱크(heat sink)(이하 열원이라 함)로 하는 것으로 크게 2가지 기본 작동모드가 있다. 하나는 열을 실내의 열교환 코일(증발기)을 통해서 열을 뽑아서 실외(외부)로 방출하는 에어컨과 같은 냉방모드(그림 7.7의 증발기에서 생산되는 저온열 이용)와 또 다른 하나는 실외에 있는 열교환 코일(증발기)을 통해 외기로부터 열을 뽑아서 실내로 방출하는 난방모드(그림 7.7의 응축기에서 생산되는 고온열 이용)이다.

최근에는 히트펌프의 작동성능을 높이기 위해서 외기 대신에 지열, 폐열 및 폐수 등을 열원으로 사용하려는 노력이 경주되고 있다. 지열을 활용하는 것이 바로 지열히트펌프 기술이다.

2) 히트펌프 성능

이러한 히트펌프의 성능은 다음과 같이 정의되는 히트펌프의 성적계수(COP : Coefficient of Performance)로 표시된다.

$$\mathrm{COP} = \frac{\text{히트펌프 출력}}{\text{히트펌프(압축기)에 소요되는 동력}}$$

히트펌프의 성능(COP)은 주로 증발온도(T_{eva})와 응축온도(T_{con})에 의해서 결정된다.

$$\mathrm{COP} = f(T_{con}, T_{eva})$$

증발온도는 높을수록 그리고 응축온도는 낮을수록 히트펌프의 성능(COP)은 좋아진다. 증발온도는 열원의 온도에 의해서 좌우되며, 응축온도는 가열온도(사용온도)에 의해서 결정된다. 동절기 외기보다 온도가 높은 하·폐수, 하천수, 지열 등을 사용하는 이유는 바로 이러한 이유 때문이다.

그림 7.8은 증발온도, 즉 열원의 온도에 따른 히트펌프의 성능변화의 한 예를 나타낸 것이다. 이 그림으로부터 히트펌프의 성능은 열원의 온도가 높을수록 성능이 좋아짐을 알 수 있다. 증발온도는 열원의 온도에 의해 결정되는 것으로 높을수록 COP가 좋아지며, 응축온도는 온수의 온도에 의해 결정되며 낮을수록 COP가 높아짐을 알 수 있다.

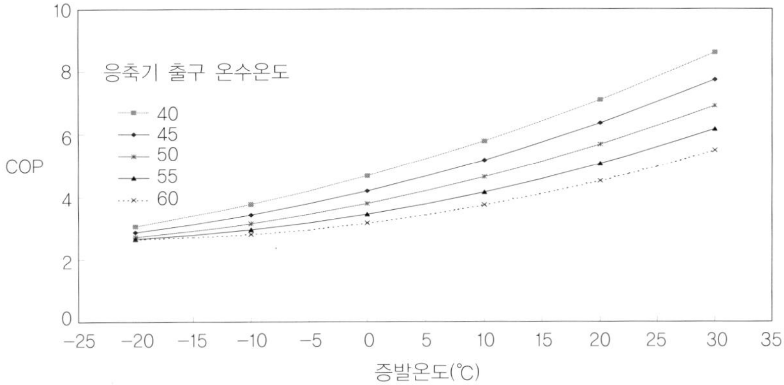

그림 7.8 증발 및 응축온도에 따른 히트펌프 성능

그림 7.9에 열원의 온도에 따른 히트펌프의 COP를 열원/열싱크의 종류(물과 공기)에 따라 COP를 나타낸 그림이다. 이 그림으로부터 열원의 온도 및 밀도가 히트펌프의 난방 또는 냉방 COP에 어떠한 영향을 미치는지를 알 수 있다. 난방의 경우는 열원의 온도가 높을수록, 그리고 냉방의 경우는 열싱크의 온도가 낮을수록 COP는 증가한다.

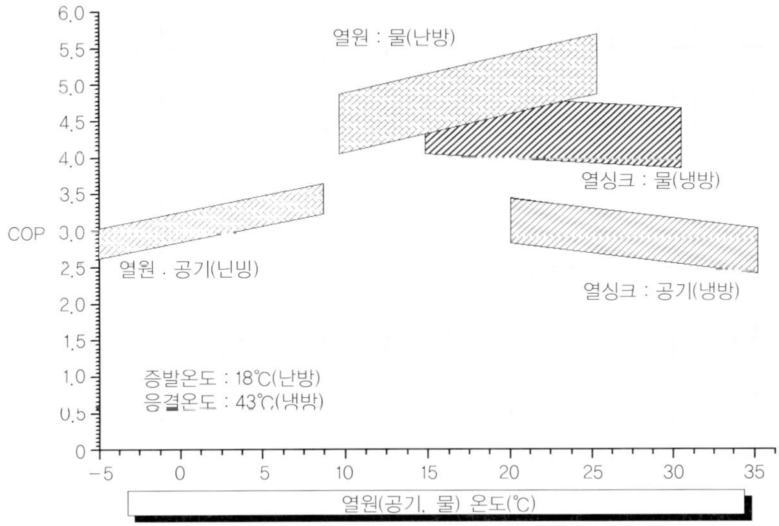

그림 7.9 열원 및 열싱크의 종류에 따른 히트펌프의 COP

3) 지열 히트펌프시스템의 장점

히트펌프의 성능(COP)이 열원의 종류와 온도에 따라서 달라진다는 것은 이미 그림 7.9에서 언급하였듯이, 수열원인 경우가 공기열원인 경우보다 COP가 높아지고 또한 온도가 높을수록 COP도 높아짐을 알 수 있다. 지열(지중열 또는 지하수)은 지중열교환기를 통해서 히트펌프로 들어오는 열매체가 액체(부동액 또는 지하수)이고 지중의 온도가 연중 일정하며, 특히 난방기간인 동절기에는 외기보다 온도가 높고, 반대로 냉방기간인 하절기에는 외기보다 온도가 낮기 때문에 히트펌프의 작동성능이 좋아진다.

이러한 이유 때문에 지열히트펌프의 성능은 외기열원식 히트펌프의 성능에 비해 월등히 좋아짐을 알 수 있다. 게다가 지열히트펌프는 외기를 열원으로 하는 히트펌프처럼 동절기 혹한기에는 외기온이 크게 낮아져서 히트펌프의 COP가 아주 낮아지거나 작동이 불가능함이 없이 연중 동일한 작동성능을 보인다는 것이 또한 큰 장점 중 하나이다.

지열원식 히트펌프의 또 다른 장점은 초기 투자비가 많이 들기는 하지만 히트펌프의 COP가 높아서 운전비가 적게 든다는 것이다. 그림 7.10은 미국의 각 지역별로 히트펌프와 다른 에너지 기기와의 운전비를 비교한 것이다. 이 결과(미국의 에너지원별 가격이 국내와는 다르기 때문에 국내의 경우는 다소 차이는 있겠지만)에서 보여주는 바와 같이 지열을 이용한 히트펌프시스템이 운전비용이 현저하게 적게 듦을 알 수 있다.

전술한 여러 가지 장점 외에도 다음과 같은 장점이 있다.

- 지열 히트펌프시스템은 외부에 실외기라든가 냉각탑(cooling tower) 등이 필요 없으므로 외관상 좋으며, 따라서 소음이 없고 환경공해를 유발하지 않는다.
- 한 가지 기기로 냉난방 및 온수급탕이 가능하다.
- 지중에 매설되는 지중열교환기는 HDPE(high density polyethylene)파이프로 설치가 용이하고 부식, 내구성 등에서 거의 반영구적이므로 보수비용이 거의 필요 없다.
- 기존의 보일러나 공조시스템에 비해 설치공간이 작게 든다.
- 기기가 상당히 단순하다.

단점으로는 굴착(drilling or trenching), 지중 열교환 파이프, 그라우팅(grouting) 비용

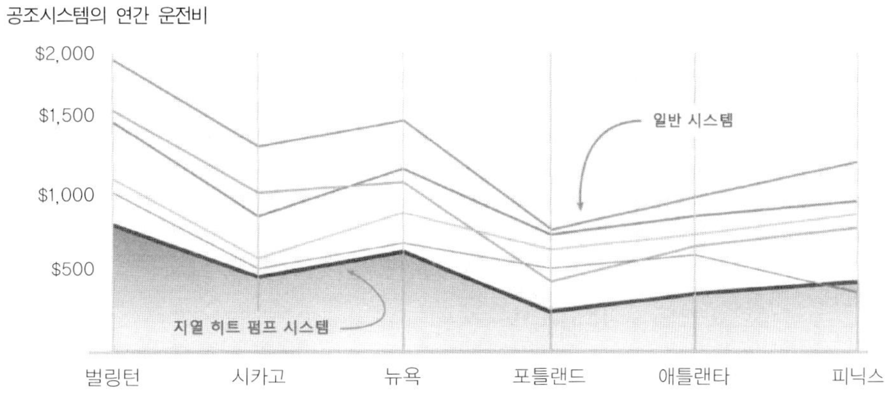

그림 7.10 지열히트펌프와 다른 에너지 기기와의 연간 운전비 비교(미국)

등으로 인해 설치비용이 많이 든다. 따라서 정부에서는 다른 대체에너지 시스템과 마찬가지로 지열 히트펌프시스템의 보급 촉진을 위해 현재 초기 투자비의 약 50%를 정부에서 무상으로 지원해주고 있으며, 신뢰성 및 성능향상을 위해 제품 인증제도를 실시하고 있다.

7.3 지열 히트펌프시스템 구성

1) 지열 히트펌프시스템 구성요소

지열을 히트펌프의 열원으로 이용하여 냉난방 및 온수급탕용으로 이용하는 시스템이 바로 지열 히트펌프시스템이다. 지열 히트펌프시스템은 지열과의 열교환을 회수하기 위한 지열 열교환기와 회수한 저온의 지열을 유효에너지로 변환시키기 위한 히트펌프(heat pump)로 구성되어 있다.

히트펌프와 지열열교환기 외에도 이를 연계하고 제어하는 배관, 덕트 및 제어장치를 포함해서 지열 히트펌프시스템이 구성되며, 일반적인 구성은 그림 7.12와 같다.

히트펌프 유닛은 일반적으로 상용화된 제품으로, 용량은 적은 것은 수 RT에서부터 큰 것은 수백 RT 용량이 있다. 여기서 RT는 냉동톤(Refrigerating ton)으로 약 3,023 kcal/hr 정도이다. 경우에 따라서는 그림 7.13과 같이 히트펌프로부터 생산되는 열을 저

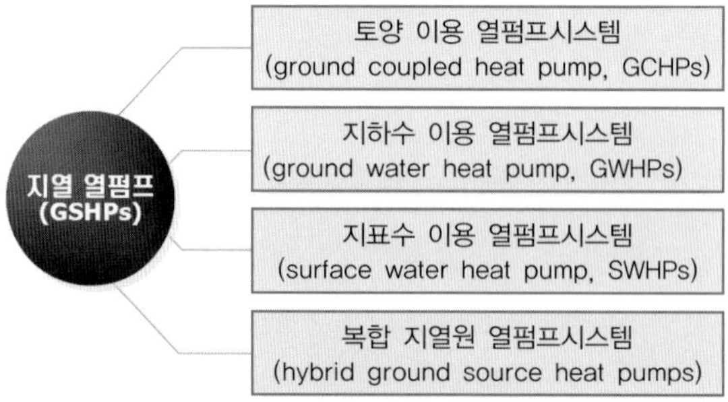

그림 7.11 히트펌프에 지열 이용방식

장할 수 있는 일련의 버퍼(buffer) 축열조를 두는 경우도 있다. 이 버퍼 축열조는 적은 부하에 히트펌프를 작동하지 않고 대응하기 위해서 필요한 것이다. 예를 들어 온수를 공급하는 지열 히트펌프시스템에서 적은 양의 온수부하가 발생하면 이 적은 양의 온수를 생산하기 위해서 히트펌프가 작동되어야 한다. 이것은 기기의 효율적인 운전 차원에서 보면 대단히 비효율적이다. 따라서 이러한 경우에 히트펌프 작동 없이 버퍼탱크에 저장된 온수를 직접 공급하는 것이다. 이것은 큰 용량의 보일러시스템에서 저탕조 역할을 하는 것과 같은 개념이다.

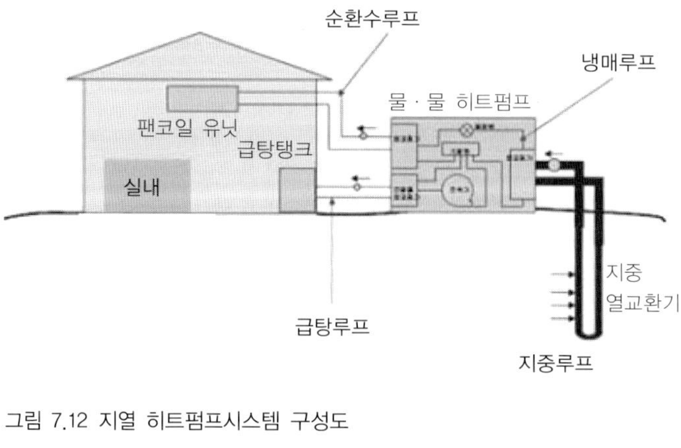

그림 7.12 지열 히트펌프시스템 구성도

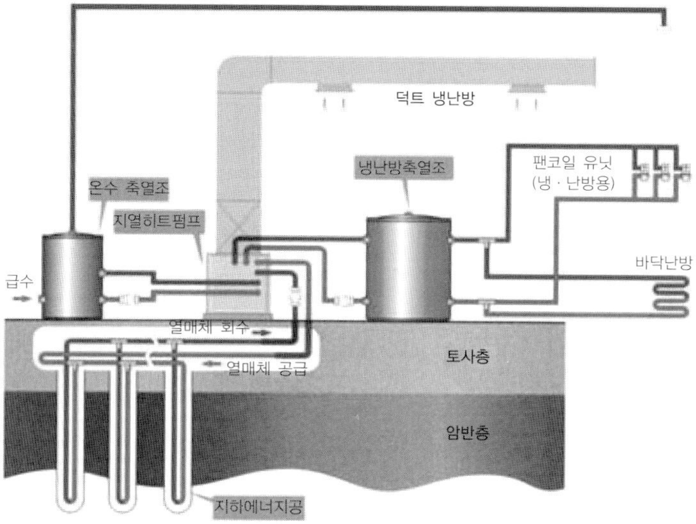

그림 7.13 버퍼 축열조가 있는 냉난방 및 급탕시스템 예

2) 지열히트펌프 유닛

지열히트펌프 유닛은 지열로부터 열을 뽑아서 고온의 열을 만들어 사용하는 가열(heating)모드와 냉방목적으로 실내로부터 열을 뽑아서 지중으로 열을 방출하는 냉방(cooling)모드로 구분된다. 그림 7.14에 난방모드와 냉방모드로 작동되는 지열 히트펌프시스템의 개념도를 나타내었다.

(1) 난방 사이클

압축기(compressor)에서 고온, 고압으로 압축된 냉매가스가 응축기(condenser)에서 응축되면서 이 응축열에 의해서 이 응축기를 통과하는 온수가 가열된다. 응축기에서 응축된 액체냉매는 다시 팽창밸브에서 팽창되면서 증발기에서 지중 열교환기로부터 오는 열매체로부터 이 증발열을 흡수한다. 증발기에서 증발된 냉매가스는 다시 압축기에서 고온고압으로 압축되어 응축기로 들어가는 반복 사이클을 형성한다. 그리고 증발기에서 증발열에 의해서 냉각된 지열로부터 오는 열매체는 다시 지중의 열교환기를 통해서 온도가 상승되어 다시 증발기로 들어온다.

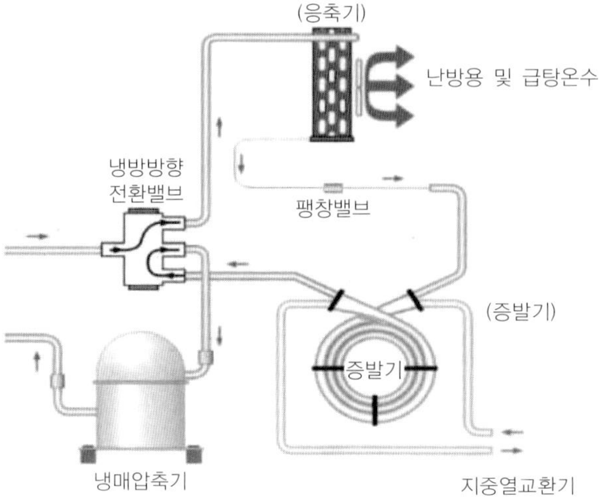

(a) 히트펌프 난방 작동모드

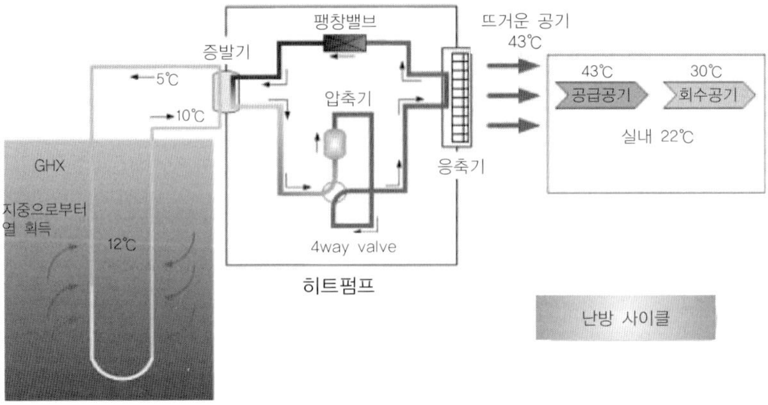

(b) 히트펌프 난방시스템 작동 개념도

그림 7.14 지열 히트펌프시스템 난방모드

(2) 냉방 사이클

냉방 사이클은 난방 사이클의 반대로 작동되는데 압축기에서 발생된 고온, 고압의 냉매 가스는 지중 열교환기로부터 오는 열매체에 의해서 냉각되면서 응축된다(이때 응축열은 지

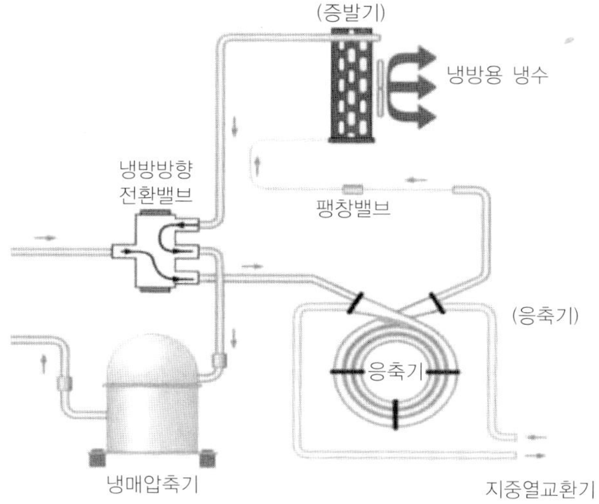

(a) 냉방모드

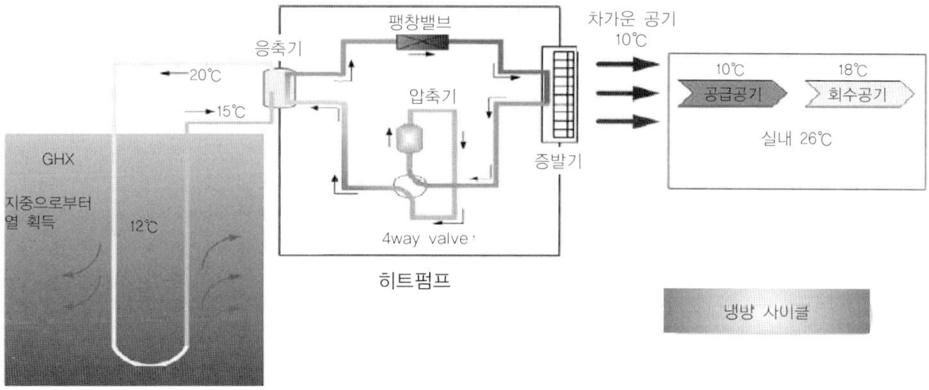

(b) 시스템 냉방모드 작동 개념도

그림 7.15 지열 히트펌프시스템 냉방모드

열 열교환기로부터 오는 열매체로 전달되어 온도가 높아진 이 열매체가 지열 열교환기로 들어가 냉각되어 다시 응축기로 순환된다). 이 응축된 액체냉매는 다시 팽창밸브를 지나 증발기에서 증발되면서 냉수를 냉각시킨다. 이 냉수가 냉방에 이용된다.

이 지열 히트펌프시스템은 냉난방 전환스위치에 의해 전술한 냉방 또는 난방(온수 포함)

사이클로 전환된다. 따라서 한 가지 기기로 냉난방 및 온수 급탕용으로 사용될 수 있다. 여기서 지중 열교환기는 히트펌프에 필요한 열을 뽑아 올리거나(난방모드로 작동) 히트펌프로부터 발생한 열을 방출(냉방모드로 작동)할 때 사용되는 지중에 설치되는 열교환기로서 이 열교환기에 사용되는 작동매체는 액체(부동액 또는 물)이다.

3) 지중 열교환기

지중 열교환기는 지열과 히트펌프를 연결해주는 열전달 매체의 순환방식에 따라 그림 7.16에 있는바와 같이 밀폐회로(close loop)방식과 개방회로(open loop)방식으로 구분된다. 밀폐회로는 지중 열교환기의 설치방식에 따라 수직열환기(수직 보어홀) 방식과 수평 코일방식, 수조 코일방식(지하수 또는 지표수 이용)으로 구분되며, 개방회로방식은 지하수나 지표수를 이용하는 방식으로 구분된다. 그림 7.17에 그림 7.16에서 언급한 지열 열교환기의 설치형태를 보여주고 있다.

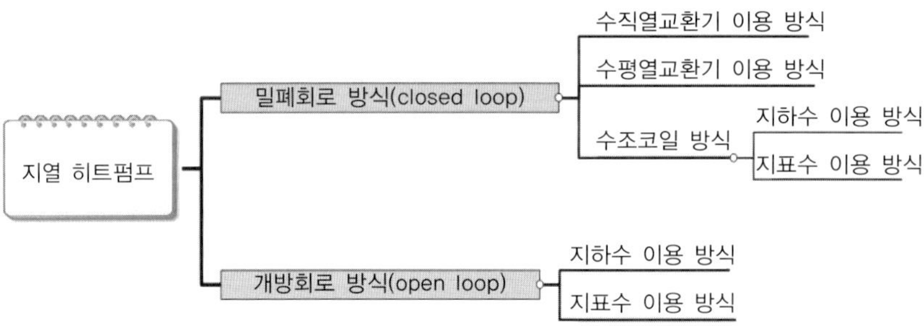

그림 7.16 지열 히트펌프시스템 분류

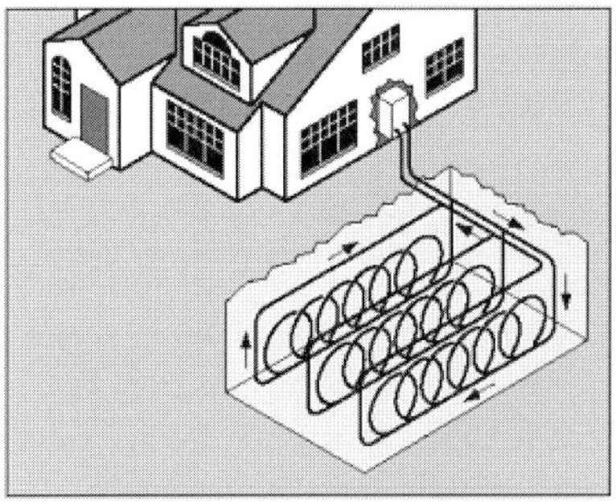

(a) 수평코일 방식(밀폐형)

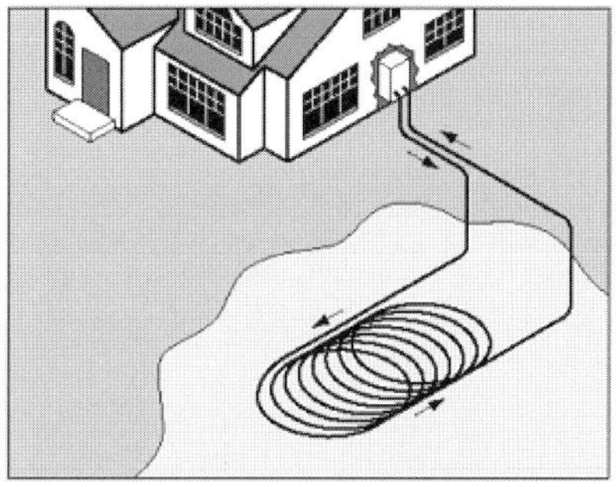

(b) 수조코일 방식(밀폐형)

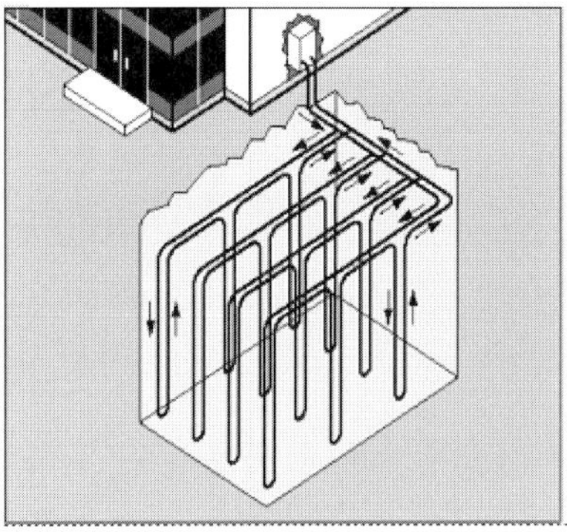

(c) 수직보어홀 방식(밀폐형)

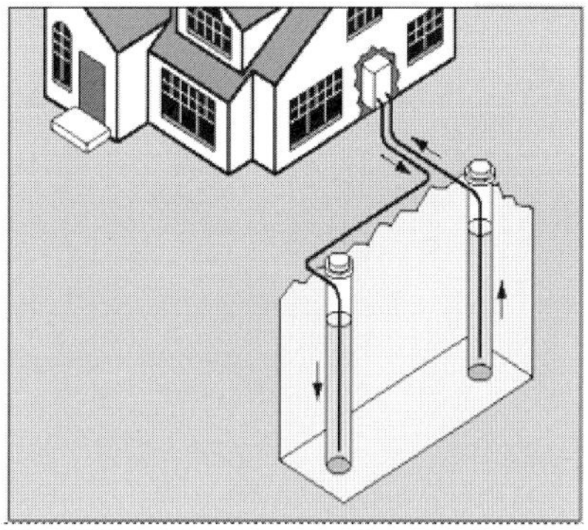

(d) 지중수조 방식(밀폐형)

그림 7.17 지열 열교환기의 종류

(1) 수평코일 방식

수평코일 방식은 지표에서 깊지 않은 곳에 그림 7.18과 같이 열교환 코일을 수평으로 설치해서 이용하는 방식이다. 이 방식은 열교환 코일 설치면적이 커지며, 주로 소형 시스템에 사용된다. 설치비는 비교적 적게 드는 편이다.

그림 7.18 수평코일 설치장면

(2) 수조코일 방식

이 방식은 저수지와 같은 지표수를 활용하는 방식(그림 7.17의 b)으로 수조가 있는 지역에만 설치 가능하며, 단순히 열교환 코일을 수조에 넣어 사용하는 것으로 설치비가 저렴하다는 것이 큰 장점이다. 그러나 수조의 온도가 계절에 따라 변하여 동절기에는 낮고 하절기는 높아지는 단점이 있다.

(3) 수직코일(보어홀) 방식

이 방식은 그림 7.19와 같이 지표로부터 수직으로 보어홀(에너지공이라고도 함)을 뚫어서 지중 열교환기를 수직으로 설치하는 것으로 설치비가 많이 드는 반면에 설치면적은 작아진다. 이 방법은 대규모 건물이나 도심지 등에는 건물의 밑이나 주차장 아래 등에 설치할 수가 있다. 이 방식은 대규모 시스템은 물론 중·소규모에도 효과적으로 사용되는 방식으로 수직 보어홀 굴착을 위해 특별한 굴착(drilling) 및 뒤에서 설명될 그라우팅(grouting) 장비를 필요로 한다. 이 열교환기는 단위길이(m)당 10-30W/m의 열을 뽑아 쓸 수 있다.

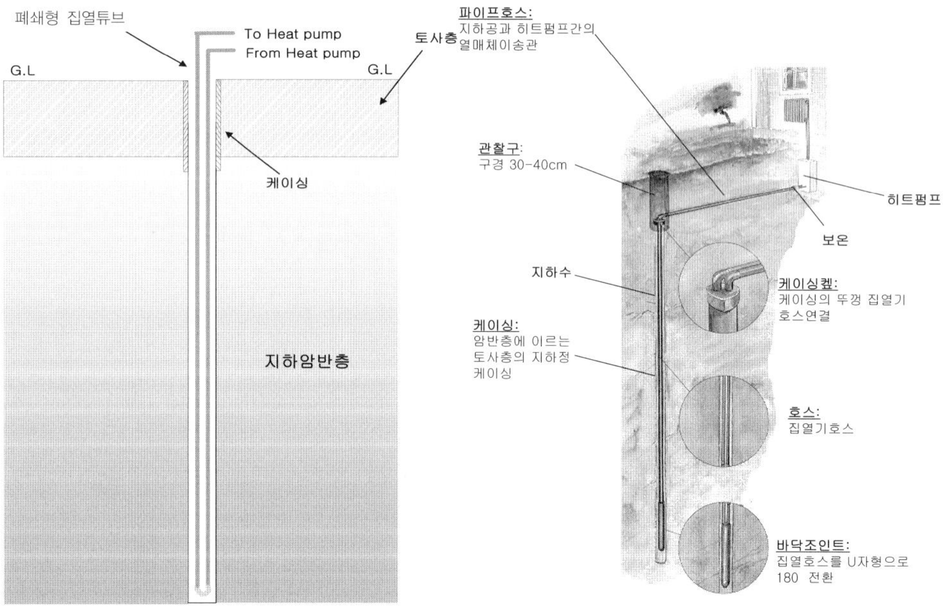

그림 7.19 수직코일 방식

(4) 지중수조 방식

이 방식은 지중에 수자원이 확보되어야 설치가 가능하다. 그림 7.17(d) 또는 그림 7.20에서와 같이 일정 간격 이상 되는 2개의 홀을 굴착해서 하나는 지하수를 퍼 올려서 히트펌프의 열원으로 사용하고, 다른 한쪽으로는 사용하고 난 지하수를 다시 집어넣는 방식이다. 따라서 지하수가 지하에서 2개의 홀 사이를 순환하면서 열교환을 하게 된다. 이 방식은 설치비용이 저렴하며 대형 시스템에 적합하나 지하수 오염에 각별한 주의가 요구된다.

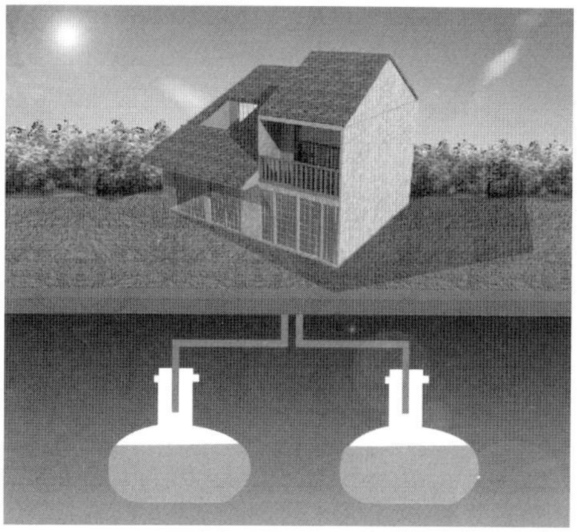

그림 7.20 지중수조 방식

(5) 지중 열교환기 파이프

지열 열교환기는 땅 속을 천공하여 그림 7.21과 같은 U자형 파이프를 삽입하여 이 파이프 내에 열매체를 순환시켜 땅 속의 열과 열교환을 하게 된다. 이 지열 열교환기는 일반적으로 HDPE(고밀도 폴리에틸렌 파이프)라는 재질을 사용하여 한 번에 인발하여 양쪽 끝만 융착하여 사용되기 때문에 누설이나 부식 등의 문제가 없이 수십 년을 사용할 수 있다.

그림 7.21 지중 열교환기 파이프

7.4 설계 및 시공

1) 설계절차

지열 히트펌프시스템은 일반적으로 표 7.1과 같은 절차로 설계된다. 가장 먼저 지열히트

표 7.1 지열 히트펌프시스템 설계

냉난방 부하 결정

↓

지열열펌프 선정

↓

공조방식 선정

↓

열부하 및 지열부하 계산

↓

지중열교환기 설계

↓

지열 히트펌프시스템 설계

펌프가 설치될 건물 또는 적용 분야의 냉난방(또는 온수)부하를 계산한다. 다음으로 어떠한 방식의 지열 히트펌프를 선정할 것인가가 결정되어야 한다. 이것은 적용 지역의 지하의 형태, 지열 열교환기 설치여건 등을 감안해서 결정되는 것이다. 다음으로 공조방식을 선정하고 지열 히트펌프로 감당해야 할 부하를 결정해서 지열 히트펌프의 용량을 결정한다. 이것이 결정되면 지열 열교환기의 용량을 결정해서 전체적인 지열 히트펌프시스템을 설계한다.

이와 관련하여 구체적으로 검토되어야 할 내용은 다음과 같다.

- 지중온도
- 지중(토양, 암반 등)의 특성 및 열전도도
- 지중 열교환기 방식 결정 : 현장여건을 파악하여 결정
- 히트펌프 유닛 결정 및 공조방식 결정
- 타 열원과의 연계 시스템 : 지열 히트펌프로 부하의 일부를 감당할 경우 보일러, 냉동기 등 다른 에너지 공급 시스템과의 연계방식을 결정
- 지열 열교환기로부터 공급되는 열원의 온도를 포함한 히트펌프 작동온도 결정

2) 지열 열교환기 설치

지열 열교환 작업은 지열 히트펌프시스템에서 가장 중요한 요소 중 하나이다. 수직설치 방식은 일반적으로 땅속 깊이 50~150m, 직경 125~165mm 정도로 천공(drilling)하여 지하 파이프를 집어넣고 되메우기를 하는 작업이다(그림 7.22 및 그림 7.23 참조). 이때 그라우팅 재료로서 벤토나이트를 사용하는데, 이는 파이프 내의 유체와 천공을 한 구멍 주변 흙과의 열전달을 좋게 하고 외부로부터의 지하수의 오염 등을 방지하기 위해 틈새를 채우기 위함이다. 따라서 지열시스템에 있어서 그라우팅 작업은 중요한 요소 중의 하나로서 시공하는데 철저하게 관리되어야 할 부분이다.

그림 7.22 천공작업

그림 7.23 열교환기 삽입 및 그라우팅 작업

8

펠릿보일러

대기 중에 배출되는 이산화탄소를 효과적으로 줄이기 위해서는 신재생에너지나 바이오매스 등이 대안으로 제시되고 있지만 태양열 및 지열원 난방시스템의 경우 설치사례가 적고 설치비용이 고가이기 때문에 소비자들이 쉽게 적용하기 어려운 문제를 가지고 있다. 바이오매스는 폐목재, 배설물 등을 주원료로 활용하기 때문에 재활용성과 친환경 측면에서 장점이 있지만 에너지 밀도와 발열량이 낮은 단점을 가지고 있어 연료로 활용할 경우 다량의 저장장소가 필요하다. 그러나 최근 바이오매스 에너지(biomass energy)원으로 개발된 우드 펠릿(wood pellet)은 폐목재 등을 고온고압으로 압축하여 만든 연료로 기존의 바이오매스 에너지가 갖고 있는 에너지 밀도와 발열량을 크게 개선시킨 연료로 주목을 받고 있다.

이 우드 펠릿을 주거용 건물의 에너지 소비비율이 높은 난방용이나 급탕용 에너지원으로 사용할 경우 탄소발생 및 에너지 비용을 50% 이상 효과적으로 저감할 수 있다. 그림 8.1은 펠릿의 발열량을 비교한 것이다.

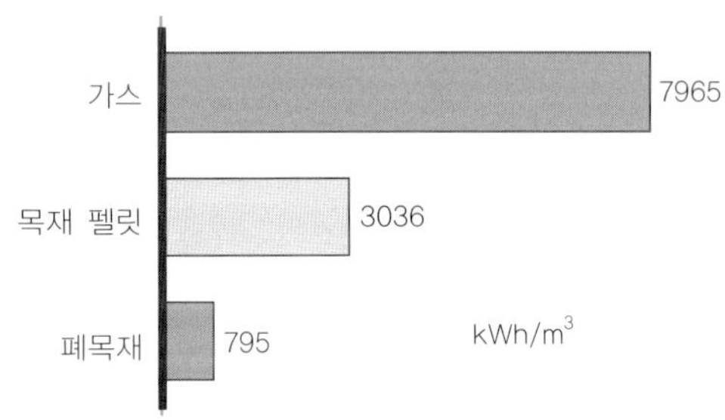

그림 8.1 펠릿의 발열량

8.1 목재 펠릿(wood pellet)

우리나라의 신재생에너지 비중이 2006년 기준하여 2.3%에 지나지 않는데, 그 비중을 높이는 방안의 일환으로 목질 바이오매스(biomass) 자원의 활용이 주목을 받고 있다. 바이오매스 에너지 기술은 액체연료 생산기술로서 바이오디젤, 가스화 기술로 메탄가스 및 수소화, 생산가공 기술로 고형연료(wood pellet) 등 다양한 기술이 적용되고 있는데, 그 중에서도 목질계 바이오매스 자원으로부터 고형연료인 목재 펠릿과 에탄올 생산기술 및 산업화가 재평가되고 있다.

펠릿(pellet)이란 종이, 밀초 등을 작게 뭉쳐서 만든 알맹이란 뜻으로, 버려지는 폐목재 및 간벌이나 폐건축자재에서 나오는 나무 부산물이며 다년생 식물, 버려지는 부산물을 담배필터 모양으로 파쇄, 건조, 소성, 냉각의 과정을 거친 고발열량의 연료를 말한다. 국내에서 그동안 소량이지만 목질펠릿이 수입·유통되고 있고 보일러에서 펠릿을 사용하고 있다. 목질펠릿의 역사는 오래되지 않았는데 1982년 스웨덴에서 최초 펠릿공장을 설립하여 Mora Pellet Fabrik이 탄생하였지만 4년 뒤 임산업 보호를 위한 원료사용 규제, 원자력 발전의 추진, 원유가격의 하락 등의 이유로 중단되었다. 하지만 세계적으로 고유가 시대를 맞이하고 탄소배출량과 대체 에너지원에 대한 관심의 증가로 펠릿보일러의 관심이 증가하게 되었다. 목질 펠릿은 수피와 가지, 간벌재, 공장폐잔재, 충해목 등 취급이 용이한 목질연료로 나무가 성장할 때 흡수한 탄소 이상으로 배출되지 않기 때문에 이산화탄소 배출문제가 있는 화석연료의 대용으로 주목을 받고 있다.

펠릿의 탄생배경을 요약하면 다음과 같다.

- 1970년 1차 오일쇼크 후 스칸디나비아 반도에서 시작
- 1980년 북미, 유럽으로 확산
- 1983년 미국 제리 위필드에의 최초 목재 펠릿 난로 탄생함
- 1993년 스웨덴 목재펠릿협회 탄생
- 2004년 오스트리아 목재펠릿조합 탄생
- 2005년 독일 목재 생산량 420,000톤

- 2007년 독일 목재 생산량 2,000,000톤
- 2007년 말 전 세계 목재펠릿공장 442개소 14,000,000톤 생산능력
- 2008년 7월 1일 우리나라 펠릿 신재생에너지 기술세미나 개최
- 2008년 7월 중순 국내 최초 전북 군산 최초의 목재펠릿공장 준공함

그림 8.2 화석연료를 사용할 경우 대기중의 연간 이산화탄소 발생량

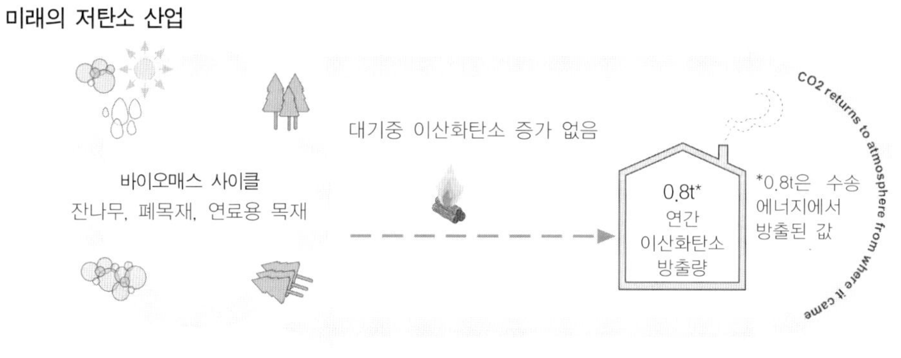

그림 8.3 바이오매스를 이용할 경우 대기중의 연간 이산화탄소 발생량

1) 목재 펠릿의 특징

1960년대까지 목질연료라 하면 숯이나 목재 칩(chip)이 대표적인 것이었지만, 형상이나 크기가 균일하지 않기 때문에 연소기기에 자동으로 공급하기 어려울 뿐만 아니라 수분이 많아 연소되기 어렵고, 부피에 비해 밀도는 크고 에너지 밀도가 낮기 때문에 완전연소가 어려우며 불완전연소에서 나오는 연기, 매연, 일산화탄소의 배출량이 석유나 가스에 비해

높기 때문에 사용량이 급격히 감소하게 되었다. 하지만 펠릿은 직경이 6~10mm이고 길이가 10~30mm의 캡슐상의 균일한 형상이기 때문에 연료의 자동공급이 가능하게 되었으며, 함수율이 10% 정도로 낮아 연소효율이 높아 연기 및 오염물질의 방출이 낮은 특징이 있다. 또한 일반 목재 칩에 비해 밀도가 2배 이상 높고 에너지 밀도도 3배 이상 높기 때문에 90% 이상의 고효율로 연소시킬 수 있다. 이러한 펠릿의 특징은 목재 칩 보일러가 갖고 있지 않은 자동점화, 소화, 온도조절 등의 기능을 갖게 할 뿐만 아니라 연소효율도 높은 보일러가 개발되어 화석연료 보일러 대용으로 주목을 받고 있다.

표 8.1 펠릿의 특징

펠릿의 특징	펠릿보일러의 장점
• 연료 : Wood Pellet	• Self igniting
• 밀도 : 1.0~1.2kg/dm³	• Self cleaning
• 크기(지름) : 4~8mm	• Electronic ignition(one button press, self igniting)
• 길이 : 0.5mm~50mm	• Thermostatic control
• 수분 : 최대 10%	• Self feeding(hopper fed)
• 회분(ash) : 최대 0.5%~1.5%	• Low maintenance
• 발열량 : 4,300 ~4,800Kcal	• Small ash deposits(〈2%)
• Fines : 최대 2.3%	• High efficiency(up to 92%)
• 장점 : B-Cdb, 전기, 가스보다 연료비 절감	• Environmentally friendly
• 공급량 : 10,000/mt/월	• High energy density
• 사용설비 : 보일러, 스토브, Co-Gen	• Comparable cost with fossil fuels
• 원산지 : 캐나다, 러시아, 중국, 일본	• Clean, renewable fuel
	• Variable heat output
	• Low CO_2 emissions
	• Elegant stoves available
	• Predictable biomass – a minimum energy content is guaranteed

표 8.2 바이오매스에 따른 연소효율

연소방법	난방용 숯불 (open fire)	나무연소 스토브 (wood burning stove)	펠릿 스토브 (pellet stove)
연소효율	10 ~ 20%	30 ~ 65%	80 ~ 95%

독일의 펠릿협회(DEPV)가 작성한 자료에 의하면 펠릿 이산화탄소 배출량은 68kg/MWh 정도인 반면 석유는 펠릿의 5배, 가스는 3배, 전기의 경우 10배에 달하는 CO_2가 발생되기 때문에 적은 탄소배출량 때문에 소비가 증가하고 있다.

발열량 당 연료가격으로는 펠릿이 34유로/MWh로 석유의 약 2/3, 천연가스의 1/2, 전기의 1/4 정도이다. 단, 목질계 연료는 연소로와 관련시설 구매비용에 부담이 있고 투자비용이 소요된다. 초기 투자비용이 다른 시스템에 비해 고가이긴 하지만 투자비용을 포함한 총 난방비용 측면에서 펠릿은 가스와 석유, 전기와 비교할 때 경제성 측면에서 유리하다.

표 8.3 에너지원별 발열량

에너지원	원	단위	Kcal	MJ
휘발유	16340.40	l	8,000	33.5
실내등유	1095.82	l	8,800	36.8
보일러등유	1102.59	l	8,950	37.5
경유	1437.64	l	9,050	37.9
LNG	615.00	m^3	10,400	43.5
벙커C유	657.42	l	9,900	41.4
우드헬렛	550.00	2kg	9,000	37.6

가격기준 : 2008.1월
- 한국석유공사 석유정보센터 총발열량 기준

펠릿화(분쇄, 건조, 압축 등) 작업에는 소량의 화석에너지가 사용하기 때문에 라이프사이클로 보면 이산화탄소량은 목재 칩보다 크지만, 취급이 간편하고 발열량이 높으며 열량조절이 쉽기 때문에 가공도와 사용 편이성 사이에는 상충관계가 있다. 예를 들어 목재를 액체연료와 기체연료로 가공하면 취급하기 쉬워져 열생산이나 발전 시 변환효율이 높아진다. 그러나 목재를 액화, 가스화하는 많은 공정과 정밀기술이 필요하기 때문에 에너지의 비용이 높고 이산화탄소 배출량이 대폭으로 증가되게 된다.

목질연료는 될 수 있는 한 자연상태로 사용하는 것이 친환경적이고 경제적으로도 유리하다. 펠릿은 목재를 액화나 가스화 하지 않기 때문에 가공도가 비교적 낮고 성분도 목재와 거의 비슷하기 때문에 연료로서 편리성과 비용과의 균형이 좋다.

목질 펠릿에 대해서는 여러 나라에서 통일적인 기준(national standards)이 있으며 오스트리아의 ONO RM M 7135(1998), 독일의 DIN 51731(1998), 노르웨이의 NS 3165(1999), 스웨덴의 SS 187129(1998) 등이 있다. 통일기준이 아니라도 펠릿 관련업계 및 단체가 자발적인 가이드라인을 만들거나 품질표시를 하는 경우도 많이 있다. 예를 들어 미국에서 일반적으로 사용하는 규격은 펠릿연료협회(FPI)에서 작성한 것이다. FPI를 구성하는 것은 스토브제조사, 연료생산자, 연료공급자 등에서 공통의 규격을 만들어 자발적 규제를 하고 있다. 이러한 가이드라인이 없으면 연소장치의 설계를 할 수 없고 펠릿의 공급자도 어떤 기준으로 생산할 것인지를 알 수 없다. 규격마다 품질이 보증되어 있다면 소비자도 안심하고 사용할 수 있다. 이러한 의미로 규격은 소비 확대를 위한 것이다.

표 8.4 각국의 펠릿의 품질기준

항목	단위	오스트리아 ONORM M 7135	독일 DIN 51731	독일 DIN plus
직경	mm	4 bis 10 mm	4 bis 10 mm	
길이	mm	5 × D[1]	< 50	5 × D[1]
밀도	kg/dm^3	> 1,12	1,0 < Dichte < 1,4	> 1,12
수분	%	< 10	< 12	< 10
재(회분)	%	< 0,50	< 1,50	< 0,50
가루(미분)	MJ/kg	> 18	17,5 < HW < 19,5	> 18
유황	%	< 0,04	< 0,08	< 0,04
질소	%	< 0,3	< 0,3	< 0,3
염소	%	< 0,02	< 0,03	< 0,02

2) 펠릿의 제조공정

펠릿(wood-pellets)은 톱밥형태로 파쇄, 건조, 소성, 압축, 냉각의 과정을 거쳐 생산한 고형화, 고밀화 연료를 말한다. 최근 들어 북미와 유럽에서는 고밀화한 목질 펠릿 연료가 재생 가능하며 카본뉴트럴한 바이오매스 에너지로서 널리 사용되고 있다.

그림 8.4 폐목재의 파쇄

그림 8.5 목재 칩

그림 8.6 목재 칩의 압밀공정

그림 8.7 세계 각국에서 생산되는 펠릿의 종류

고밀화를 위하여 열압공정이 필요하며, 압밀화는 100~180℃, 250~1,000kgf/㎠ 압력으로 2.5~10분 정도 시행한다. 고밀화 과정에서 연료의 밀도는 1.2g/㎤ 이상, 5분간 진탕 후의 미세분 발생량은 0.5% 이하로 유지해야 한다.

8.2 펠릿보일러

1) 펠릿 스토브

펠릿보일러는 난방공간이 작은 곳과 천장이 높은 비교적 큰 건물의 난방에 효과적으로 사용할 수 있다. 난방공간이 작은 곳은 스토브와 같이 공기의 대류현상을 이용한 난방이 이루어지며 천장이 높은 큰 건물에서는 온수용 파이프를 이용한 복사난방형태로 사용된다.

펠릿 스토브는 호퍼, 스크루식 연료공급장치, 가열장치, 기적 컨트롤, 흡입 및 대류팬 그리고 연소챔버로 구성되어 있다. 출력은 서모스탯에 의해 연소챔버에 일정한 간격으로 적절한 양을 공급되도록 조절된다. 이것은 필요에 따라 열량이 조절되는 일반적인 목재용 스토브와 다른 점이다. 호퍼는 일반적으로 25kg의 펠릿을 넣을 수 있으며, 이 양은 사용

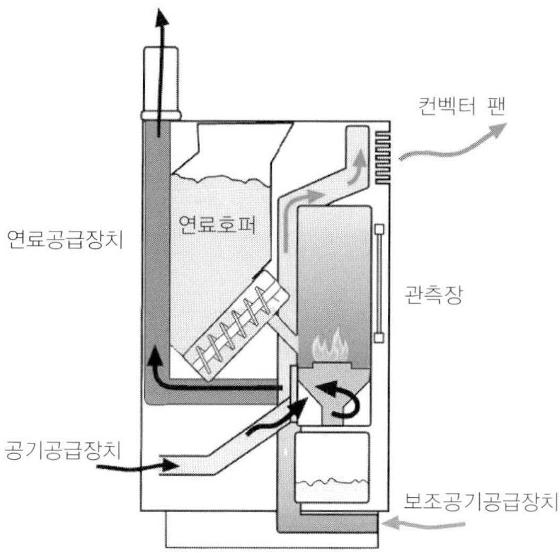

그림 8.8 펠릿 스토브의 개념도

조건에 따라서 2~5일 정도 사용할 수 있는 양이다.

연료가 호퍼로부터 연소챔버에 공급되면 전기 발화장치에 의해 점화된다. 연료챔버에 공급되는 연료의 양은 컨트롤 패널에 설정된 온도에 따라서 정확하게 공급된다. 외기로부터 유입된 찬 공기는 팬에 의해서 연소챔버에 유입되고 낮은 온도의 굴뚝을 통해서 스토브의 뒷부분에서 공기가 공급된다. 공급되는 공기의 양은 연료량에 따라서 정확하게 조절되도록 되어 있다. 분리된 대류팬은 실내의 찬 공기를 불어넣고 가열되어 스토브의 상부로 불어져 나온다. 대류팬은 전기팬히터와 같이 실 안으로 따뜻한 공기를 넓은 면으로 분포시킨다. 재는 스토부의 가장 아랫부분의 별도의 용기에 떨어지도록 되어 있지만 연소온도와 효율이 높기 때문에 1년에 5회 미만의 청소로도 유지가 가능하다.

2) 펠릿보일러

펠릿보일러의 경우 연료가 지하나 지상에 보일러와 별도로 벙커에 저장되어 있으며 저장된 연료는 연소챔버로 직접 공급된다. 마이크로프로세터 컨트롤 유닛은 연료를 필요한 열량에 따라 아주 정확하게 정기적으로 연소챔버에 공급된다. 기름이나 가스보일러 시스템

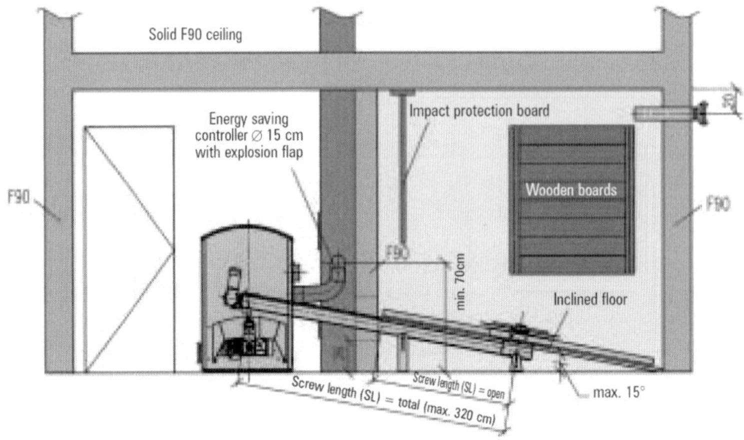

그림 8.9 펠릿보일러가 설치된 보일러실(정면도)

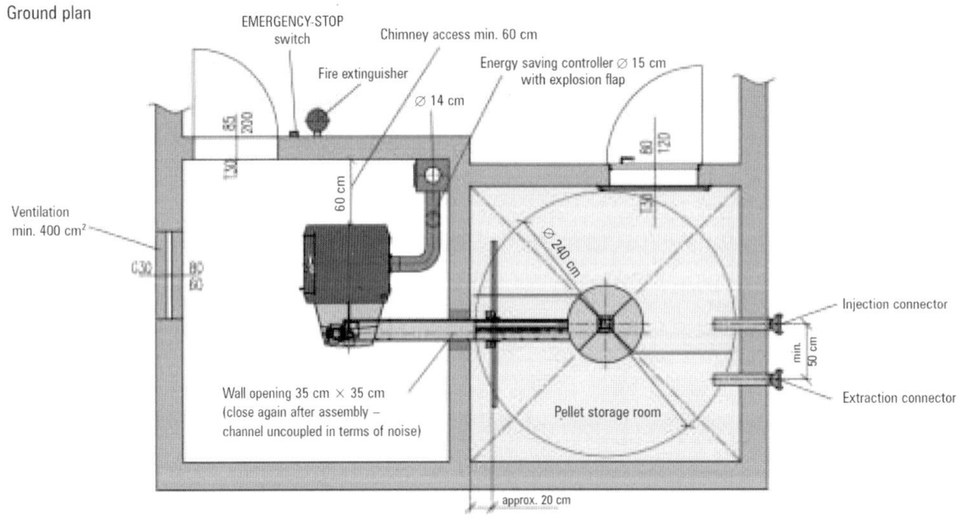

그림 8.10 펠릿보일러가 설치된 보일러실(평면도)

과 같이 연소챔버의 상단에 있는 열교환기에 의해 물을 가열하고 가열된 물은 파이프를 통해 건물에 공급된다. 재는 연소챔버 아래에 있는 별도의 용기에 모아지게 되어 있어 청소도 용이하다.

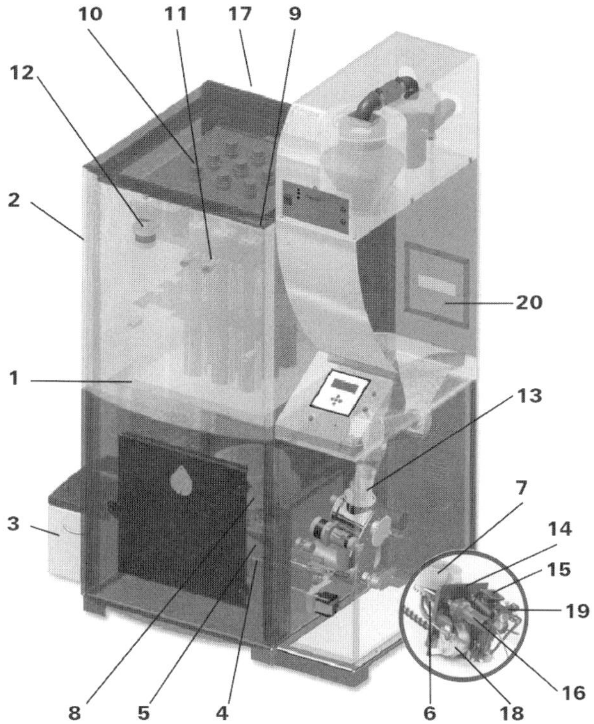

1. 수냉식 구조
2. 보일러 본체
3. 소각재 수납통
4. 자동 재 제거용 스크루 컨베이어
5. 연소챔버
6. 컨베이어 터널
7. 열교환
8. 버너 헤드
9. 열교환기
10. 터뷸레이터
11. 자동 열교환기 청소기
12. 자동청소기용 모터 드라이브
13. 자동연료공급 파이프
14. 기술 부록책
15. 로터리 밸브
16. 점화 팬
17. 보일러 연결튜브
18. 연소공기 팬
19. 정량 연료공급장치
20. 관측창

그림 8.11 펠릿 보일러의 구성도

8.3 펠릿보일러의 경제성

1) 펠릿의 에너지 절감효과

펠릿의 발열량은 4,500kcal/kg으로 기타 화석연류의 발열량에 비해 절반이상 적지만 2kg의 펠릿은 1*l*의 연료유 또는 1m³의 LNG를 대체할 수 있다.

표 8.5 펠릿과 각 난방연료의 발열량 비교 　　　　기준 : 2008. 06. 24.

난방연료	펠릿	LNG(도시가스)	LPG	심야전기	등유
발열량	4,500kcal/kg	10,500kcal/m³	12,000kcal/kg	860kcal/kw	8,700 kcal/*l*

2) 난방요금 비교

위에서 확인한 에너지 절감효과를 통해서 가정용 보일러를 하루 6시간 사용하는 것을 기준으로 펠릿의 사용한 보일러의 난방비를 비교해보면 에너지 절감효과를 더욱 구체적으로 확인할 수 있다.

표 8.6 연료별 난방요금 비교

구분/종별	기름(등유)	펠릿	심야전기 보일러
난방면적	33평	33평	35평
보일러 용량	약 30,000kcal/h	22kW	30kW
1시간 연료소비량	3.55l	4.2kg	30kW/h
1일 연료소비량	3.55×6시간	4.2×6시간	30×8시간
1일 난방비(평균값)	1,060원/l	330원/kg	45원/kW
1개월 난방비	22,578원×30일= 677,340원	8,316×30일 = 249,480원	10,800×30 = 324,000
1년 난방비 (난방기간 6개월 기준)	677,340×6개월 =4,064,040원	264,600×6 =1,496,880원	324,000×6 =1,944,000원

위의 비교표가 보여주고 있듯이, 기름보일러 대비 74%, 심야전기 보일러 대비 35% 난방 유지비용 절감효과를 기대할 수 있다. 펠릿보일러의 경우 열효율은 92%이므로 85%인 기름보일러보다 상대적으로 높은 것을 감안하면 실제 난방 시 동일 열량 대비한 펠릿 사용량은 더 줄어들 것으로 예상되며, 최근 3년 동안 등유가의 가격인상이 20% 이상 인상되었고 앞으로도 지속적인 상승세를 예고하고 있어 펠릿을 사용할 경우 난방비 절감액은 해마다 늘어날 것으로 예상된다.

3) 보일러 설치비용

경제성 비교를 위해서는 운영비용뿐만 아니라 보일러 설치에 투입되는 초기 투자비용을 함께 고려해야 한다. 다음 표에서 확인할 수 있듯이, 펠릿보일러는 심야전기에 비해서 오히려 초기 투자비용이 낮으며, 기름보일러에 비해서는 약 515만 원의 추가 투자비용이 필

표 8.7 열원 종류별 보일러의 가격비교

구분/종별	기름보일러	펠릿보일러	심야 전기보일러	비고
가격	550,000	4,950,000	3,500,000	
기름탱크 / 연료탱크	100,000	–	1,880,000	전기내외선 공사비 포함
설치비	200,000	500,000	500,000	
축열탱크	–	550,000	900,000	300리터 기준
합계	850,000	6,000,000	6,780,000	

요하다. 그러나 위 운용비용의 차이를 고려하면 이는 약 2년 동안 상쇄되는 것으로 추후에는 연간 250만 원에 달하는 운용비용을 절감할 수 있는 것으로 예상된다.

9

건물일체형 태양광발전시스템

9.1 건물일체형 태양광발전(BIPV)의 개념 및 특징

건물일체형 태양광발전(BIPV, Building Integrated PV)은 전기를 생산하는 PV모듈의 기능에 건축외장재 기능을 추가함으로써 다양한 부가가치를 도모하는 태양광발전시스템의 새로운 기술 분야이다.

건물의 외피를 구성하는 요소로 통합된 PV시스템은 전력생산이라는 본래의 기능에, 건물의 외피재료로서의 새로운 기능을 추가함으로써 PV시스템의 설치에 드는 비용을 절감하는 이중효과를 기대할 수 있다. 또한 기존의 독립형(stand alone) PV시스템과 같이 설치공간을 위한 별도의 부지 확보나 유리관리를 위한 인력이나 시설이 필요 없기 때문에 더욱 경제성 측면에서 유리한 기술이다. 지지구조물이나 배선에 드는 비용도 절감할 수 있으며, 전기부하가 발생하는 곳에서 직접 발전을 하기 때문에 송전손실 또한 절감할 수 있다.

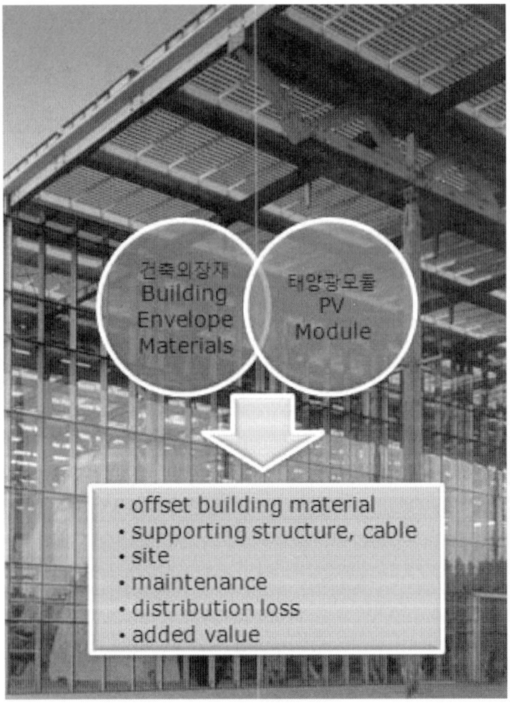

그림 9.1 건물일체형 태양광발전(BIPV)의 장점

눈에 보이지 않는 경제적 가치 또한 매

우 높은 것으로 나타났다. 2008년 4월 미국의 친환경 건축위원회(USGBC)가 LEED (Leadership in Energy and Environmental Design) 인증을 받은 1,300여 개 건물을 대상으로 조사한 결과에 따르면, 건물에 신재생에너지 또는 친환경 시설을 적용할 경우 실질적인 에너지 절감 효과는 물론 건물의 임대 및 매매 시 일반건물보다 높은 비용으로 거래가 이루어지고 있는 것으로 입증되었다.

하지만 현 시점에서 BIPV를 통해 기대할 수 있는 가장 큰 효과는 건축 디자인적 요소로서의 기능일 것이다. 현재까지의 PV시스템은 에너지 성능과 미적인 측면에서 절충이 필요했다. 하지만 BIPV모듈은 개발 초기단계부터 건축 외장재의 역할을 고려했기 때문에 색상, 형태 등에서 매력적인 요소가 될 수 있다. 과거 PV모듈의 설치로 인해 건물의 의장적 요소가 침해받기 때문에 대부분의 건축설계자들은 가능한 PV 모듈의 건물 도입을 꺼려왔다. 하지만 최근에는 오히려 BIPV의 도입을 통해 미래지향적이고 친환경적이며 첨단건물의 느낌을 부여할 수 있는 새로운 건축의 디자인 요소로 매우 큰 관심이 집중되고 있다.

9.2 BIPV 모듈의 종류 및 시스템의 최근 응용분야

BIPV용 PV모듈은 건축 외장재 또는 차양장치 등과 같이 부가적인 기능을 추가적으로 수행해야 하므로 기존의 독립전원형 PV모듈과 달리 다양한 형태가 개발되고 있다. PV모듈 종류의 구분은 그 방식에 따라 다양하게 분류될 수 있다. 가장 기본적으로는 모듈에 적용된 태양전지의 종류에 따라 판형의 결정 실리콘계와 박막필름 형태의 아몰프스 실리콘계로 구분할 수 있다. 또한 건물 외피에 적용되는 용도에 따라 지붕형과 외벽의 파사드형 및 창호를 대체하는 채광형 BIPV시스템으로 구분할 수 있다.

BIPV의 가장 대표적인 응용형태인 지붕형 BIPV시스템은 지붕 위에 거치시키는 roof-top 방식이 가장 큰 시장을 형성하고 있으며, 최근에는 태양전지를 건축외장재에 완벽하게 일체화시킨 roof-tile, roof-integrated 및 roof-encapsulated 형태의 BIPV 지붕재 모듈이 활발하게 개발 출시되고 있다.

수직 외벽에 설치되는 파사드형 BIPV시스템은 하중을 받지 않는 커튼월(curtain wall) 형태로 적용되는 방식과 기존의 외벽구조에 부착하는 형식의 facade cladding 방식이 주

류를 이루고 있다. 그 외에도 건물 전면의 태양복사 차단을 위한 차양장치 역할을 BIPV 모듈도 많은 응용사례를 보이고 있다.

한편, 건물 외피의 유리창을 대체하여 발전과 동시에 채광 및 조망 등의 다목적 기능을 제공할 수 있는 투명 및 반투명 BIPV모듈도 주요 적용 분야 중 하나이다. 그동안은 주로 결정계 태양전지의 배열을 넓게 하여 그 사이로 채광을 하는 glass/glass 모듈의 응용사례가 가장 많았다. 하지만 현휘현상 및 외부 조망의 문제 등으로 인해 최근에는 균일 투광성을 가진 박막형 투명 BIPV모듈에 더 많은 관심이 집중되고 있다. 현재까지는 대부분 박막 필름형 아몰포스 계열 태양전지의 응용사례가 가장 많은 이 계열의 모듈은 결정계 판형 모듈에 비해 효율은 낮지만 건축과의 통합 유연성이 매우 크기 때문에 BIPV 분야에서 크게 주목받고 있는 모듈형태이다.

그림 9.2 현재 가장 일반적으로 보급되고 있는 BIPV시스템의 적용부위별 응용 분야

9.3 건축통합을 위한 기술적 고려요소

PV모듈을 건축자재화하여 건물 외피에 통합시키기 위해서는 도시계획자, 건축가, 빌딩 엔지니어, 건설업계, PV 및 전력 분야 전문가와 산업체 등 광범위한 분야의 전문가들의 협조가 필요하다. 이 중에서 아마 가장 핵심적이고 독창적인 역할을 담당해야 하는 분야가 건축설계 분야일 것이다. PV모듈을 건축적 입장에서 설계 초기단계부터 건물 외피의 일부로서 통합시키는 역할은 다른 어떠한 기술적 문제보다도 중요하다고 할 수 있다.

건물 외관의 종합적인 의장성과 사용상의 기능성, 기존 건축재료와의 조화성, 모듈체계, 시공디테일, 배선방법, 후면배기를 통한 PV모듈의 효율적 냉각방법 등 건축가는 PV모듈을 건물 외피로 통합시키는데 있어 필요한 각종 전문가들을 처음부터 마지막까지 조율하고 관리해야 하는 지휘자적 위치에 있는 것이다. 따라서 PV모듈을 건물에 통합시키는 것과 관련된 제반지식을 충분히 숙지하고 있어야만 효율적인 통합화 결과를 기대할 수 있는 것이다. 하지만 일반적으로 건축가들의 기본적 성향은 공학적, 기술적 사항들에 대해 충분한 지식을 습득하고 있지 못하며, 특히 에너지 문제에 있어서는 대부분의 경우가 생소한 분야로 인식하고 있다. 태양광발전과 같이 비교적 최근에 정립되고 있는 첨단기술의 경우는 더욱 그러할 것이다.

전기를 생산하는 PV모듈을 건축 자재화하여 건물 외피에 부착하기 위해 수반되는 제반 고려사항은 기술적 측면에서 경제성 문제까지 수많은 검토요소가 존재한다. 이러한 고려요소를 큰 주제별로 구분해 본다면 건축계획적 요소와 발전성능의 상호관계, 건물 의장성 문제, 배선 등과 같은 기술적 요소, 안전성 문제, 시공성, 재료 및 구조적 문제, 유지 보수성 등을 대표적으로 들 수 있을 것이며, 이외에도 법규적 검토방법, 경제성 평가방법, 성능평가방법 등도 직접적으로 관련되는 요소이다. 이들 제반 고려요소에 대한 세부적 관련항목을 구분해보면 표 9.1과 같다.

표 9.1 PV모듈 건자재화를 위한 각종 건축적 고려사항

구 분	고 려 사 항
설계요소와 발전성능	• 태양 접근성(건물배치) • 설치각도(방위 및 경사) • 음영(인접건물, 식생) • 온도
건축과의 조화성	• 형상과 색상 • PV와 건물 통합수준 • 건축척도와 모듈 크기
배선	• 의장적 처리기술 • 외피 관통문제 • DC와 AC의 문제
안전	• 파손 • 도난 • 번개
시공성	• 외피 시공방법 • 방화 • 적설하중 • 풍압 • 내압성 • 시공순서
접근성 및 유지성	• 세척 • 유지 • 수리 교체 • 도난 반달리즘
법규적 문제	
경제성 및 부가가치	• 환경적 영향 • 건축적 영향 • 사회적 영향 • 경제적 영향
평가도구	

1) 최적 설치각도

태양복사량은 위도에 따라 변화하며 최대 획득량은 시스템의 설치위치, 즉 경사각 및 방위각에 의해 결정된다. 일반적으로 가장 바람직한 방위는 정남향이며 수평면으로부터 경사각은 그 지역의 위도에 의해 결정된다. 또한 연중 일수에 의해서도 변화되는데 태양고도가 낮은 동절기의 경우 수평면보다는 수직 파사드에 설치된 시스템이 보다 많은 획득량을 기대할 수 있다. 최대 효율을 위한 시스템의 설치위치 결정을 위해서는 국내 지역별 방위 및 경사각에 대한 연중 적산일사 획득량에 대한 상대적 성능비교 데이터를 이용해 사전에 손쉽게 판정 가능하다. 그림 9.3은 PV모듈의 방위각 및 경사각 설치각대에 따른 상대적 발전성능 차이를 판정할 수 있는 노모그램을 예시한 것이다.

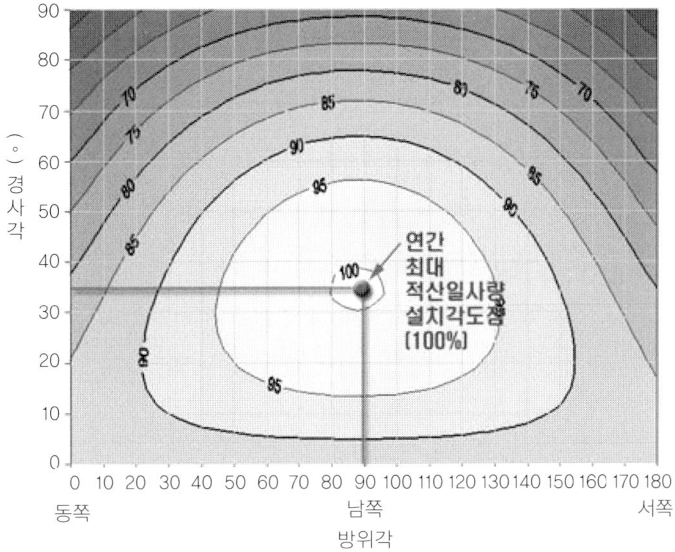

그림 9.3 PV모듈 설치각도에 따른 상대적 발전성능 노모그램(서울)

2) 음영과 발전성능

발전성능과 관련된 또 다른 중요사항으로 음영에 따른 발전성능의 저하문제이다. PV모듈에 음영이 질 경우 도달 일사량 자체가 줄어들기 때문에 발전량이 감소하는 것은 당연한 원리지만, 부분음영에 의한 전체 시스템의 발전량 감소도 매우 큰 영향요소이다. 직렬로 연결된 태양전지의 일부분에 음영이 지면 마치 배관 내 일부분에 병목현상이 발생하는 것과 같은 원리이기 때문에 전체 시스템의 발전효율도 크게 감소하게 된다. 따라서 PV모듈에 음영이 생기지 않도록 설계하는 것이 무엇보다도 중요한 고려요소가 된다. 음영은 크게 인접건물 또는 인근의 식재 등 장애물에 의한 음영과 건물 자체에 있는 매스요소 또는 PV모듈 구조체 상호간에 의해 생성되는 음영으로 구분할 수 있다.

인접건물에 의한 음영은 우선적으로 배제해야 할 설계요소로, 저층 주거건물만 배치된 경우는 비교적 손쉽게 해결될 수 있는 반면, 고층 아파트 건물 내에 위치하는 저층 주거의 경우 음영문제가 큰 영향을 미치게 된다. 건물의 배치밀도 또한 큰 영향을 미치는 요소로서, 도심지와 같이 건물 간의 거리가 조밀한 경우 연중 상당기간 동안 음영에 의한 영향을 받게 된다. 설치위치와 관련해서는 지붕과 같은 수평면보다는 파사드와 같은 수직면이 음영에 의한 영향을 크게 받으므로 보다 큰 인동간격이 필요하다.

건물 주변의 녹화는 시각적 쾌적감 증대는 물론 미기후 조절 측면에서 효과적인 설계수단이다. 그러나 식재를 통한 음영으로 인해 BIPV의 성능에 큰 영향을 미칠 수 있다. 식생의 밀도가 높은 하절기의 경우 영향이 가장 크며, 잎이 떨어지는 하절기의 경우도 가지에 의해 큰 영향을 받을 수 있다. 식생의 성장속도를 고려하는 것도 매우 중요하다. 1년 단위의 변화를 기준할 때 식생의 성장속도는 미미하지만, PV의 수명을 고려할 때 수년 후 식생의 성장결과는 큰 영향을 미칠 수 있다. 이에 대한 해결책은 가능한 건물의 북측에 식재를 하며, 2층 높이를 넘지 않는 나무를 선택하고, 지속적 관리를 통해 일정 규모 이상 증가하지 않도록 해준다.

3) 온도와 발전성능

PV모듈은 태양복사를 받아 전기를 생산하지만 전기로 변환되지 못한 태양복사에너지는 열로 변환되어 PV모듈의 온도를 상승시킨다. PV모듈의 온도가 상승하면 발전효율은 감소하는 특성을 가지고 있으며, 특히 결정계 태양전지의 경우 효율 감소폭이 더 크다. 기존의 독립형 PV시스템에서는 후면배기가 자유롭기 때문에 온도에 따른 발전효율 저하의 문제가 큰 관심사항이 아니었으나, 건축자재화 되는 BIPV의 경우 설계방법에 따라 큰 온도 차이를 보일 수 있기 때문에 온도에 따른 발전성능의 문제는 매우 중요한 설계 고려요소이다. 건물 외피에 부착된 PV모듈의 온도는 높은 일사조건에서 주변온도보다 20~40℃ 이상 상승한다. 일반적으로 태양전지의 온도가 1℃씩 상승할 때마다 발전량은 0.4~0.5%씩 감소한다.

따라서 PV모듈을 건축외장재로 결합시키는 경우 필히 효율적으로 열을 분산시킬 수 있는 방법에 대한 설계적 디테일 개발이 필요하다. 지붕일체형 주택용 BIPV의 경우 PV 모듈의 후면배기를 고려해 설계함으로써 PV모듈의 발전효율 저하를 막고 하절기 과열현상을 방지할 수도 있다.

4) 건축과의 조화성

일반적인 태양전지의 색상은 청색 또는 진한 청색 및 흑색이 대부분이지만, 필요에 따라 다양한 색상의 태양전지도 제작 가능하다. 태양전지의 효율은 청색 계열에서 최대의 효율을 나타내며, 그 외의 색상에서는 kWp당 비용이 급속히 증가한다. 현재 가능한 색상 종류는 회색, 녹색, 적황색 및 황색 계열이다.

모듈의 형태 또한 색상에 의해 큰 영향을 받으며, 프레임이 없는 모듈의 경우 매우 균일한 이미지 효과를 연출할 수 있다. 한편, 프레임의 색상 및 형태를 효과적으로 활용할 경우 또 다른 강조 이미지를 제공할 수 있는 건축적 언어로 활용될 수 있다.

한편, PV를 건물에 일체시키는 통합수준 또한 건물의 전체적 이미지를 결정하는데 매우 큰 영향을 미친다. 건축설계와 PV시스템 설계는 상호 영향관계에 있으며, 이들의 통합수준을 어떠한 단계로 하느냐에 따라 결과는 크게 달라질 수 있다. 예를 들어 완전 건물일체형 BIPV를 의도할 경우 최종 건물에서 PV는 건물 지붕이나 파사드에 부착된 건축마감재와 같이 보일 것이며, 반대로 PV를 건물의 디자인 요소로 고려하지 않을 경우 안테나나 굴뚝을 위치시키듯 건물에 부가시키면 될 것이다.

PART Ⅲ

제로에너지 건물의 사례

10. 국내 사례
11. 북미 사례
12. 유럽 사례

10 국내 사례

1.1 KIER ZeSH-I

1) 개요

제로에너지 솔라하우스(ZeSH)의 1단계 데모주택인 KIER ZeSH-I은 대전시 유성구 한국에너지기술원 태양동산 내에 2002년 8월에 착공하여 약 5개월간의 시공과정을 거쳐 2002년 12월말에 준공되었으며, 주택 전체의 에너지 성능 및 주요 시스템별 성능 검증을 위한 계측 모니터링 시스템이 구축되었다. 2003년 주요 설비시스템에 대한 냉난방 시범운전을 거쳐 2004년 동절기부터 본격적인 성능 모니터링이 수행되었다.

최종 설계된 KIER ZeSH I은 지하1층, 지상 2층의 주택으로 지하실 98㎡, 1층 94㎡, 2층 70㎡로 총 262㎡(80평)이며, 난방면적은 138.6㎡(42평)이다. 지하층은 시범건물의 성격을 고려해 각종 설비장치의 실험공간 및 1층의 바닥과 지면 사이에 발생하는 열손실 감소를 위해 지하실 면적이 1층 면적과 거의 동일하게 계획되었다.

1층은 침실, 주방, 거실, 화장실, 그리고 집무공간인 홈오피스로 구성되어 있다. 주 출입구 겸 지하층 및 2층의 계단실이 위치한 남측 우측공간의 온실은 일반주택과 유사한 건물형상을 위해 계획된 것으로 건축계획적인 측면과 자연형 태양열(passive solar) 계획 측면에서 기능적으로 효과적이지 못한 측면도 있지만, 대형 남측면 집열면적을 확보하여 온실 및 투명단열 집열기의 효과 등을 실험하기 위한 실험목적과 자연형 건물의 획일적인 남측 입면을 탈피한다는 점에 중점을 두어 이 계획안이 선택되었다. 2층은 2개의 침실과 거실, 욕실로 구성된다. 지붕은 박공구조로 되어 있으며, 태양열 집열기의 효율을 고려해 45° 경사를 이루도록 계획되었다. 건물구조는 철근콘크리트벽식 구조로 남측은 200mm,

나머지 외벽은 150mm의 콘크리트 옹벽 구조이다. 실내 간벽의 콘크리트 두께도 150mm이며 단, 1층 2층 연결 계단실인 온실 측 내벽은 200mm이다. 단열은 외단열 구조로 외벽의 경우 250mm EPS가 적용되었으며 지붕은 400mm 단열을 적용하였다.

그림 10.1은 1층 평면도를 나타내며, 그림 10.2는 본 설계안에 적용된 대표적 핵심요소 기술을 도식한 것이다.

건물 외벽의 경우 앞서 기술한 바와 같이 기존 주택보다 단열을 대폭 개선한 슈퍼단열 시스템(super insulation)을 적용하였으며, 특히 단열두께가 증가할 경우 발생할 수 있는 열교(thermal bridge) 부위에 각종 열교방지 디테일을 개발 적용하였다. 또한 침기 손실을 줄이기 위한 기밀화 시공기술 및 방습기술도 적용하였다.

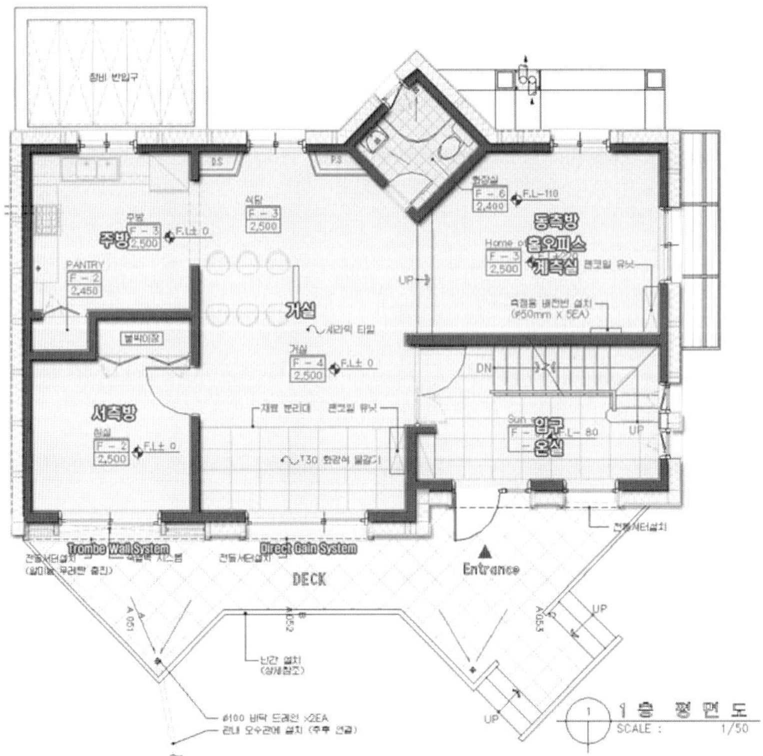

그림 10.1 KIER ZeSH-I의 1층 평면도

그림 10.2 KIER ZeSH-I 에 적용된 주요 시스템 사양

창호시스템은 국내에서 생산할 수 있는 가장 좋은 성능의 창호를 제작 적용하였다. 저방사 로이(low-e) 코팅 복층유리에 아르곤가스를 주입한 투과체에 기밀성능이 우수한 시스템 창틀을 결합하여 창호를 구성하였다. 특히 창호부위를 통한 야간 열손실 억제를 위해 전동모터로 구동되는 야간 단열셔터가 부착되었다.

1층 침실은 자연형 태양열시스템(passive solar system) 중 트롬월(trombe wall) 축열벽시스템이 적용되었으며, 거실부는 바닥축열 직접획득방식(direct gain system)을 적용하였다. 또한 남측면 진입부는 일종의 온실 개념을 도입하였으며, 천창을 통한 자연채광 기술도 적용되었다.

한편, 주택 외피의 고기밀화에 따른 신선공기 도입을 위해 강제 환기시스템과 배열회수시스템(heat recovery system)이 설치되었다. 그림 10.3은 완공된 KIER ZeSH I의 전경을 나타내며, 각 부위별로 이 주택에 적용된 대표적 핵심기술을 표현하였다.

그림 10.3 완공된 KIER ZeSH-Ⅰ의 전경 및 주요 적용 기술

2) 설비시스템

KIER ZeSH I에서는 슈퍼단열 및 각종 부하저감 기술을 통해 건물의 기본부하를 크게 줄였다. 나머지 잔여 부하에 대해서는 설비형 태양열시스템(active solar system) 및 보조열원시스템(auxiliary H/C system)을 통해 해결하도록 구성하였다.

그림 10.4는 KIER ZeSH-I의 냉난방 및 온수급탕을 위해 설계된 설비시스템의 구성도를 나타내며, 표 10.1은 주요 장치의 시스템 제원을 요약한 것이다. 시스템의 기본구성은 태양열 집열기, 열교환기, 태양열 축열조, 온수축열조, 히트펌프, 고온축열조로 구성되어 있다. 보조열원으로는 지중 열교환기와 연계된 히트펌프(heat pump)시스템이 설치되어 있으며, 하절기에는 냉방용으로 사용된다.

ZeSH의 경우 일반주택에 비해 난방부하가 70% 이상 작게 설계되었다. 따라서 시스템의 태양 의존율(solar saving fraction, SSF) 설계값을 80%로 목표하여 태양열 집열면적을 24㎡로 설계되었다. 축열조의 용량이 5㎥로 크게 설계되어진 것은 2~3일 정도 집열량이 없이도 난방부하를 공급할 수 있도록 하기 위한 것이다. 또한 태양열 축열조의 유효축열온도를 가능한 낮추어 태양열시스템 효율을 높게 유지하기 위함이다. 태양열 이용효과

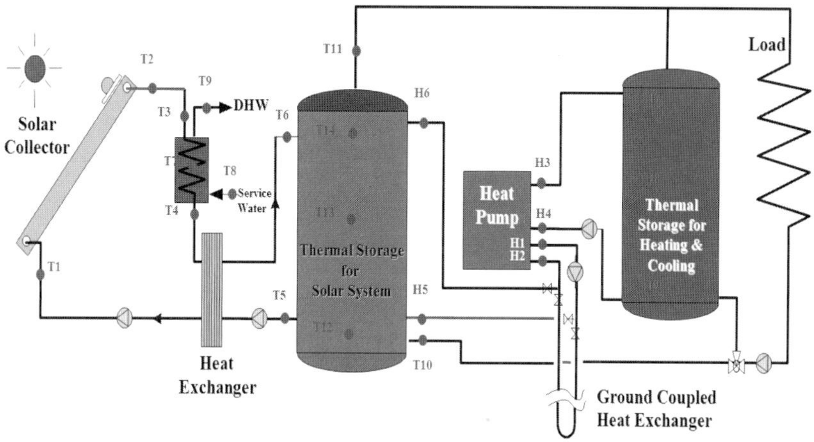

그림 10.4 KIER ZeSH-I 냉난방 급탕용 설비시스템 구성도

표 10.1 KIER ZeSH-I 주요 설비시스템의 제원

구 분	용 량	비 고
집열면적	24m²	12매
태양열 축열조	5m³	10mm단열 / 원통형
고온축열조	2m³	상동
온수탱크	0.5m³	상동
히트펌프	10kW(출력)	냉난방 겸용
지중열교환기	–	수직 150m 매설

를 극대화시키기 위해 가능한 한 저온으로 난방을 할 수 있는 바닥 복사난방시스템이 적용되었으며, 이를 위해 다음과 같은 사항이 반영되었다. 면적이 넓은 거실과 홈오피스의 바닥 마감은 열전도가 좋은 세라믹 타일로 마감하였으며, 방열배관의 간격을 조밀하게 하여 방열면적을 최대한 넓혔다. 또한 주택 바닥의 방열성능을 좋게 하기 위해서 난방배관을 낮게 설치하였다.

3) 에너지 성능평가를 통한 자립률 예측

KIER ZeSH I 설계를 진행하면서 에너지 성능을 최적화하기 위해서는 대지분석을 포함해 장단변비, 지하실 유무, 방위영향, 일조권, 음영효과 등 건축설계 전 과정에 걸쳐 각종 에너지 성능평가가 수행되어야 한다. 본 건물의 해석에는 시간별 동적해석 프로그램인 ESP-r과 TRNSYS를 활용하였다.

표 10.2 KIER ZeSH I의 최종 열부하 자립도 예측결과

	국내 일반주택		기준주택		ZeSH I		설비형 태양열 감률 SSF	ZeSH I(설비형)	
	원단위 kWh/m² yr	구성비	원단위 kWh/m² yr	(B/A)	원단위 kWh/m² yr	(C/B)		원단위 kWh/m² yr	(D/B)
	A		B		C			D	

CASE 1 : 순수 열부하만 고려할 경우

난방	128	157	63%	77%	89.3	118.3	75%	20.6	23%	81%	3.9		4%	5%
급탕	29		14%		29					93%	2.0	5.9	7%	
취사	17		8%	8%	17									
전기	29		14%	14%	29									
sum	203		100%	100%	164.3		81%							

CASE 2 : 보일러 효율 0.87, 반송손실 0.8을 적용할 경우

난방	128	157	63%	77%	128	157.3	100%	29.6	23%	81%	5.6	7.7	4%	5%
급탕	29		14%		29					93%	2.0		7%	

시뮬레이션을 통한 각종 시스템의 성능 예측에 대한 세부결과는 선행 발표[13)14)]를 참조하기 바라며, 여기서는 최종 예측결과만 예시하였다. KIER ZeSH-I에는 난방 및 급탕부하 처리를 위해 총 24㎡ 규모의 설비형 태양열 집열시스템이 설치되었다. 50℃ 온수를 250 litter/day 사용하는 것으로 가정하고 하절기는 50% 사용조건을 가정하여 수행한 난

13) 윤종호, 백남춘, 유창균, 김종일, "에너지자립형 태양열 주택의 설계 및 시공방법 체크리스트 수립연구", 2005 한국신재생에너지학회 춘계학술대회 논문집, 2005. 6.17

14) 한국에너지기술연구원, "보급형 제로에너지 하우스 개발 (I)-(III)", 한국에너지기술연구원 보고서, KIER-A12205, 2004

방 및 급탕 시뮬레이션 결과 난방의 경우 잔여부하의 81%를 태양열에 의해 처리할 수 있으며, 급탕부하는 93%의 태양절감률(SSF, solar saving fraction)을 기대할 수 있는 것으로 평가되었다.

표 10.2는 설비형 태양열시스템을 포함한 KIER ZeSH I의 종합적 에너지 자립률 예측 결과를 정리한 것이다. 실측 조사결과에 근거한 국내 일반주택의 연간 에너지소비 원단위 중 난방 및 급탕에너지의 구성비는 77%로 157kWh/m^2 yr이다. 한편, 본 연구에서 설정한 기준 주택의 조건을 대상으로 연간 에너지 성능 시뮬레이션한 결과에 따르면, 연간 단위면적당 난방 및 급탕에너지 소비량은 118.3kWh/m^2 yr로 나타났다. 이는 실측 조사결과의 부하 대비 약 75% 수준으로, 그 차이는 주로 실내 설정온도, 단열조건 등과 같은 해석조건과 실제 운영상의 차이와 설비시스템의 효율, 반송손실 등이 고려되지 않은 순수 부하값이기 때문이다.

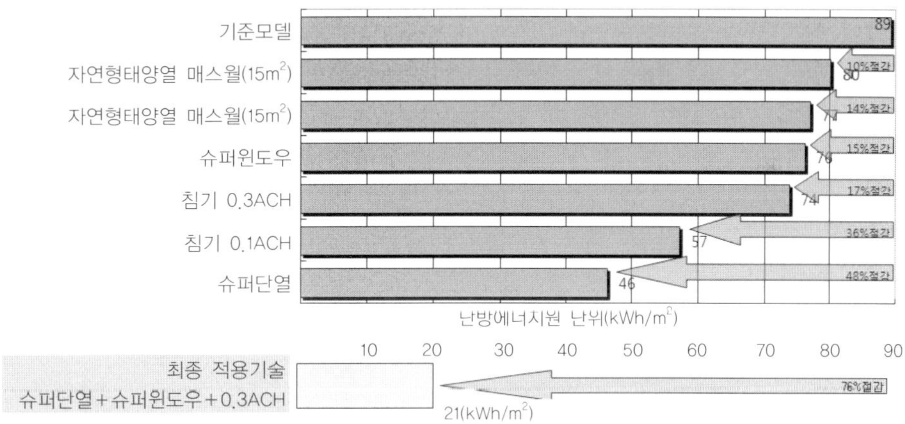

그림 10.5 KIER ZeSH I의 주요 핵심요소기술별 에너지 절감 기여도

설비형 태양열시스템을 제외한 슈퍼단열, 슈퍼윈도우, 배열횟수, 자연형 태양열시스템 등 건축계획적 부하저감 전략기술이 적용된 경우인 표 10.2의 ZeSH I (C)의 난방에너지 소비량은 20.6kWh/m^2 yr로 평가되었으며, 이는 기준 주택의 난방에너지 사용량의 77%를 절감한 결과이다. 설비형 태양열시스템의 평가결과 난방에너지의 81%를 태양열로 대체할

수 있는 것으로 평가되었기 때문에 실제 최종적인 난방에너지 소비량은 3.9kWh/㎡yr에 불과하다. 급탕의 경우 93%의 절감률이 적용될 경우 최종 부하는 2.0kWh/㎡yr이다. 따라서 난방 및 급탕의 최종 열부하는 5.9kWh/㎡yr로 기준 주택의 열부하 대비 95%의 자립률을 달성하는 것으로 평가되었다.

상기 결과에서 난방에너지 소비량은 설비시스템의 효율 및 반송손실을 고려하지 않은 순부하값을 기준한 것이다. 참고로 보일러 효율 80%, 반송손실 80%를 적용할 경우의 자립도 예측결과를 표 10.2의 하단부에 예시하였다. 이 경우도 난방 및 급탕 자립률이 93%에 이른다.

한편, 그림 10.5는 KIER ZeSH-I의 에너지 자립률에 가장 큰 영향을 미치는 요소기술을 선별하여 각각의 기술이 전체 자립도에 기여하는 비율을 도식한 결과이다. 자연형 태양열시스템의 적용을 통해 10~14%의 절감을 기대할 수 있으며, 슈퍼윈도우 창호를 통한 절감률은 15% 수준이다. 침기의 경우 0.3회/hr를 유지할 경우 17%를, 0.1ACH/hr로 유지할 경우 36%를 절감할 수 있는 것으로 평가되었다. 건물의 단열성능이 높아질수록 침기 또는 환기부하의 비중이 높아짐을 확인할 수 있었다. 가장 큰 절감률은 역시 슈퍼단열을 통해 획득할 수 있는데 기준 모델 대비 48%의 에너지가 절감되는 것으로 평가되었다.

고려된 각종 요소기술의 독립적 평가 후, 경제성 및 신뢰성을 고려해 최종적으로 결정된 슈퍼단열, 슈퍼윈도우 및 0.3회/hr의 통합적용 평가결과는 76%를 절감하여 주택 원단위가 21kWh/㎡yr로 축소될 수 있는 것으로 평가되었다.

4) KIER ZeSH I의 시공과정

그림 10.6은 KIER ZeSH I의 각 공정별 사진을 나타내며, 그림 10.7은 자연형 태양열시스템, 야간단열, 천창, 가동차양, 배열회수시스템, 지열히트펌프 및 태양열 축열조 등에 대한 전경사진이다.

그림 10.6 KIER ZeSH I의 주요 공정별 시공사진

그림 10.7 KIER ZeSH I의 주요 구성시스템 전경

10.2 Eco-3리터 하우스

1) 수퍼외단열(super insulation), 열교방지 설계기술, 기밀시공

ECO-3 LITER HOUSE의 기본개념은 내부발열과 자연형 태양열 획득을 통해 난방을 하고, 부족한 열량에 대해서만 난방시스템을 통해 공급받는 것(통상적인 난방시스템 생략 가능)을 원칙으로 한다. 따라서 이를 충족시키기 위해서 열손실을 최소로 해야 하며 건물 외피의 열관류율 값은 0.15W/(㎡K) 이하를 만족시켜야 한다. 대림산업의 용인 및 대덕의 ECO-3 LITER HOUSE는 0.08W/(㎡K)로 설계되었다(그림 10.8 참조).

또한, 열전달에 의한 손실은 일반 건축요소를 통한 열류뿐만 아니라 우각부나 접합부에 나타나는 열교현상을 통해서 나타나므로, 열교를 통한 선형 열교계수는 ψ =0.01 W/mK 이하(벽체부위)로 설계 및 시공되어야만 한다.

그림 10.8 바닥 및 외벽부위 단열공사

그림 10.9 기밀시공 사례

건물 외피의 기밀은 매우 중요한 요소 중 하나로 n50(실내외 압력차 50Pa)에서 0.6회/h 이하(일반주택 4~5 회/h)가 되어야 한다. 따라서 이를 만족시키기 위한 기밀시공 사례는 그림 10.9와 같다.

2) 폐열회수 환기시스템과 지중덕트 적용

그림 10.10 전열교환 환기시스템 및 지중덕트 공기 도입부

ECO-3 LITER HOUSE는 열손실을 최소화하기 위해 고기밀 시공되므로 건강한 실내공기환경을 유지하기 위해서 환기시스템의 설치는 필수적이다. 환기시스템의 환기율은 0.25~0.4회/h이며, 이보다 환기율이 커지면 겨울철에 건조공기 유입으로 인해 실내환경이 불쾌적하게 된다. 열교환기의 효율(현열)은 75% 이상 되어야 하며 대향류형 열교환기가 사용되고, 동절기 및 하절기의 환기부하를 줄이기 위해 지중덕트(깊이 2.5m, 길이 30m 이상, 그림 10.10 참조)를 통해 외기도입을 한다.

3) 자연형 태양열 획득과 슈퍼창호시스템 적용

3리터 하우스 난방 요구량의 1/3은 창을 통한 자연형 태양열 획득에 의해 공급된다. 따라서 창은 투과율(g-value) 50% 이상, 여름철 과열 방지를 위해 개폐 가능해야 하고 차양장치의 설치가 필수적이며 열관류율은 0.8W/m²K 이하로 설계되어야 한다. 이 값을 만족하기 위해서는 3중 양면 Low-e 코팅유리를 사용해야 하며, 가스충진(아르곤, 크립톤)을 할 경우 열관류율을 0.6W/m²K까지 낮출 수 있다.

또한, 창틀의 경우도 열관류율 0.8W/m²K 이하로 설계하여(그림 10.11 참조), 열 손실의 불균형을 해소시켜야 한다. 창의 경우는 올바른 시공이 중요하며, 외피 단열라인에 설치하되 창틀 주위는 단열재를 중첩하여 열교를 최소로 해야 한다.

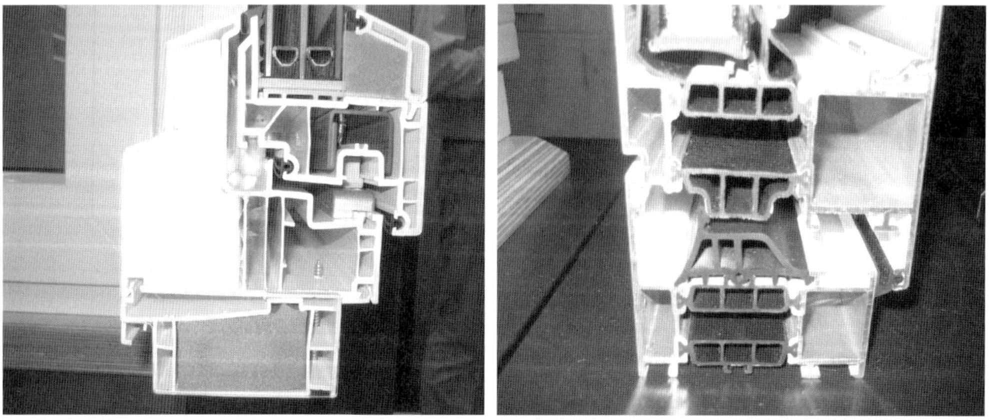

그림 10.11 3중 창호시스템의 프레임 부위

4) 신재생에너지 활용

상기 1) 2) 3)의 기술 적용을 통해 80% 이상 건물부하가 줄어든 ECO-3 LITER HOUSE는 신재생에너지 적용에 보다 신뢰성과 융통성을 제공하게 된다.

사례로, 용인 ECO-3 LITER HOUSE(그림 10.12 참조)에는 1kW급 연료전지(전기생산+난방+급탕)가 적용되었으며, 대덕 ECO-3 LITER HOUSE(공동주택, 그림 10.13 참조)에는 지열시스템(20RT), 태양광발전시스템(30kWp), 풍력발전시스템(1kWp), 진공관식 태양열시스템이 적용되어 에너지 생산 주택으로 설계 및 시공되었다(발전용량 : 50,000kWh/a).

특히, 대덕 ECO-3 LITER HOUSE의 경우 지열시스템을 이용한 바닥복사 냉난방시스템이 적용되어 기존의 온돌배관을 그대로 이용하여 냉방을 하며, 여름철 잠열처리의 경우 상시 환기시스템과 지열히트펌프를 통합한 통합형 환기시스템이 적용되어 바닥 표면결로를 방지하게 설계되었다.

- 신축단독주택(2005) : 철근콘크리트
- 적용기술 : 슈퍼단열, 3중 양면 low-e 창호, 고기밀시공, 이중외피시스템(거실부위), 연료전지(PEMFC), 폐열회수 환기시스템(지중덕트 연계), PCM
- 에너지소비량 : 14.9kWh/㎡ · a(설계치)
- 난방면적 : 138㎡

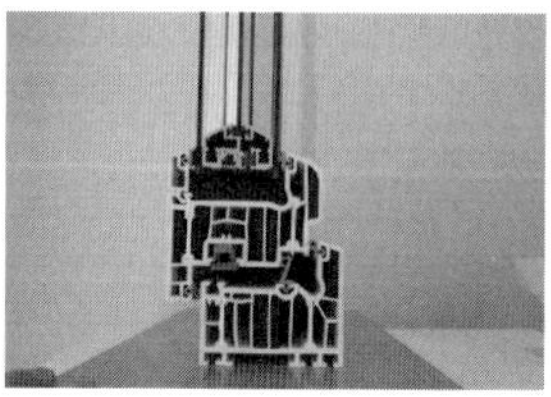

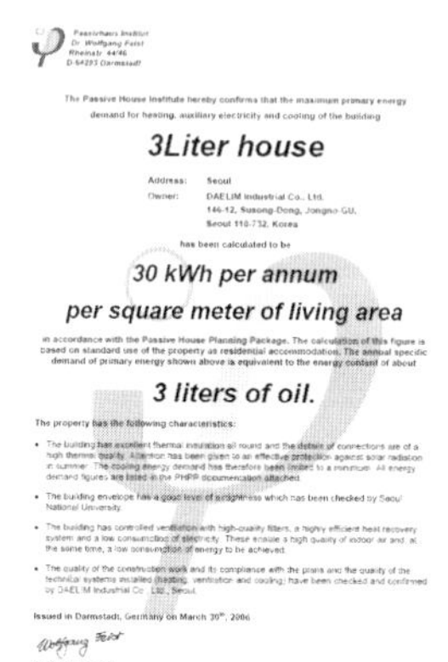

Passivhaus Institut
Dr. Wolfgang Feist
Rheinstr. 44/46
D-64283 Darmstadt

The Passive House Institute hereby confirms that the maximum primary energy demand for heating, auxiliary electricity and cooling of the building

3Liter house

Address: Seoul
Owner: DAELIM Industrial Co., Ltd.
146-12, Susong-Dong, Jongno-GU,
Seoul 110-732, Korea

has been calculated to be

30 kWh per annum

per square meter of living area

in accordance with the Passive House Planning Package. The calculation of this figure is based on standard use of the property as residential accommodation. The annual specific demand of primary energy shown above is equivalent to the energy content of about

3 liters of oil.

The property has the following characteristics:

- The building has excellent thermal insulation all round and the details of connections are of a high thermal quality. Attention has been given to an effective protection against solar radiation in summer. The cooling energy demand has therefore been limited to a minimum. All energy demand figures are listed in the PHPP documentation attached.
- The building envelope has a good level of airtightness which has been checked by Seoul National University.
- The building has controlled ventilation with high-quality filters, a highly efficient heat recovery system and a low consumption of electricity. These enable a high quality of indoor air and, at the same time, a low consumption of energy to be achieved.
- The quality of the construction work and its compliance with the plans and the quality of the technical systems installed (heating, ventilation and cooling) have been checked and confirmed by DAELIM Industrial Co., Ltd., Seoul.

Issued in Darmstadt, Germany on March 30th, 2006

Dr. Wolfgang Feist

그림 10.12 용인 ECO-3 LITER HOUSE의 적용기술(단독주택 2005.12)

그림 10.13 대덕 ECO-3 LITER HOUSE(2006.9, 부분개수 2008.7)

10.3 살둔 제로에너지하우스

1) 개요

강원도 홍천군에 위치한 '살둔 제로에너지하우스'는 기후변화와 유가 상승에 대응하고자 민간 차원에서 계획되고 완공된 주택이다. 고갈되는 화석에너지로 인한 에너지 위기를 대비하여 지금 현실적으로 할 수 있는 최선의 방법이 '절약'이라는 건축주의 믿음 안에서, 건축주가 주체가 되어 수년간의 노력을 통해 국내에서 가장 추운 지역 중의 하나인 강원도 홍천군 내면에서 냉난방을 위한 화석연료의 이용이 없는 '제로에너지하우스'가 기획 및 설계 · 시공되었다.

학습을 통해 구축된 지식의 틀 안에서, 건축주가 희망한 목표로 삼은 사항들은 표 10.3과 같으며, 살둔 제로에너지하우스의 개요는 표 10.4에 나타내었다.

그림 10.14 2009년 2월 중순의 살둔 제로에너지하우스 외부 전경

표 10.3 건축주의 목표

구 분	비　　고
건물성격	난방에 필요한 보조열원을 최소화하는 패시브하우스 기본원칙의 최대 적용
건축기법	기획 및 설계의 적용이 용이한 건축기법의 적용으로 시공 시 발생 가능한 오차, 문제점의 최소화 및 모듈화 될 수 있는 건축기법의 선택으로 향후 개선 및 보급 · 응용이 용이한 기법 적용
비용	일반 단독주택 수준 또는 그 이하의 시공비 희망

표 10.4 건축물 개요

구 분	비　　고
위치	강원도 홍천군 내면 율전2리 191-1
면적	157.92㎡ (47py)
건물형태	동서향 방향으로 긴(21m×7m) 형태로 층고 4.8m
건물의 향	자북(magnetic)에서 30도 서향, 진북(true)에서 22.5도 서향
구조	GLUELAM(집성구조목)을 소재로 한 Timber Frame House + SIP(단열구조 패널) 벽체 및 단열

2) 기본원칙의 도출 및 적용

(1) 기본원칙의 도출

건축주는 미국과 독일을 포함한 유럽국가에서 출간된 패시브하우스 및 제로에너지하우스 관련 원서들을 오랜 기간 동안 학습하여 국내 제로에너지하우스 실현에 필요한 기본적인 원칙들을 도출하였다. 도출된 기본원칙들은 표 10.5와 같다.

표 10.5 제로에너지하우스 구현을 위한 기본원칙

구 분	비 고
고단열 · 고기밀	국내 시공여건을 감안하여 충분한 단열이 전 구간에 걸쳐 고르게 적용될 수 있는 자재 및 기법 적용
평면계획	겨울철 태양에너지가 실내 전 구간에 들어올 수 있도록 하기 위해 동서 방향으로 긴 평면구성 및 겨울을 제외한 기간의 자연환기 도모를 위한 평면계획
창문	향별 적절한 창문면적 및 단열성 강화
축열	겨울 내 실내에서 발생하는 열 및 유리창을 통해 유입된 태양에너지의 실내 보존을 위해 실내바닥 및 벽면에 축열체 적용
열회수 환기장치	높은 열회수율을 가진 기기의 설치
실내마감	신선한 실내공기질 유지를 위해 VOCs 배출이 적은 마감자재 이용
보조열원	건물 특성을 감안하여 서서히 복사열을 발생하는 보조열원의 도입

(2) 기본원칙의 적용

살둔 제로에너지하우스의 시공은 건축주의 인근 지역 거주 및 감독하에 2008년 9월초부터 12월말까지 진행되었다. 시공상 오차를 줄이고자 SIP 자재 등의 도입을 하였지만, 시공 팀에서 기존 국내 목조주택 시공 시에서 발견되는 부주의한 여러 실수들을 보여주어 시공된 벽면 전체를 철거하고 새로 시작하는 등 정확한 시공을 위한 여러 시행착오가 발생하며 진행되었다.

① 고단열 · 고기밀

벽체와 지붕의 주 자재로는 북미에서 주로 사용되는 SIP(Structural Insulated Panel)가 적용되었다. SIP는 1930년대에 미국에서 프랭크 로이드 라이트(Frank Lloyd Wright)

등의 건축사들에 의해 사용되기 시작하여, 1990년대 이후 CAD 도면과 연계된 생산시스템의 개발 등으로 적용 건물수가 급격히 늘어나고 있는 추세에 있다.[15] SIP는 두 장의 OSB 합판 사이에 스티로폼을 넣은 패널형태로, 벽면과 지붕면 전체에서 균일한 단열성을 유지할 수 있는 장점이 있다. 이와 같은 구조적 단열 장점과 시공 시 오차를 감소시킬 수 있는 이유로 현재 미국 환경청(MOE : Ministry Of Environment)이 진행중인 제로에너지하우스 프로젝트의 기본자재로 선정되어 미국 여러 곳의 시범주택이 시공되어 모니터링 중이다.

살둔 제로에너지하우스에 사용된 SIP는 건축주의 요청에 의해 미국 기준을 바탕으로 국내에서 생산되었다.

표 10.6 적용된 SIP를 포함한 벽면 단열성능

자재	두께(mm)	U-Value(W/m^{2}K)	R-Value(ft^2 · °F · h/Btu)
Neopor(SIP)	235	0.11	50
드라이비트	50	0.71	8
복사열 차단제	20	0.28	20
기타(OSB, 석고보드 등)		2.8 이하	2 이상
합계		0.071 이하	80 이상

그림 10.15 살둔 제로에너지하우스의 SIP

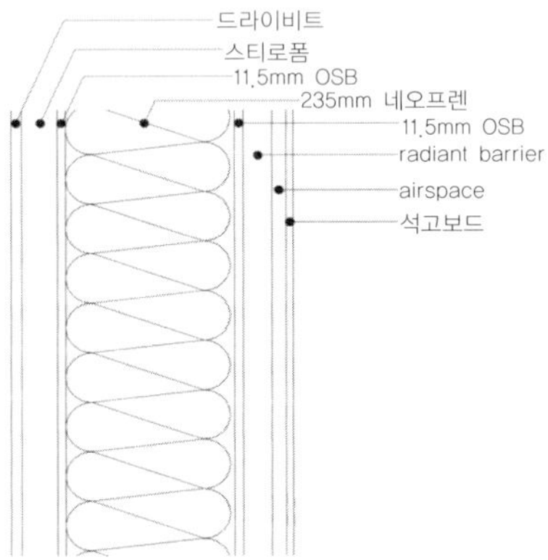

그림 10.16 벽면 단면

15) Michael Morley, Structural Insulated Panels(SIPS), The Taunton Press, Inc. 2000

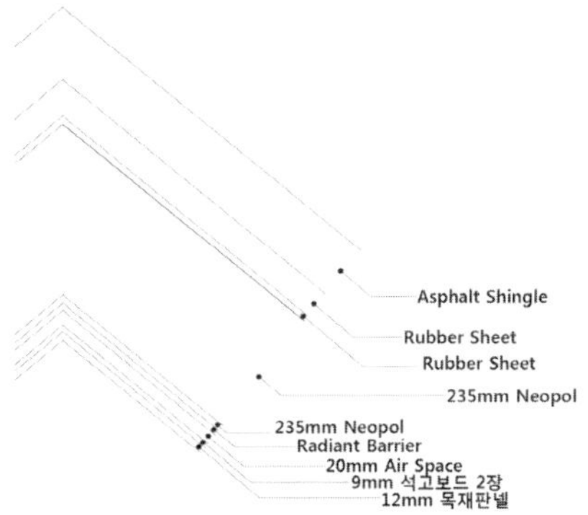

그림 10.17 지붕 단면

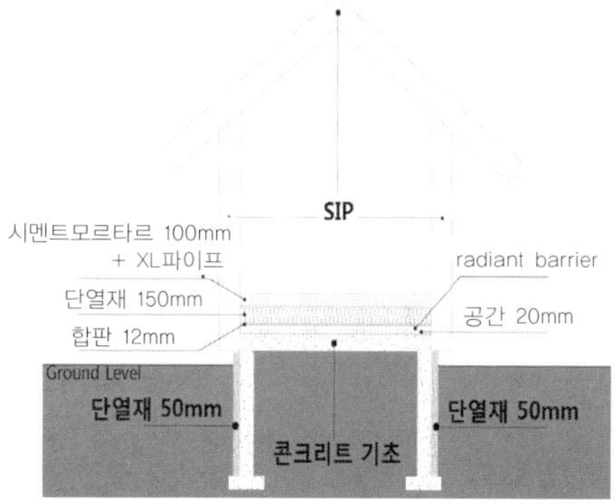

그림 10.18 바닥 단면

그림 10.19 시공사진

그림 10.20 복사단열재 사진

② 평면계획

태양에너지의 활용을 높이기 위해 동서방향으로 긴 형태의 평면을 구성하였으며, 겨울철을 제외한 기간의 자연환기를 원활히 하기 위한 창문배치를 적용하였다.

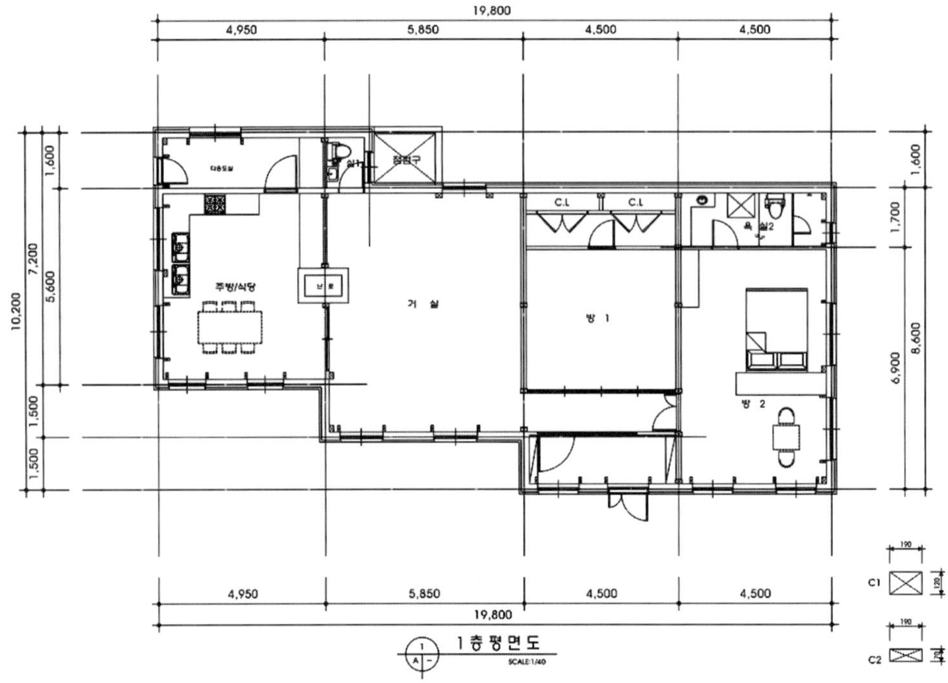

그림 10.21 살둔 제로에너지하우스 평면

③ 창문

단열성이 벽체 등에 비해 취약한 창문의 경우에는 해외 패시브하우스 주택 사례 조사를 통해 사이트에 적합한 바닥면적 대비 향별 창문 크기 비율을 거주자가 원하는 평면계획에 적용하였다.

창문 유리창 시스템의 경우에는 초기비용 상승을 피하기 위해 고가의 시스템 사용을 피하고 일반적인 이중유리와 시스템 창호를 적용하면서, 매우 추운 기온 또는 흐린 날이 계속될 때를 대비하여 건축주가 직접 디자인 및 주문 생산한 단열덧문을 적용하였다.

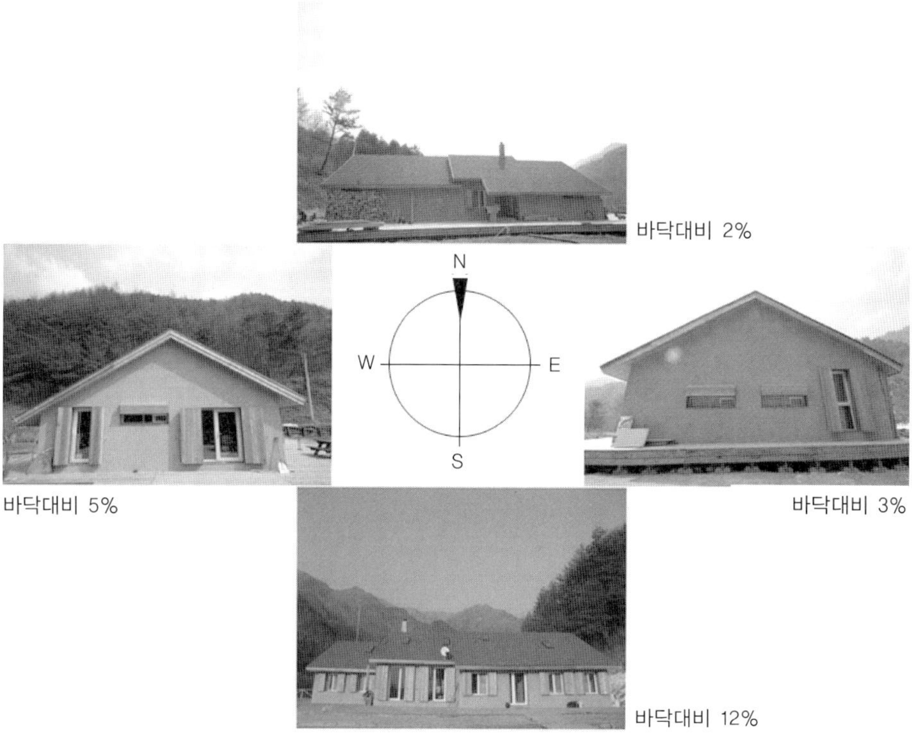

그림 10.22 바닥면적 대비 향별 창문 크기 비율

그림 10.23 적용된 유리창과 단열덧문의 모습

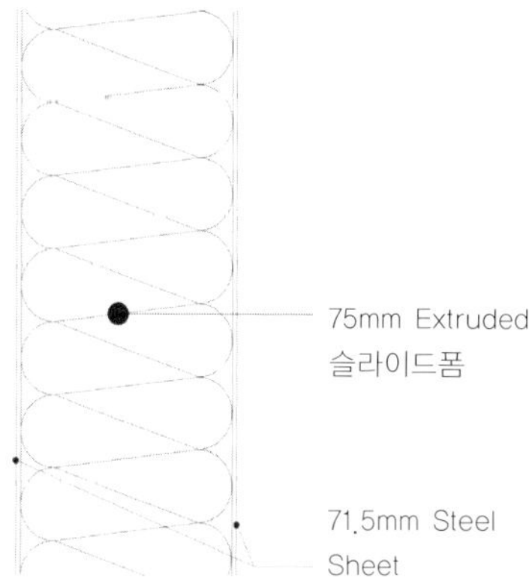

그림 10.24 단열덧문 상세

표 10.7 단열덧문

자재	두께(mm)	U-Value(W/m^{2}K)	R-Value(ft^2 · °F · h/Btu)
컬러강판	1.5	–	–
폴리우레탄	75	0.236	24

④ 축열

신재생에너지를 포함한 보조열원의 이용을 최소화하기 위하여 실내에 축열효과가 있는 마감 및 자재가 도입되었다.

표 10.8 축열체

축열자재	소 재	사 진
페치카	내화벽돌 (SK-34)	
바닥타일	타일 + 콘크리트	
흙벽	흙벽돌	

⑤ 열회수 환기장치

겨울철 환기를 위해 로터리 타입 전열교환기가 도입되었다. 건물 앞부분에 위치한 inlet을 통해 외부에서 도입된 신선한 공기는 PVC 파이프를 통해 지하 1.5미터 기초 높이로 건물을 따라 건물 뒤편에 위치한 pit까지 25m 가량 이동하여 외부의 낮은 온도가 지열을 통해 일정 양 상승하도록 적용하였다. 환기시스템의 실내 유입구와 배출구는 각 실마다 적용되어 건물 실내 전체공간에서 신선한 공기가 적용되도록 하였다.

그림 10.25 건물 전면에 위치한 외부공기 유입구

그림 10.26 건물 후면에 위치한 열교환 환기장치

그림 10.27 거실의 공기 유입구(상단) 및 배출구(하단)

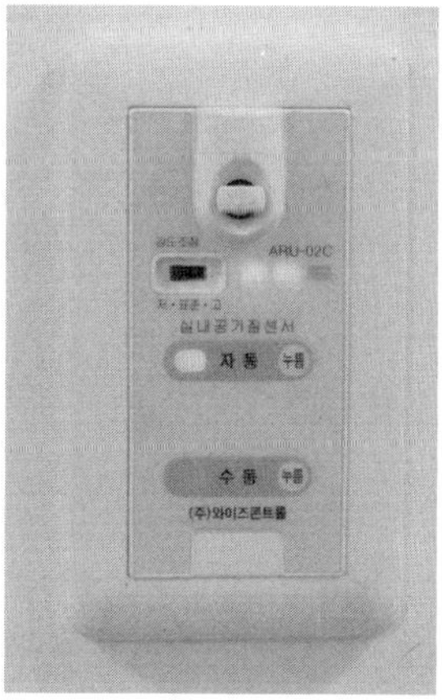

그림 10.28 열교환기 작동 제어를 위한 VOCs 센서

⑥ 실내마감

건물이 매우 고기밀인 것을 감안하여 모든 마감자재가 매우 낮은 VOCs를 방출하는 친환경 소재가 적용되었다. 석고보드 등을 부착하기 위해 사용된 접착제는 모두 수용접착제가 적용되었으며, 실내에 노출된 집성목의 경우에도 모두 미국의 엄격한 기준을 통과한 자재가 사용되었다. 또한 바닥타일의 경우에도 모르타르 방식이어서 실내에 VOCs를 방출하는 것을 최소화하였다.

⑦ 보조열원 - 페치카(masonry stove)

기존 주택보다 매우 고기밀 및 고단열인 주택의 성격을 고려하여 적은 연료로 장시간 복사열을 방출할 수 있는 페치카가 도입되었다. 페치카는 러시아 도면을 활용하여 서양 국가들에 비해 상대적으로 가격이 저렴한 내화벽돌(SK-34) 1,179장을 이용하여 제작하였다. 또한, 기존의 장작난로들이 연소 중 실내의 공기를 사용하여 쾌적온도의 실내공기를 빼앗기며, 매우 고기밀인 건물에서는 거주자 건강에 위협이 될 수도 있다는 문제점을 개선하기 위하여 페치카 연소 시 필요한 공기를 외부에서 팬을 통해 공급할 수 있도록 하였다.

그림 10.29 페치카 내·외부공기 유입을 위한 파이프

그림 10.30 스케일대로 만들어진 페치카 모형

3) 모니터링 결과

(1) 실내 쾌적온도 측면에서의 모니터링 결과

본 주택의 성능을 측정하기 위해 실내 10곳과 실외 2곳에 온도측정 모니터링 기기를 설치하여 거주자 입주 후 30분 간격으로 측정을 수행하였다. 그림 10.31은 본 측정에 적용된 측정기기 및 위치를 나타낸다.

그림 10.32는 2009년 겨울 동안 가장 낮은 온도를 기록한 1월 10일~1월 16일 간의 측정결과를 나타낸다. 측정기간 동안 영하 18도까지 내려가는 추위가 계속되었으며, 실내온도는 창문 바로 옆에 설치된 안방 측정결과의 경우 최저 18도를 유지하였으며, 창문에서 떨어진 거리에 위치한 서재 측정결과의 경우에는 대체로 20도 이상을 항상 유지하였다. 또한 하루 중 실내온도 변화는 2도 이하로 나타나 일정한 쾌적온도가 지속적으로 유지되는 것을 알 수 있다.

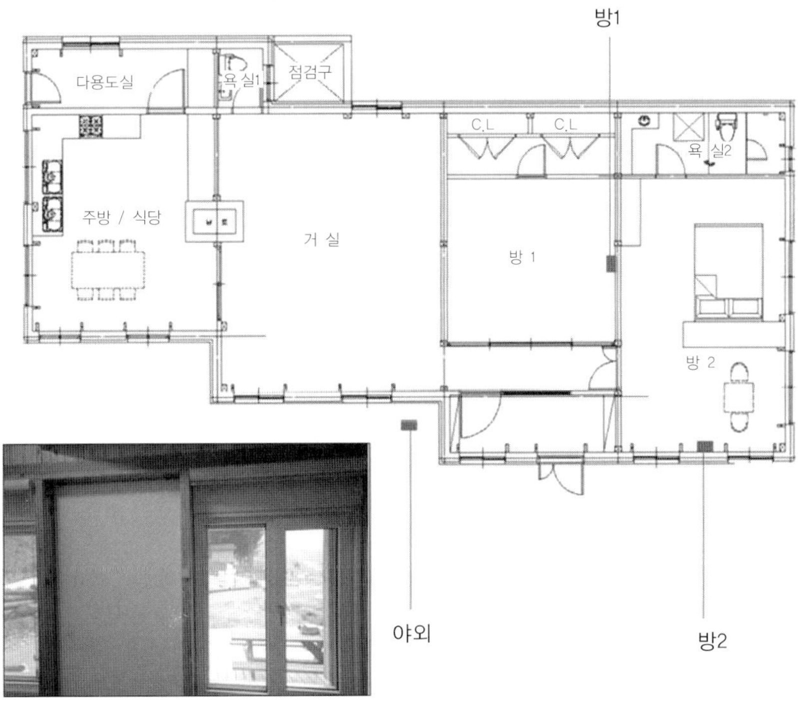

그림 10.31 측정기기 및 위치

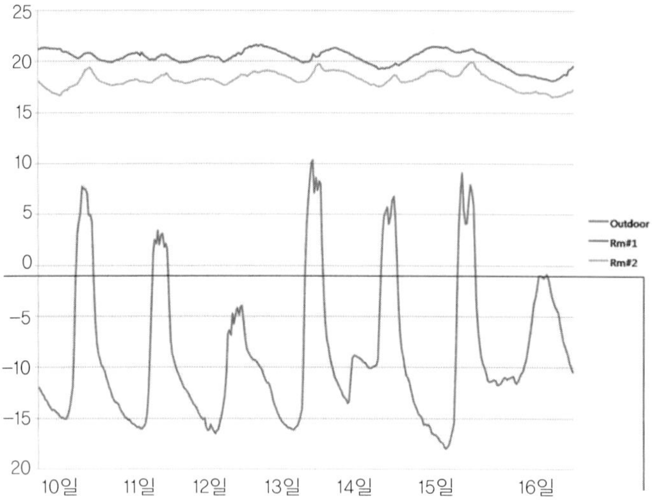

그림 10.32 2009년 1월 중 실내온도 측정결과

(2) 에너지 이용 측면에서의 모니터링 결과

① 난방에너지 부하

초기에 계획된 태양열 집열기를 통한 온수생산과 난방과의 연계가 사이트 특성에 부적합한 집열기 도입 등의 이유로 실패하여, 실질적으로 유일한 보조난방 에너지원은 거실에 위치한 페치카가 유일하다.

일반 장작 벽난로가 1회 연소 시 최대 3시간 이상 작동하기 불가능하며 제로에너지하우스 건물에 부적합한 너무 높은 고열을 발생시키는 것과 달리, 살둔 제로에너지에 적용된 페치카는 단일 연소로 36시간 이상 복사열을 방출하여 매우 고효율의 성능을 보여주었다.

거주자가 입주한 2009년 1월 초부터 3월 초까지의 장작목재 이용량 형태를 바탕으로 연간 소요되는 장작목재의 에너지양을 예측해보기 위한 공식과 결과는 다음과 같다.

(R Kcal × T) / (9,200Kcal/L × Am²)

[R = 건조된 목재 10kg의 발열량(=40,000Kcal), T = 1년 중 연소횟수, 9,200Kcal/L = 석유 1리터의 열량, Am² = 실내면적]

여러 변수를 포함한 연간 예측 사용횟수인 60회에 실내면적인 150㎡를 적용하면 다음과 같다.

에너지용량 = (40,000kcal × 60) / (9,200kcal/L × 150㎡) = 1.7 liter/㎡

살둔 제로에너지하우스의 건축주는 탄소 사이클이 상대적으로 매우 빠르며 사이트의 지리적 특성상 쉽게 구할 수 있는 장작목재를 화석연료의 범주에 고려하지 않고 있지만, 일반 화석연료로 환산하여 계산해 본 결과는 바닥 제곱미터당 약 1.7리터의 석유가 소모되는 것으로 계산되었다. 이와 같은 예상수치는 살둔 제로에너지하우스의 성격상 수많은 방문객과 언론매체의 취재 등의 이유로 열적인 필요 외에도 보여주기 위한 필요성을 고려한 것으로, 건축주는 실내 쾌적온도 유지만을 위해 엄격한 제어 시 연간 페치카 사용량은 30~40회에 이를 것으로 예상하고 있다.

② 냉방에너지 및 전기이용량

냉방의 경우 에어컨 등의 전기소비량이 높은 기기가 사용되지 않았으며, 경우에 따라서 천장에 위치한 팬이 가동되었다. 또한 태양열 집열기의 미작동으로 온수를 위해 전기온수기가 사용되었다.

유일한 측정수단인 전기이용량을 바탕으로 한 일반전기 이용량은 전기이용량이 가장 높을 것으로 예상되는 열교환기 작동기간인 겨울철이나, 외부온도가 가장 높은 2009년 8월을 기준으로 일반 가정주택과 유사한 360kWh 규모로 월 5만 원 이하가 지출되었다. 즉, 살둔 제로에너지하우스는 여름철 냉방을 위한 눈에 띄는 에너지소비량 증가를 보여주지 않고 있으며, 조명에너지 부하 등을 최소화하기 위해 고려된 디자인으로 매우 낮은 전기소비를 보여주고 있다.

(3) 전반적인 거주자 만족감 측면에서의 모니터링 결과

거주자 만족도를 위한 정량적인 측정은 이루어지지 않았지만, 지난 9개월간 상시 거주한 건축주 부부는 살둔 제로에너지하우스에 매우 높은 만족도를 나타내었다.

패시브하우스 기법에 기초한 제로에너지하우스는 하루 중 실내온도의 변화가 매우 적어

노부부가 편안함을 나타내었으며, 겨울철 하루 평균 2시간 내외 정도 작동한 열교환기를 제외하고는 실내에 어떠한 액티브시스템이 없어 자연스러운 느낌의 실내 쾌적성을 보여주고 있다고 표현했다. 또한 겨울철에 태양빛이 실내 전 공간에 들어오는 것에 대해 열적인 면 외에도 심리적으로 매우 따뜻함을 느끼며, 실내오염도에 따라 자동 작동하는 열교환기로 인해 항상 신선한 실내공기질을 유지하는 것에 대해 높은 만족감을 보여주고 있다. 더불어서 자연환기가 가능한 봄철뿐 아니라, 여름철 고온다습한 환경에도 자연환기로 인해 매우 쾌적한 실내환경을 나타내었다. 건축주는 실제로 에너지 부하 감소로 인해 얻는 직접적인 경제적 이익보다도 삶의 질이 높아진 측면에서 얻는 이득이 오히려 더 높다고 평가하고 있다. 건축주 부부가 지난 30년 넘게 다양한 전원주택 생활을 한 베테랑이라는 것을 감안할 때, 이들이 표현하는 만족도에 대해 높게 신뢰할 수 있다고 판단된다.

4) 결언

살둔 제로에너지하우스를 통하여 패시브하우스가 해외 선진국에서 뿐 아니라 국내에서도 충분히 가능하다는 것을 증명하였으며, 국가 또는 거대 기업에 의존하지 않고도 민간 차원에서의 가능성을 보여주었다.

건축주는 지금까지의 학습 및 적용을 통해 구축된 지식과 노하우를 홈페이지(www.zeroenergyhouse.kr)를 통해 공유해 나가고 있으며, 시공 직후부터 9개월이 지난 지금까지 매주 100명 이상의 희망 건축주 및 건축 관련인들의 방문을 맞으며 일반건축주들의 관련 관심 및 기본지식 배양을 위해 노력하고 있다. 또한, 살둔 제로에너지하우스를 통한 경험을 바탕으로 개선된 혹은 다양한 접근방법의 현실화를 위해 노력하고 있으며, 기술지원 및 컨설팅의 방법으로 단독주택 및 단지형태의 전국 여러 프로젝트들에 참여하고 있다.

주택의 기획, 설계 및 시공을 진행한 건축주는 살둔 제로에너지하우스의 주요 자재인 SIP뿐 아닌 다양한 접근방법으로 제로에너지하우스가 국내에서 널리 보급되고 다양해지기를 희망하고 있으며, 연구 차원에서만의 접근이 아닌, 용기 있는 많은 실현 사례들이 등장하기를 기대하고 있다.

11

북미 사례

11.1 미국 솔라 데카슬론(Solar Decathlon)

1) 역사 및 목적

솔라 데카슬론은 2002년에 처음 시작되었는데, 미국 전역의 대학들이 참가해서 태양에너지만으로 유지될 수 있는 작으면서도 매력적이고 편안한 주택을 설계하고 완공된 주택을 일반에 전시하면서 디자인의 건축적, 기술적 완성도, 에너지 효율, 에너지 생산량 등을 평가한다. 다른 경쟁대회와는 달리 일단 각 대학의 캠퍼스에 설치된 실험주택은 완전히 분해해서 워싱턴의 내셔널 몰로 운반해서 재설치하고, 전시 이후에는 다시 대학 캠퍼스로 돌아와서 재조립하는 복잡한 전시과정을 거친다. 첫해부터 10만 명의 관람객들이 다녀갈 정도로 대중의 관심을 집중시키면서 성공을 거두었고, 이후 2005년과 2007년에도 성공적으로 대회가 진행되었다.

그림 11.1 2007년 솔라 데카슬론 설치작업, 전시장 전경, 관람객 전경

솔라 데카슬론은 시민들에게 에너지 인식 교육을 제공하고 전문가들에게는 태양에너지 활용 기술의 시장성 확인 기회를 주며, 학생들에게는 다분야 전문가와의 협업 기회를 제공한다. 시민 홍보를 위해서 우선 태양에너지가 인류의 삶의 질을 얼마나 개선할 수 있는지를 보여주는 것으로, 이로 인해서 오염물질 배출 감소와 국가의 에너지 안보에도 도움이 된다는 사실을 시민들에게 교육한다. 둘째, 시민들이 자신의 일상적인 삶에서 에너지가 어떻게 소비되는지를 보여주고, 일상생활의 각 행위로 인해서 어떻게 에너지 소비가 일어나는지 교육한다. 셋째, 시민들에게 에너지를 절감하는 거주패턴으로 전환하고 새로운 기술을 채택하면서도 동시에 거주하고, 일하고, 즐길 수 있는 아름다운 건축물이 설계될 수 있다는 사실을 확인시켜준다. 전문가와 제품 개발자들은 대회기간 동안 성능 모니터링에서 우수한 평가를 받기 위해서 바로 시장에서 통용될 수 있는 혁신적인 기술을 선보이기 위해 노력한다.[16)]

그림 11.2 2002년 노스캐롤라이나대학 자체 경연대회

이와 같은 대외적인 목적과 더불어 대회에 참가하는 학생들은 현업에서 벌어지는 통합적인 설계방식과 협업의 중요성을 배우는 계기가 된다. 일반적인 학생대상 경연대회와는 달리 솔라 데카슬론 대회는 시공도면과 시공 및 제품에 대한 시방서, 그리고 에너지 분석자료까지 요구하고 있다. 따라서 교내 선발을 거친 학생들은 현업에 종사하는 전문가들과의 협업을 통해서 작업을 진행하게 되고, 참가 팀은 건축가와 엔지니어로서 시공자, 자재업체를 비롯한 여러 분야 전문가들과 함께 전문가로서의 역할에 더욱 쉽게 다가갈 수 있는 교육적 목적도 동시에 지니고 있다고 할 수 있다.

2002년 1회 대회부터 2009년 4회 대회까지의 심사기준을 자세히 보면 솔라 데카슬론이 지향하는 바를 좀 더 명확하게 알 수 있다. 2차 대회까지의 평가기준은 건축적 완성도, 시

16) Mark Eastment, Sheila Hayter and etc. Solar Decathlon 2002 : The Event in Review, US DOE and Energy Efficiency and Renewable Energy, 2002, p.15

민들과의 커뮤니케이션, 에너지 절감과 생산, 쾌적영역을 포함하는 주택의 성능평가로 이루어져 있다. 신기술을 일반시민들이 호응할 수 있을 정도의 건축디자인과 결합시켜서 일반시민들이 실제로 향후 주택구매 시에 저에너지 소비주택을 고려할 수 있도록 하려는 대회의 기본방침을 잘 반영하고 있는 것이다. 이외에도 가전기기, 태양열 온수시스템, 조명설계와 같은 에너지 효율 제품의 채택과 적절한 사용이 장려되어 왔다. 첫 대회는 전기생산량을 평가하는 항목이 두 영역에 걸쳐서 있었지만, 이후 넷 제로 주택이 부각되면서 주택 본연의 성능이 더욱 부각되고 있다. 엔지니어링 부문의 경우 설계과정에서의 에너지 사용량 예측 시뮬레이션을 첨부하도록 함으로써 행사기간 동안의 모니터링 결과뿐만 아니라 계획과정의 합리적인 접근을 평가한다. 2007년부터는 시장성 부분이 추가되어서 시장을 확대하기 위한 다양한 제안들이 제시되고 있다. 2009년 대회에서는 기존의 전기자동차 충전량이 제외되고, 대신 홈 엔터테인먼트 시설이 첨가되면서 주택의 기능을 평가하는 방향으로 대회의 전략이 변화하고 있음을 잘 보여주고 있다.

표 11.1 솔라 데카슬론 배점기준 변화

2002		2005		2007		2009	
평가항목	배점	평가항목	배점	평가항목	배점	평가항목	배점
디자인/ 거주성	200	건축적 완성도	200	건축적 완성도	200	건축적 완성도	100
프레젠테이션과 시뮬레이션	100	거주성	100	엔지니어링	150	엔지니어링	100
그래픽과 커뮤니케이션	100	설계과정 보고서	100	시장성	150	시장성	100
전기생산	100	커뮤니케이션	100	커뮤니케이션	100	커뮤니케이션	75
쾌적영역	100	쾌적영역	100	쾌적영역	100	쾌적영역	100
냉장·냉동고	100	가전기기	100	가전기기	100	가전기기	100
온수공급	100	온수공급	100	온수공급	100	온수공급	100
에너지 밸런스	100	에너지 밸런스	100	에너지 밸런스	100	에너지 밸런스	150
조명설계	100	조명설계	100	조명설계	100	조명설계	75
전기자동차 운행거리	100	전기자동차 운행거리	100	전기자동차 운행거리	100	홈 엔터테인먼트	100
총점	1,100	총점	1,100	총점	1,200	총점	1,000

(각 대회별 주요 변화항목을 음영표시)

솔라 데카슬론 대회가 성공할 수 있었던 또 하나의 비결은 대회의 심사기준이 명확하게 제시되고 평가결과가 투명하게 공개된다는 점이다. 관람객들은 누구나 평가점수를 확인할 수 있고, 현장에서 우수한 평가를 받은 주택과 평가가 낮은 주택을 스스로 비교할 수 있도록 함으로써 우수한 결과를 보인 주택이 시장에 선보일 수 있는 가능성을 높이고 있다. 다음 대회를 준비하는 팀과 제로에너지주택을 연구하는 모든 이들에게 지속적으로 자세한 정보들이 제공되기 때문에, 대회가 거듭할수록 높은 수준의 결과물이 생산될 수 있는 기반이 되고 있다.

2) 2002년 대회 우승작 – 콜로라도대학

조립과 해체를 여러 번 반복해야 하는 대회의 특성상 프리패브공법이 기본적으로 요구되는데, 콜로라도대학안(2002년)은 이를 충족시키면서도 다양한 주택구성방식을 수용하기 위해서 모듈러 시스템을 제안하고 있다. 가장 기본적인 실들을 구성하는 기본모듈(basic module), 주택의 특성을 반영하고 기본모듈을 연결할 수 있는 스펙 모듈(spec module), 그리고 에너지 공급원이자 건물에너지 관리센터가 되는 테크 파드(tech pod)라고 불리는 유틸리티 모듈(utility module)로 구성되어 있다. 제안된 안에서는 침실, 거실에 기본모듈 두 개와 부엌·식당에 하나의 스펙 모듈과 하나의 유틸리티 모듈로 구성되어 있다.

건설이 쉽게 진행되도록 SIP(structural insulated panel)라는 단열재를 포함한 목구조

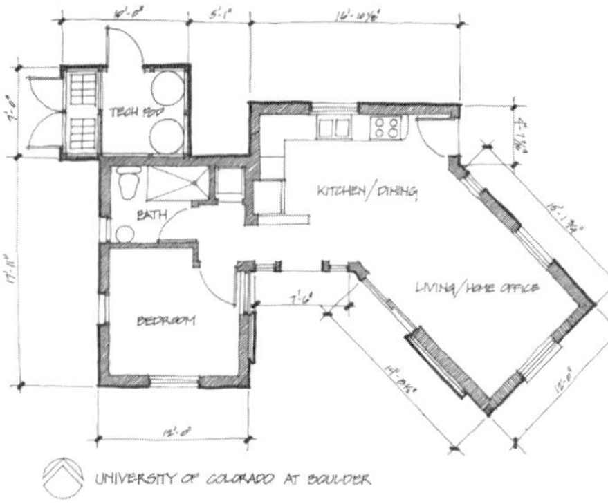

그림 11.3 2002년 솔라 데카슬론 콜로라도대학안(전경 및 평면)

시스템을 적용한 벽체를 사용하였고, 단열성능은 R30이다. 일반적인 패시브하우스에서처럼 열교환기를 갖춘 냉난방 공조기를 설치하였고 태양열, 태양광시스템도 지붕에 설치하였다.

3) 2005년 대회 우승작 - 콜로라도대학

2002년도와 마찬가지로 기본적인 벽체구성은 목구조와 단열재가 일체화된 SIP(structural insulated panel)시스템을 사용하고 있는데, 친환경 재료의 특성을 조금 더 강조해서 폐지와 폐식용유를 활용한 단열재를 사용하여 단열성능은 R36을 확보하였고, 이를 BioSIP로 명명하였다. 여기에 외부마감은 재활용 철재를 활용한 갈바나이즈드 철판을 사용하였다. 계획상의 특이한 점은 천창으로 이동 시에는 기본유닛으로 닫아서 운반하고, 현장에서 서쪽 면에 최대 18인치를 들어 올릴 수 있도록 지지구조를 부착해서 자연채광이 가능하도록 하였다.

난방시스템은 바닥난방시스템을 채택하여 내부에 덕트 스페이스를 없애고 태양열 집열기를 통해서 저장된 온수를 바로 사용할 수 있도록 하였다. 기본적으로 습도조절이 가능한 열교환 장치도 같이 설치하였다.

그림 11.4 2005년 솔라 데카슬론 콜로라도대학

4) 2007년 대회 우승작 - 다름슈타트대학

지난 두 대회의 성공적인 개최로 인해서 총 20개 대학이 참가한 2007년 대회에서는 최초로 외국 팀이 우승을 차지하였는데, 독일의 다름슈타트대학이 우승을 차지하였고 메릴랜

표 11.2 솔라 데카슬론 2007년 상위 3개 팀 취득점수 비교

평가항목 및 배점 \ 대학명		다름슈타트대학 (Darmstadt)	메릴랜드대학 (Maryland)	산타클라라대학 (Santa Clara)
건축적 완성도	200	193.25	189.50	123.75
엔지니어링	150	136.40	127.35	119.15
시장성	150	107.50	112.50	106.00
커뮤니케이션	100	79.150	98.200	92.450
쾌적영역	100	70.945	75.215	74.162
온수공급	100	89.206	56.626	93.767
가전제품	100	97.700	92.900	100.00
조명설계	100	95.455	92.750	85.734
에너지 밸런스	100	100.00	100.00	100.00
전기자동차 운행거리	100	55.250	54.766	84.946
총점	1,200	1024.85	999.807	979.959

(각 부분별 1위를 음영표시)

드대학이 2위를 차지하였다. 표 11.2에서 확인할 수 있듯이, 다름슈타트대학안은 건축적 완성도와 전기에너지 생산을 제외한 엔지니어링 부문에서 수위를 차지하였고, 메릴랜드대학안은 건축적 완성도와 시민과의 홍보, 거주환경의 쾌적성 부문에서 높은 점수를 획득하였다.

다름슈타트대학안은 매우 단순한 형태의 정방형인데, 이는 세 개의 레이어로 구성되어 있다. 가장 외부의 레이어는 오크 재질의 루버인데 차양장치, 보안 유지, 프라이버시 유지의 역할을 한다. 루버레이와 내측 외피 사이에는 발코니를 두었는데, 여기에는 태양광 패널이 차양역할을 하면서도 동시에 전기를 생산할 수 있도록 유리지붕을 만들어서 거주자가 적절히 조절된 외부환경을 즐길 수 있도록 하였다. 마지막 레이어는 코어 모듈로 여기에는 모든 주거기능들이 포함되는데, 주목할 만한 점은 모든 설비시스템이 내장되어 있다는 점이다. 조명과 복사냉방시스템은 천장과 일체화되어 있고 침대, 의자를 비롯한 가구와 공조시스템은 바닥과 일체화되어 있으며, 벽체는 상변화 물질을 포함해서 축열체 역할을 하도록 하였다.

그림 11.5 2007년 다름슈타트대학안(전경, 발코니, 루버 상세)

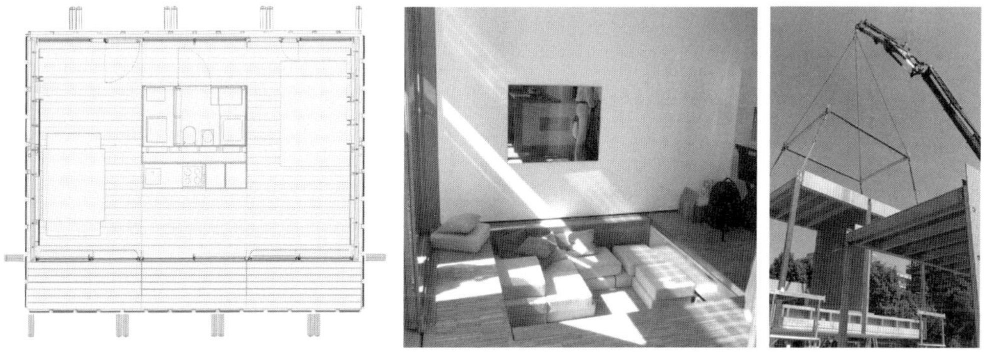

그림 11.6 2007년 다름슈타트대학안(평면, 바닥일체형 가구, 조립시공 장면)

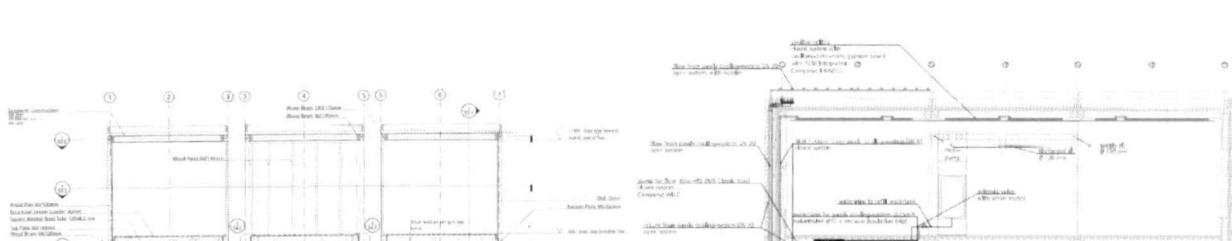

그림 11.7 2007년 다름슈타트대학안(구조시스템도, 태양열 냉난방시스템 체계도)

시장성을 확보하기 위해 지금까지 전형처럼 제시되어져 왔던 경사지붕 대신 평지붕을 활용한 디자인을 선보였다. 이로 인해서 기존 주택 상부, 임시 거주지, 적층을 통한 공동주택에 이르기까지 다양한 변형이 가능하도록 설계하였다. 디자인 팀은 이러한 개념을 자동차 제조회사들이 '플랫폼'을 만들어서 다수의 차종을 생산하는 시스템에 비유하여 설명하고 있다. 또한 운반 조립이 용이하도록 분해할 수 없는 조인트는 하나도 사용되지 않았다.

그림 11.8 플랫폼 시스템의 적용 예

5) 2007년 대회 준우승작 – 메릴랜드대학

기존의 에너지 관련 기술에 집중되어 있던 계획안에서 벗어나 자연환경을 포함하는 포괄적인 친환경적인 해결책을 제시하고 있다는 점이 가장 크게 부각되는 점이다. 또한 다름슈타트대학안에서도 볼 수 있는 것처럼, 대회의 규정시설 규모에서 뿐만 아니라 향후 시장에서 요구되는 다양한 형태의 주택에 바로 적용될 수 있는 다양한 적용방식을 제시함으로써 시장성 부문에서 높은 점수를 획득하였다.

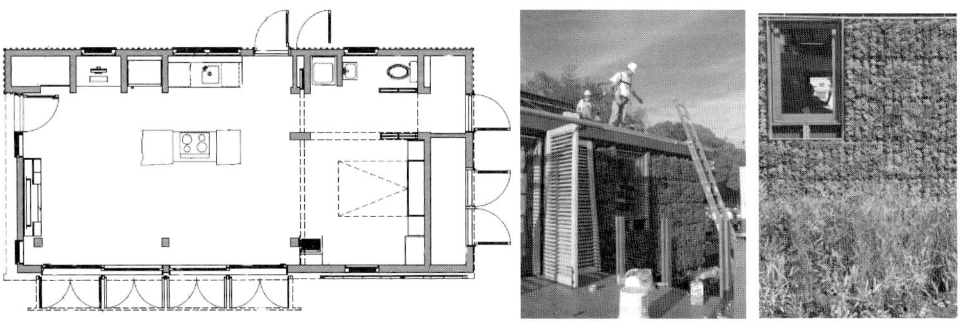

그림 11.9 2007년 메릴랜드대학안(평면, 시공과정, 입체녹화 벽체)

태양광 패널, 태양열시스템 등을 기본적으로 사용하고 있으며, 특별한 시스템으로는 유체 흡수식 장치(liquid desiccant waterfall)를 실내에 설치해서 기계장치의 도움이 없이 제습이 될 수 있도록 하여 부하를 줄이고 있다.

그림 11.10 유체 흡수식 장치

11.2 미국 넷 제로 에너지 빌딩(Net Zero Energy Building)

1) 민관공조에 의한 장기계획 수립

유럽에 비해 상대적으로 더딘 움직임을 보여 오던 미국은 2006년 이후로 본격적으로 건축물의 에너지 절감과 에너지 생산에 범국가적인 정책을 수립하고 지원을 아끼지 않고 있다. 미국정부의 의지를 가장 잘 보여주는 것이 2007년에 제정된 "연방 환경, 에너지, 교통관리 강화(Strengthening Federal Environmental, Energy, and Transportation Management 대통령령(executive order) 13423호)"와 "에너지 독립 및 안보에 관한 법률 2007(Energy Independence and Security Act of 2007)"이다. 대외적으로는 이산화탄소 배출량을 절감하기 위한 전 세계적인 합의인 교토의정서를 조인하지 않고 있다는 비난을 받고 있는 미국이지만 내부적으로 향후 국제공조를 위한 준비를 차분히 진행하고 있으며, 일차적으로 2012년을 기점으로 2030년까지 점진적인 이산화단소 배출량 감축계획을 마련하고 있다. 특히, "에너지 독립 및 안보에 관한 법"의 경우, 미국의 에너지 생산, 소비와 관련된 거의 전 분야에 대한 로드맵을 담고 있는데, 네 번째 항목이 건축물의 에너지효율 향상에 관련된 것이나. 세부적으로는 주거건물을 다루고 있는 A 섹션에서 기존 주거건물개선사업, 재생에너지 보급, 건축법규 개선에 관한 사항들을 다루고 있으며, 비주택건물을 다루고 있는 B 섹션에서는 2030년까지 모든 신축건물의 넷 제로 에너지빌딩으로의 전환이 가능하도록 하는 모든 연구를 담당할 '넷 제로 에너지 비주택 건물 구상(Net-Zero Energy Commercial Building Initiative)'을 설치하도록 하고 있다.

표 11.3 주택건설업 챌린지 사업 목표

목 표	2012	2030
에너지 스마트 홈 스케일	70	0
누적 주택수(2008년부터)	219,000	1,300,000
누적 에너지 절감량(Quas, 원에너지)	0.015	0.178
누적 에너지 절감 비용	1억 4천3백만불	17억불
누적 CO_2 감소량(만 큐빅 톤)	23.1	279.9

이러한 연방 차원의 정책은 에너지부(DOE, Department of Energy) 산하 에너지 효율 및 재생에너지센터(EERE, Energy Efficiency and Renewable Energy)의 건물 기술팀의 주관 아래 주택과 비주택 건물을 포함하는 건물 전 분야에서 에너지 절감을 위한 연구들로 뒷받침되고 있다. 주거부문의 경우, 위의 두 법안 제정 전에 이미 민관합동으로 '빌딩 아메리카(Building America)' 프로그램이 진행되고 있는데, 기준 주택에서 40%의 에너지 절감과 재생에너지를 통해서 30%의 전기를 대지 내에서 생산하는 목표를 설정하였다. 법안이 제정되면서 '주택건설업 챌린지(Builde's Challenge)'라는 새로운 프로그램을 통해서

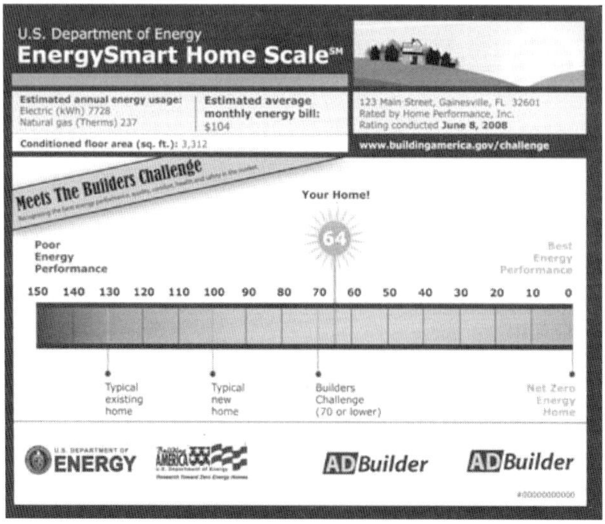

그림 11.11 에너지스마트 홈 스케일

일차적으로 2012년까지 기준 주택에서 30% 에너지 절감을 이루고, 2030년에 궁극적으로 연간 에너지 소비량을 제로로 하는 넷 제로 에너지 주택을 실현하는 것으로 목표를 수정하고 이에 따른 연구가 시작되었다. 표 11.3[17] 은 이 사업의 목표를 도식화한 것이다.

사업팀은 일반 주택구매자에게 사업의도를 쉽게 이해시키기 위해서 에너지 스마트 홈 스케일(energy smart home scale)을 도입한다. 그림 11.12에서 보이는 것처럼, 기준값인 100은 주거 에너지 서비스 네트워크(residential energy services network)라는 민관합동기구에서 설립한 주택에너지 성능평가시스템(home energy rating system)의 기준을 적용한 주택에서 소비되는 에너지양인데, 이를 통상적인 신축건물에서의 에너지 사용량 기준으로 설정하였다. 에너지 스마트 홈 스케일은 이 기준 사용량에서 30%를 절감하면 70점을 획득하게 되고, 40% 절감인 경우에는 60점을 획득하게 되는 구조이다. 인증마크 상단에는 주택의 연간 에너지 소비량과 월별 에너지 요금도 기입하도록 되어 있어서 일반 소비자들의 관심을 모으고 있다.

에너지 효율 및 재생에너지센터(EERE)는 이외에도 위에서 언급한 '넷 제로 에너지 비주거 건물 구상(Net-Zero Energy Commercial Building Initiative)'도 주도하고 있으며, 에너지 사용량 측정기준 제정 및 시뮬레이션 프로그램과 모니터링 기준 정립 등과 같은 에너지 총량규제를 실시하기 위한 연구들을 진행중에 있다. 정부의 전폭적인 지원 아래 법규, 민관합동 연구, 연구성과의 보급, 우수사례 보급 등으로 치밀하고 체계적으로 그 틀이 갖추어져서 미국의 넷 제로 에너시 빌딩은 그 성공 가능성을 높이고 있다

2) 턱산 제로에너지주택(Tucson's Zero Energy Home)

턱산 제로에너지주택은 미국정부와 민간 주택사업단의 협업을 통해서 시행된 제로에너지 주택의 파일럿 프로젝트 성격을 띠는 것으로, 면적은 약 155㎡이고, 비용은 파크델솔 주거단지의 일반주택에 비해 4만 3천 달러가 증가한 37만 6천 달러가 들었다. 표 11.4는 파크델솔 제로에너지주택에서 채택한 주요 기술들을 정리한 것으로, 파크델솔 주거단지에 건설된 일반주택과 비교 정리한 것이다. 단열성능과 기밀성능을 확보한 후에 고효율이 냉난

17) http://www1.eere.energy.gov/buildings/challenge/initiative_goals.html

그림 11.12 턱산 제로에너지주택 전경 및 평면

방설비 및 태양열, 태양광설비를 추가하였다. 이외에도 조명은 백열전구 사용을 완전히 제거하였고, 창에는 아르곤 충진 로이복층유리를 사용하였다. 가전기기의 경우에도 냉장고, 식기세척기, 세탁기, 건조기를 에너지 효율이 우수한 제품들을 선정함으로써 일반적인 가정보다 15%에 달하는 전기사용 절감효과를 이루었다.

이러한 요소기술들은 단순히 체크리스트에서 선택되어진 것이 아니라 요소기술들 상호간의 상관관계를 다양한 조합을 통해서 검증한 이후에 선택되어진 최적의 조합이다. 표 11.4에서 확인할 수 있듯이, 표 11.4에서 확인할 수 있는 최종적으로 적용된 기술들은 표 11.5에 있는 요소별 복합 에너지 절감량 확인절차를 거쳐서 확정된 것이기 때문이다. 표 11.5의 분석과정을 구체적으로 살펴보면, 지역의 주택부분 에너지 사용량 분포에서 냉방에너지가 차지하는 비중이 가장 크기 때문에 태양열에너지를 활용한 히트펌프의 사용(C)이 가장 중요한 에너지 절감요인임을 확인할 수 있다. 다음으로, 선정된 냉방시스템과 다른 요소들의 복합화의 다양한 조합에서 고효율 전등과 가전기기를 복합 적용하는 경우(C+D+E)가 다른 조합에 비해서 월등히 우수한 에너지 절감효과를 가져옴을 확인할 수 있다. 결국 이렇게 선정된 시스템과 단열성능을 확보하는 방안(A+B+C+D+E)이 결합됨으로써 최종적으로 시스템 선정작업이 완료된다. 이러한 과정은 저에너지 건물의 설계에 있어서 각 시스템간의 상호관계를 확인하는 과정을 잘 보여주는 것이다.

표 11.4 파크델솔 제로에너지주택 주요 적용기술

기술	벽 단열재	천장 단열재	욕실 환기배관
적용사진		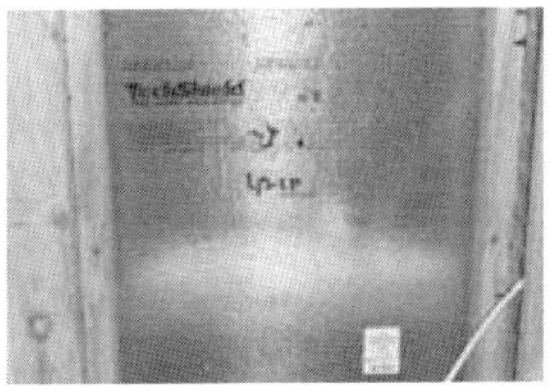	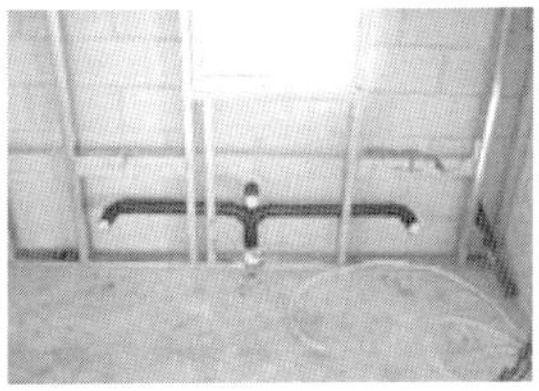
파크델솔 일반주택	1.5인치 폴리스티렌 단열재	일반 OSB	일반적인 지붕 통한 환기
제로 에너지주택	2인치 폴리스티렌 단열재	복사열반사 천장재	트랩 강제 배기 (air admittance vents)
비고	–	특히 겨울철 에너지 손실 방지에 효과적	지붕을 관통하지 않으므로 단열성능 확보 용이

기술	공조설비	태양열 온스/난방	태양광 패널
적용사진	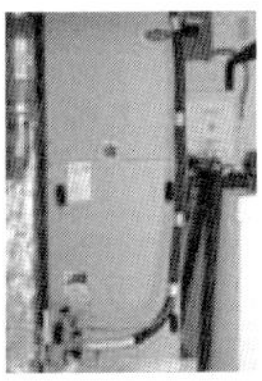 		
파크델솔 일반주택	히트 펌프 (12 SEER, 7.5 HSPF)	태양열 온수시스템 (순간가열백업시스템)	1 kWh
제로 에너지 주택	변풍량 공조설비(18-SEER)	태양열 온수난방시스템 (순간가열백업시스템)	3.5 kWh
비고	일반형 기준 에너지소비량 절반, 저속운전 · 저소음	최대 추가비용 (온수 · 난방 부하 80% 담당)	추가비용 많음

표 11.5 파크델솔 제로에너지주택 요소기술 조합별 에너지 절감량 비교 단위(kWh/yr)

대안	냉방	난방	팬	온수	조명	기기	합계	절감량
기준	3,568	621	772	1,855	1,873	3,687	12,376	0
A	3,443	530	731	1,855	1,873	3,687	12,119	257
B	3,516	611	761	1,855	1,873	3,687	12,303	73
C	2,520	200	479	158	1,873	3,687	8,917	3,459
D	3,438	687	760	1,855	1,873	3,072	11,685	691
E	3,389	714	756	1,855	779	3,687	11,180	1,196
A+B	3,391	519	719	1,855	1,873	3,687	12,044	332
A+C	2,441	200	454	158	1,873	3,687	8,813	3,563
A+D	3,309	594	717	1,855	1,873	3,072	11,420	956
A+E	3,262	619	713	1,855	779	3,687	10,915	1,461
B+C	2,486	200	472	158	1,873	3,687	8,876	3,500
C+D	2,431	200	470	158	1,873	3,072	8,204	4,172
C+E	2,398	200	467	158	779	3,687	7,689	4,687
A+B+C	2,407	200	447	158	1,873	3,687	8,772	3,604
A+B+D	3,257	583	706	1,855	1,873	3,072	11,346	1,030
A+B+E	3,210	608	701	1,855	779	3,687	10,840	1,536
A+C+D	2,349	200	445	158	1,873	3,072	8,097	4,279
A+C+E	2,317	200	442	158	779	3,687	7,583	4,793
A+D+E	3,131	688	701	1,855	779	3,072	10,226	2,150
B+C+D	2,395	200	463	158	1,873	3,072	8,161	4,215
B+C+E	2,364	200	460	158	779	3,687	7,648	4,728
B+D+E	3,208	775	734	1,855	779	3,072	10,423	1,953
C+D+E	2,311	200	459	158	779	3,072	6,979	5,397
A+B+C+D	2,315	200	438	158	1,873	3,072	8,056	4,320
A+B+C+E	2,283	200	435	158	779	3,687	7,542	4,834
A+B+D+E	3,079	676	689	1,855	779	3,072	10,150	2,226
A+C+D+E	2,228	200	434	158	779	3,072	6,871	5,505
B+C+D+E	2,277	200	453	158	779	3,072	6,939	5,437
A+B+C+D+E	2,194	200	427	158	779	3,072	6,830	5,546

A. 2인치 폴리아이소 단열재(통상적인 11/2 인치 단열재 대체)
B. R-41 천장 단열(통상적인 R-38 단열재 대체)
C. 고효율 공조기(18 SEER)와 태양열 온수난방시스템
D. 에너지 스타 등급 가전제품(냉장고, 세탁기, 건조기, 식기세척기)
E. 고효율 전등(형광등으로 통상적인 백열전구 대체)

3) 알도 레오폴드 레거시 센터(Aldo Leofold Legacy Center)

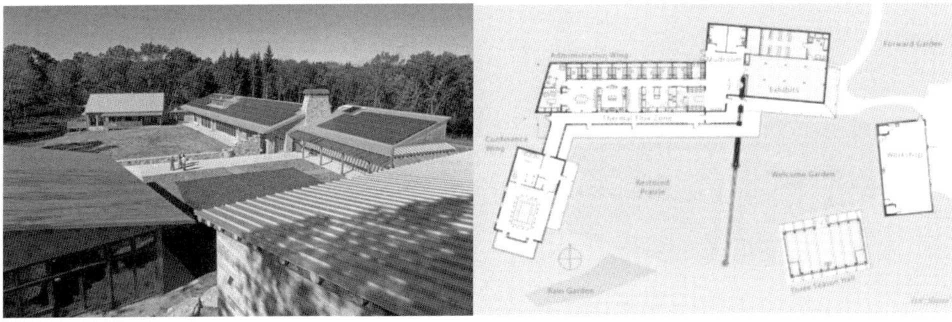

그림 11.13 알도 레오폴드 레거시 센터 전경 및 배치도

알도 레오폴드 레거시 센터는 미국 위스콘신 주 바라부(Baraboo, Wisconsin, US)에 위치하고 있으며, 미국에서 '대지 윤리(Land Ethics)'를 주창한 알도 레오폴드의 유지를 받들기 위한 재단 본부로 사무실, 회의실, 문서저장고, 워크실 등으로 이루어져 있다. 설계자인 쿠발라 와샤코 아키텍츠(Kubala Washatko Architects)는 주변 자연자원을 훼손하지 않기 위해서 기존에 시설물로 사용되었던 대지를 최대한 재활용하는 계획안을 수립하였으며, 제로에너지 건물이 될 정도의 에너지 절감 및 생산과 더불어 다양한 친환경적인 설계를 통해서 LEED 플래티넘 등급(61점, NC v.2.1)을 받았으며, 2008년 미국건축사협회 우수 그린프로젝트 10선(AIA COTE Top Ten Green Projects)과 2007년 위스콘신 주 지속가능성 및 에너지 효율 우수상(Wisconsin Sustainability & Energy Efficiency Awards) 및 동년 미국 산림협회 디자인 및 건축부분상 등(Designing and Building with FSC Award) 다수의 친환경건축 관련 상을 수상하였다.

센터는 전통적인 패시브 방식과 신기술을 적절히 사용하는 것을 목표로 설계가 진행되었다. 그림 11.14에서 볼 수 있듯이 자연채광과 자연환기를 도입하기 위해서 깊은 평면을 둘로 나누고, 사이에 상부 고측창을 설치하였다. 실내 열이 외부로 유출되는 것을 막으면서 동시에 자연채광을 적극적으로 활용하기 위해서 남쪽에 복도공간을 설치해서 겨울철에는 열적인 버퍼 존이 되고, 여름철에는 산란된 빛이 실내로 유입될 수 있도록 평면을 조정하였다. 남쪽 지붕면은 우리나라의 전통 처마와 같은 역할을 해서, 여름철에는 차양으로 겨울철에는 태양빛을 실내로 유입시킨다. 또한 남쪽 지붕면에는 태양광발전시스템을 설치해서 제로에너지 건물을 구현하고 있다. 냉·난방을 위해서는 지열시스템을 적극적으로 사용하여 바닥에 복사 냉난방시스템을 설치하였다. 표 11.6은 각 부분별로 사용된 기술들을 더욱 자세히 정리한 것이다. 이외

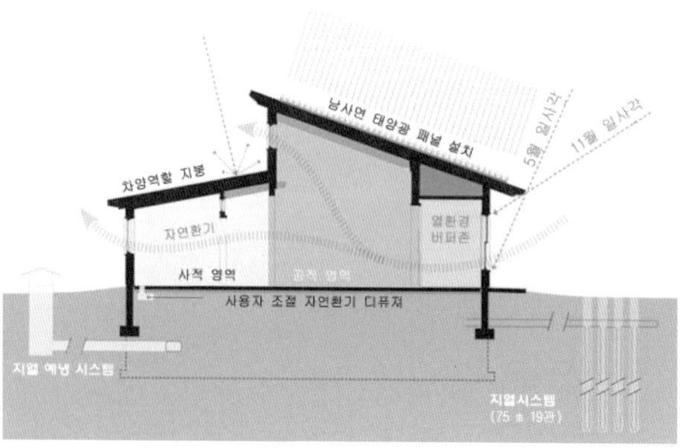

그림 11.14 알도 레오폴드 레거시 센터 개념도

표 11.6 알도 레오폴드 레거시 센터 주요 적용기술

기술	태양 유동공간	자연채광	자연환기
적용사진			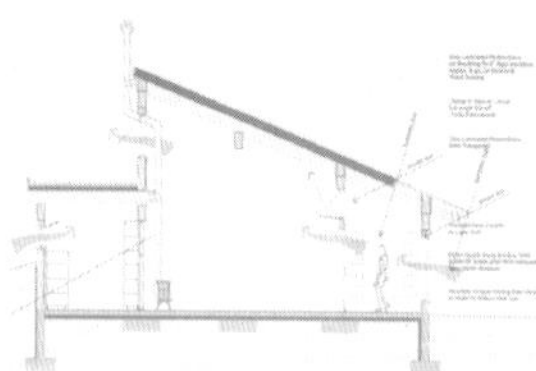
특징	자연채광을 극대화하면서 동시에 열의 외부유출 차단	북측 고측창을 통한 자연채광	북측 고측창을 통한 자연환기
기술	**지열**	**바닥 냉난방**	**태양광 발전**
적용사진		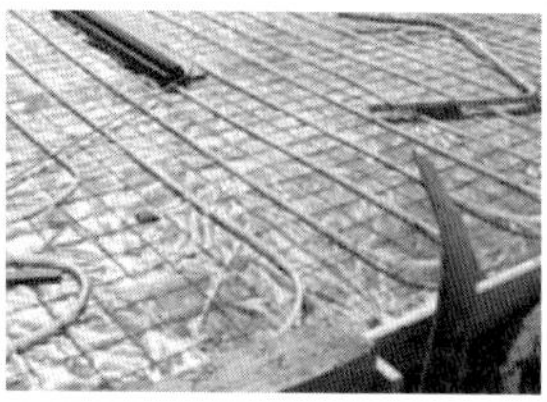	
특징	24인치 파이프를 면적 약 465㎡ 영역에 직선거리 180미터 설치하여 20~32℃ 외기 ~23℃로 변환	지열시스템을 이용한 바닥 냉난방 여름철의 경우 결로점 이하 온도에서만 가동	39.6 kWp 규모로 연간 60~70MkW 전력 생산

에도 실내공기질을 위해서 친환경 자재들을 사용하고 우수를 재활용하기 위한 수로 및 저류지 설치 등 다양한 분야에서 친환경 건축의 특성들이 구현되었다. 또한 센터의 입지를 최대한 활용하여 겨울철 혹한기의 경우에는 부족한 난방에너지를 주변의 폐목재를 활용한 벽난로를 가동함으로써 외부의 화석연료 구입이 필요 없게 되었다.

이러한 다양한 노력들을 통해서 알도 레오폴드 레거시 센터는 동종의 건축물에 비해서 최고 60% 이상의 에너지를 절감하게 되었고, 대폭 절감된 양의 에너지는 지붕에 설치한 태양광발전을 통해서 전량 공급함으로써 제로에너지 빌딩이 될 수 있었다. 이러한 노력의 결과로 센터가 사용하는 에너지양을 부분별로 시뮬레이션한 결과[18]로 비슷한 성격의 다른 건축물과 비교한 표 11.7 오른쪽 그래프는 에너지 절감 전략들을 통해서 에너지 사용량을 획기적으로 절감한 이후에 대지 내 에너지 생산량을 늘림으로써 순에너지 소비량을 제로 이하, 즉 에너지를 생산하는 건물로 계획하는 넷 제로 빌딩의 특성을 잘 보여주고 있다.

표 11.7 알도 레어폴드 레거시 센터 연간 에너지소비량 분포 및 일반건축물과의 비교

구분	총량 (MJ)	단위면적당량 (MJ/m²)
난방	65,800	80
냉방	8,370	10.2
조명	54,600	49.5
팬·펌프	28,200	25.5
전기기기	35,700	32.3
온수	2,630	2.38

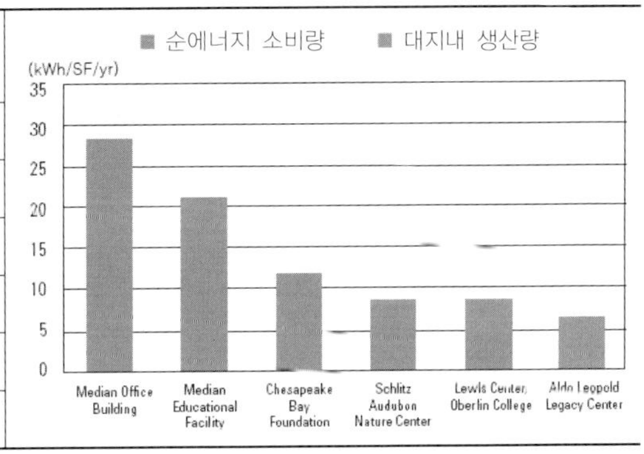

18) 에너지 사용량 분포는 www.aiatopten.org, 타 건물과의 에너지 사용량 비교는 www.aldoleopold.org 자료를 취합한 것임.

12

유럽 사례

12.1 유럽의 패시브하우스(Passive House) 발전

패시브하우스란 단어는 다양한 기술, 설계, 재료의 유기적 연관에 의한 시공표준으로 정의된다. 이는 근본적으로 저에너지 건축기준(low energy house standard) 개념을 재정립한 것으로, 통상적인 냉·난방설비 없이 겨울과 여름철에 쾌적한 실내환경을 제공하는 것이다[Adamson(1987년, 스웨덴)과 Feist(1988년, 독일)]. 이를 구현하기 위해서 건물의 난방부하는 10W/m²를 초과해서는 안 되며, 최소 연간난방부하는 대략 15kWh/(m²a) 이내가 되어야 한다. 이 요건이 성립됐을 때, 80% 이상의 에너지를 절감할 수 있게 된다. 또한, 80% 이상 에너지가 절감된 건축물의 경우 신재생에너지의 적용에 보다 신뢰성과 융통성을 제공하게 되므로 제로에너지주택, 나아가서 에너지 생산 주택의 개념을 포괄할 수 있게 된다.

최초의 패시브하우스는 독일 헤센 주의 경제부의 지원하에 1991년 Prof. Bott와 Ridder, Westermeyer의 설계로 독일의 다름슈타트(Darmstadt) 북쪽의 Kranichstein(그림 12.1 참조)에 완공되었으며, 그 이후 Wuestenrot-Stiftung 와 헤센(Hessen)주 환경처의 지원 아래 모니터링이 이루어졌다. 순수 난방을 위한 에너지 소비는 평균 12 kWh/m²a(등유기준 1.2리터)로 기존의 지어진 건물의 평균보다 약 20분의 1의 소비량을 보여주고 있으며, 전체 에너지 소비량(난방, 온수, 환기 그리고 가정의 전기 사용 포함)은 측정결과 33 kWh/m²a(등유기준 3.3리터)로 나타났다(출처 : Passivhaus Institut).

12.2 케페우스(Cepheus)

최초의 패시브하우스 완공 이후 유럽에서는 패시브하우스(초에너지절약 주택) 시범 보급 사업인 Cepheus(Cost efficient passive house as european standards) 프로젝트[19]가

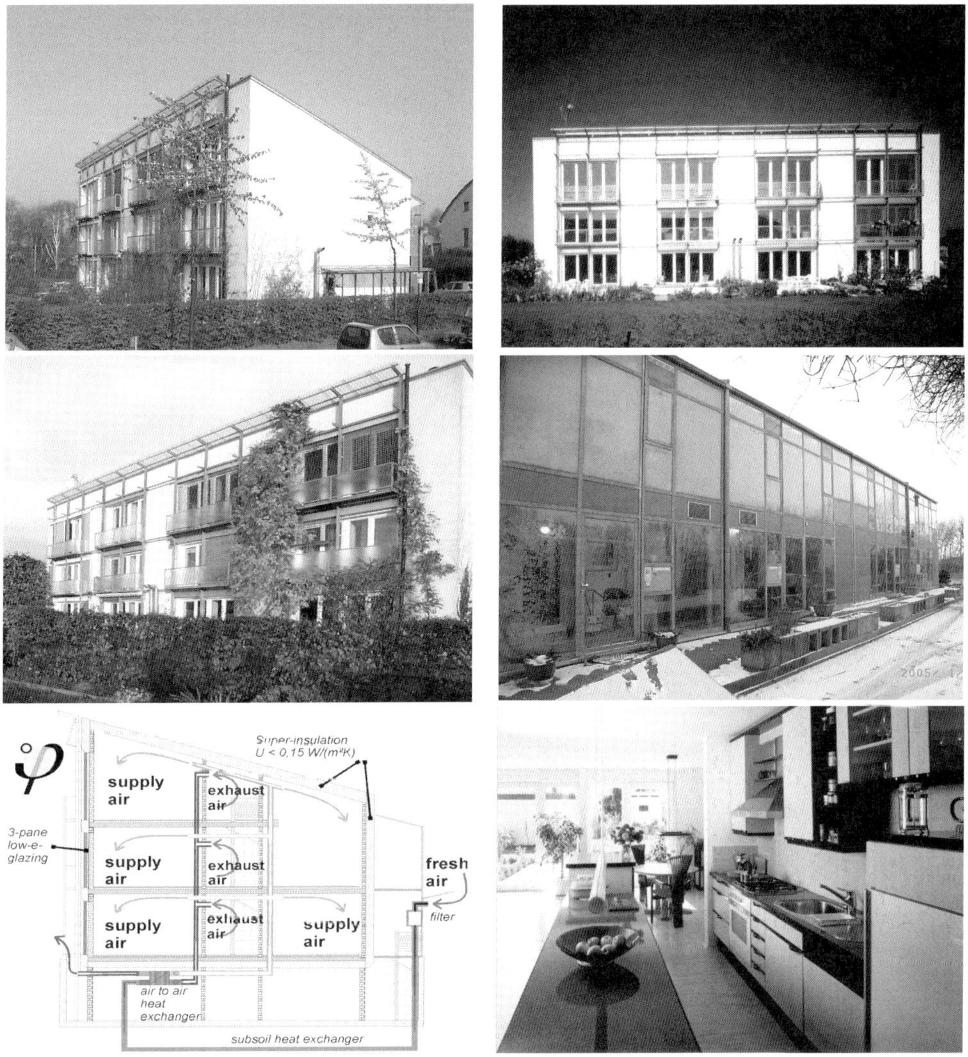

그림 12.1 최초의 패시브하우스와 적용기술 개요(출처 : Passivhaus Institut)

19) 5개국(독일, 스웨덴, 오스트리아, 스위스, 프랑스) 참여, 250세대 시공, 130여 세대 실제모니터링.

그림 12.2 유럽에서 수행되었던 케페우스 프로젝트

2001년에 마무리되면서 현재는 독일, 오스트리아, 스위스를 중심으로 10,000여 세대의 초에너지 절약 주택이 본격적으로 보급되고 있다. 본 장에서는 케페우스 프로젝트를 중심으로 패시브하우스의 사례를 소개하고자 한다.

CEPHEUS 01 독일, Hannover-Kronsberg

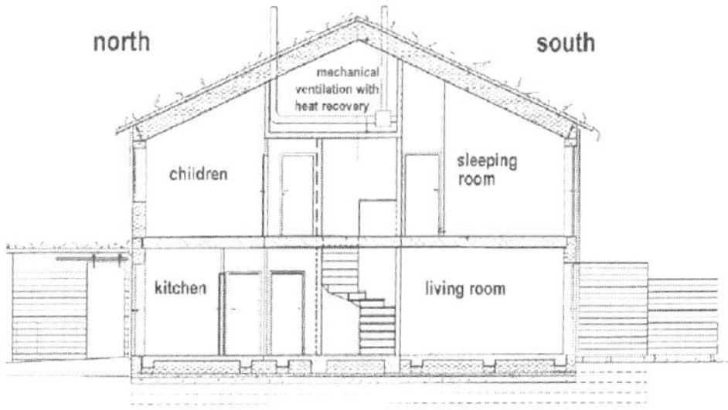

프로젝트 개요	
위치	D-30539 하노버, 독일
개발자/건축주	Rasch & Partner GmbH, Dipl.-ing. F. Rasch, Darmstadt
건축가	Dipl.-ing. Arch. P. Grenz, Dipl.-ing. F. Rasch
엔지니어	inPlan GmbH
시공기간	1998. 1 ~ 1998. 12
건물형태	테라스 하우스
사용형태	주인 직접 거주
세대수	32세대
건축면적	3805㎡
Construction	
건물구조	내력구조, 박공벽 : Prefab.콘크리트 외벽 및 지붕 : Prefab 경량목재
창호사양	3중 로이유리, TSET : 60%, 우드-알루미늄(단열) 적용
열관류율(W/㎡K)	경량목재 벽체 : 0.13, 박공벽 : 0.10, 측면 테라스 지하천장 : 0.10 중간 테라스 지하천장 : 0.13, 지붕 : 0.10, 유리 : 0.75, 창호프레임 : 0.57, 전체창호 : 0.83
Building Service	
난방	보조 대류난방 및 욕실 라디에이터, 지역난방 공급
환기	전열교환 환기시스템
급탕	태양열급탕(집열기 면적 4㎡, 300리터 저장탱크, 태양열 50% 담당)
Energy Parameters	
난방면적	Jangster de Lux house type : 119.5㎡ Jangster house type : 97㎡ 123 house type : 75㎡
난방에너지(실측)	15.3kWh/㎡a
난방에너지(계산)	11.8kWh/㎡a

CEPHEUS 02 독일, Kassel

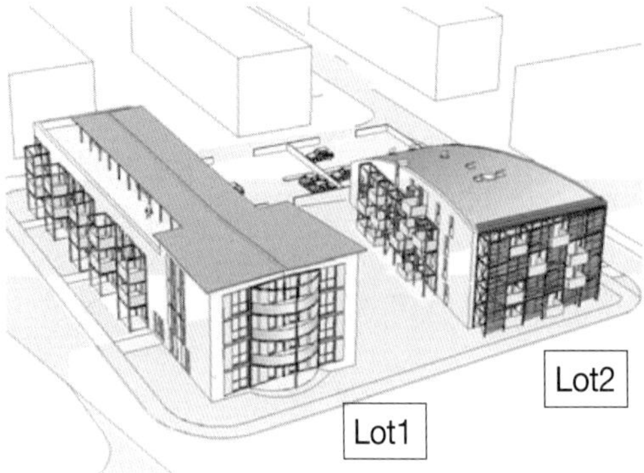

프로젝트 개요	
위치	D-34131 카셀, 독일
건축주	GWG
건축가	Lot1 : Hegger/Hegger/Schleif(HHS) Lot2 : Schneider 교수
엔지니어	Klute & Klute InnovaTec Energiesysteme GmbH, Kassel
시공기간	1999.4~2000.6
건물형태	공동주택
사용형태	임대주택
세대수	40세대(Lot1 : 23, Lot2 : 17)
건축면적	3164㎡
Construction	
시공형태	리모델링(외벽 외단열시스템 보강)
창호사양	3중 로이 유리, TSET : 42%, 단열보강 PVC프레임
열관류율(W/㎡K)	외벽 : 0.13, 지하천장: 0.11, 지붕 : 0.11, 유리 : 0.6, 창호프레임 : 0.8, 전체창호 : 0.82
Building Service	
난방	보조 대류난방 및 욕실 라디에이터, 지역난방공급
환기	전열교환기 중앙식, 환기분배장치 개별식
급탕	중앙급탕(800리터 저장탱크, 지역열원을 통한 열공급)
Energy Parameters	
난방면적	Lot1 : 1802㎡/ Lot2: 1253㎡
난방에너지(실측)	Lot1 : 15.1kWh/㎡a(연간 측정 후 보간) Lot2 : 모니터링 X
난방에너지(계산)	Lot1 : 13.4kWh/㎡a Lot2: 15.0 kWh/㎡a

CEPHEUS 03 스웨덴, Gothenburg

프로젝트 개요	
위치	S-427 42 Bildal
개발자/건축주	Egnahemsbolaget, Gothenburg
건축가	EFEM arkitektkontor, Arch. Hans Eek, Gothenburg
엔지니어	Bengt Dahlgren AB, Gothenburg
시공기간	1999.12 ~ 2001.5
건물형태	테라스하우스
사용형태	주인 직접 거주
세대수	20세대
건축면적	2704㎡
Construction	
시공형태	목구조
창호사양	복층 로우코팅, TEST 40%, 우드프레임
열관류율(W/㎡K)	외벽 : 0.08, 바닥 : 0.09, 지붕 : 0.07, 유리 : 0.7 창호전체 : 0.88
Building Service	
난방	전기히터
환기	전열교환 환기시스템
급탕	태양열급탕(집열기 면적 5㎡, 500리터 저장탱크/가구당)
Energy Parameters	
난방면적	2635㎡
난방에너지(실측)	모니터링 중
난방에너지(계산)	12.4kWh/㎡a

CEPHEUS 04 오스트리아, Egg

프로젝트 개요	
위치	A-6863 Egg, Vorarlberg, Austria
개발자/건축주	Kohler Wohnbau GmbH, Andelsbuch
건축가	Fink & Thurnher, Bregenz
엔지니어	Michael Gutbrunner, Dornbirn
시공기간	1999.12 ~ 2000.9
건물형태	다세대 주택
사용형태	주인 직접거주
세대수	4
건축면적	400㎡
Construction	
시공형태	조적조(외단열시스템)
창호사양	3중 로이유리, TEST 53%, 우드프레임
열관류율(W/㎡K)	외벽 : 0.12, 바닥 : 0.14, 지붕 : 0.10, 유리 : 0.7, 창호프레임 : 1.25 창호전체 : 0.85
Building Service	
난방	지중덕트 이용 외기예열, 히트펌프 이용 바닥난방
환기	전열교환 환기시스템
급탕	태양열급탕(집열기 면적 35㎡, 1,000리터 저장탱크 2EA)
Energy Parameters	
난방면적	310㎡
난방에너지(실측)	24.5kWh/㎡a
난방에너지(계산)	15.7kWh/㎡a

CEPHEUS 05 오스트리아, Horbranz

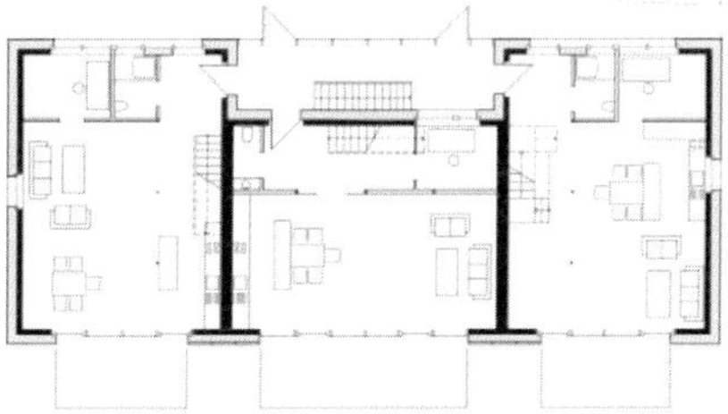

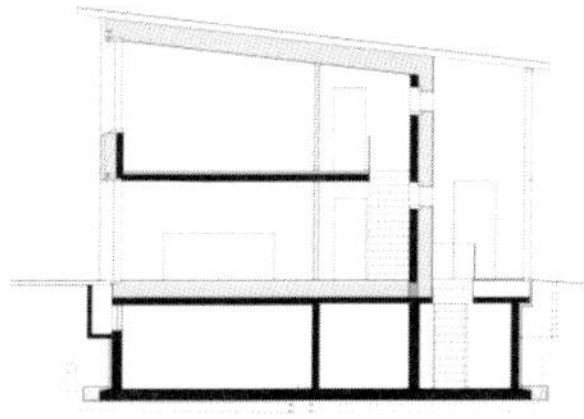

프로젝트 개요	
위치	A-6912 Horbranz, Vorarlberg, Austria
개발자/건축주	Hofer/Ostele/Amann
건축가	Ing. Richard Caldonazzi, Frastanz
엔지니어	Ing. Christof Drexel, Bregenz
시공기간	1998.10 ~ 1999.6
건물형태	테라스하우스
사용형태	주인 직접 거주
세대수	3
건축면적	394㎡
Construction	
시공형태	조적소(외단열시스템)
창호사양	3중 로이유리, TEST 47%, 우드프레임
열관류율(W/㎡K)	외벽 : 0.10, 바닥 : 0.11, 지붕 : 0.09, 유리 : 0.6, 창호프레임 : 1.12 창호전체 : 0.83
Building Service	
난방	지중덕트 이용 외기예열, 수/공기방식 열교환에 의한 보조히터백업장치로 히트펌프 또는 가스보일러
환기	전열교환 환기시스템
급탕	facade 통합 태양열급탕(집열기 면적 18㎡/세대당, 3,000리터 저장탱크 1EA)
Energy Parameters	
난방면적	381 ㎡
난방에너지(실측)	7.5kWh/㎡a
난방에너지(계산)	13.8 kWh/㎡a

CEPHEUS 06 오스트리아, Wolfurt

프로젝트 개요	
위치	A-6922 Wolfurt, Vorarlberg, Austria
개발자/건축주	Errichtergemeinschaft Passivhaus Wolfurt-Oberfeld
건축가	Dipl.-Ing. Gerhard Zweier, Wolfurt
엔지니어	GMI, Dornbirn & Ing. Christof Drexel, Bregenz
시공기간	1998.10 ～ 1999.6
건물형태	테라스하우스
사용형태	주인 직접 거주
세대수	3
건축면적	394㎡
Construction	
시공형태	조적조(외단열시스템)
창호사양	3중 로이유리, TEST 47%, 우드프레임
열관류율(W/㎡K)	외벽 : 0.10, 바닥 : 0.11, 지붕 : 0.09, 유리 : 0.6, 창호프레임 : 1.12 창호전체 : 0.83
Building Service	
난방	지중덕트 이용 외기예열, 수/공기방식 열교환에 의한 보조히터 백업장치로 히트펌프 또는 가스보일러
환기	전열교환 환기시스템
급탕	facade 통합 태양열 급탕(집열기 면적 18㎡/세대당, 3,000리터 저장탱크 1EA)
Energy Parameters	
난방면적	381㎡
난방에너지(실측)	7.5kWh/㎡a
난방에너지(계산)	13.8kWh/㎡a

CEPHEUS 06 오스트리아, Dornbirn

프로젝트 개요	
위치	A-6850 Dornbirn, Vorarlberg, Austria
개발자/건축주	Fussenegger & Rummele Gmbh, Dornbirn
건축가	Gotzis
엔지니어	Drexel GmbH, Bregenz
시공기간	1999.4 ~ 1999.10
건물형태	단독주택
사용형태	전시용 주택
세대수	1
건축면적	124.6㎡
Construction	
시공형태	RC조 천장의 철골구조, Prelab, 경량 목조벽
창호시양	3중 로이유리, TEST 53%, 우드프레임
열관류율(W/㎡K)	외벽1: 0.12, 외벽2 : 0.09, 바닥 : 0.14, 지붕 : 0.10, 유리 : 0.70, 창호프레임 : 1.5 창호선체 : 0.89
Building Service	
난방	지중덕트 이용 외기예열, 환기통합 공기/수방식 히트펌프 백업장치로 히트펌프 또는 가스보일러
환기	전열교환 환기시스템
급탕	태양열 급탕(집열기 면적 6㎡ 190리터 저장탱크는 통합환기시스템에 내장)
Energy Parameters	
난방면적	125㎡
난방에너지(실측)	33.2kWh/㎡a
난방에너지(계산)	19.7kWh/㎡a

CEPHEUS 08 오스트리아, Gnigl

프로젝트 개요	
위치	A-5020 Salzburg-Gnigl, Salzburg, Austria
개발자/건축주	Heimat Osterreich, Salzburg
건축가	Atelier 14, Mag. Erich Wagner, Mag. Walter Scheicher, Salzburg
엔지니어	Eco Energie-systeme, Dornbirn/ Energie und Bau Institut
시공기간	1999.11 ~ 2000.9
건물형태	다세대주택
사용형태	정부지원 주택
세대수	6
건축면적	332㎡
Construction	
시공형태	RC조, 경량벽체
창호사양	3중 로이유리 크립톤 충진, TEST 47%, 우드-알루미늄 프레임
열관류율(W/㎡K)	외벽 : 0.11, 바닥 : 0.13, 지붕 : 0.10, 유리 : 0.60, 창호프레임 : 0.8 창호전체 : 0.77
Building Service	
난방	중앙난방 3,200리터 저장탱크(펠릿보일러와 태양열)
환기	전열교환 환기시스템
급탕	펠릿보일러와 태양열 급탕(중앙식)
Energy Parameters	
난방면적	328㎡
난방에너지(실측)	25.7kWh/㎡a
난방에너지(계산)	24.0kWh/㎡a

CEPHEUS 09 오스트리아, Kuchl

프로젝트 개요	
위치	A-5431 Kuchl, Salzburg, Austria
개발자/건축주	Spiluttini Bau GmbH, Schwarzach
건축가	Bau Sparer Heim Siedlungsgemeinschaft, Salzburg
엔지니어	Team Pongau 3/ Dipl.-Ing. Erich Six
시공기간	1999.6 ~ 2000.6
건물형태	다세대 주택
사용형태	정부지원 주택
세대수	25
건축면적	1818㎡
Construction	
시공형태	RC조 천장 철기둥, 경량벽체
창호사양	3중 로이유리, TEST 50%, 우드-알루미늄 프레임
열관류율(W/㎡K)	외벽 : 0.13, 바닥 : 0.15, 지붕 : 0.10, 유리 : 0.70, 창호프레임 : 0.73 창호전체 : 0.80
Building Service	
난방	우드펠릿보일러와 태양열 집열판(75㎡), 3,000리터 저장탱크
환기	전열교환 환기시스템
급탕	중앙버퍼탱크 및 세대별 150리터 저장탱크
전기	PV(300Wp)
Energy Parameters	
난방면적	1798㎡
난방에너지(실측)	14.3kWh/㎡a
난방에너지(계산)	15.1kWh/㎡a

CEPHEUS 10 오스트리아, Hallein

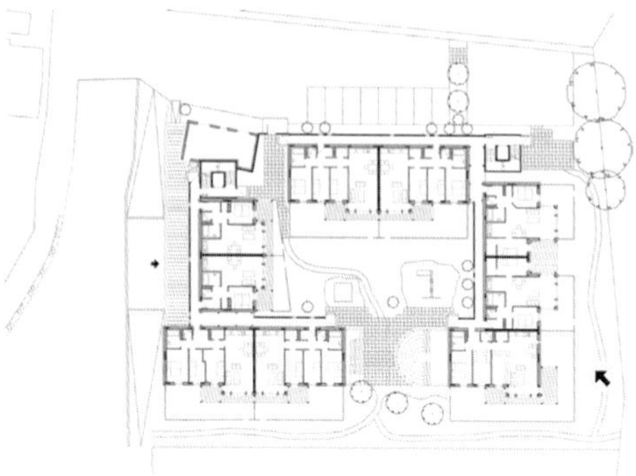

프로젝트 개요	
위치	A-5400 Hallein, Salzburg, Austria
개발자/건축주	Experta Wohnbau-GmbH
건축가	Otmar Essl, Hallein
엔지니어	Erich Pusterhofer, Furstenbrunn Dipl.-Ing. Lukas & Dipl.-Ing. Fischer, Salzburg-Wals
시공기간	1999.10 ~ 2000.12
건물형태	다세대주택
사용형태	주인 직접 거주
세대수	31
건축면적	2335㎡
Construction	
시공형태	철골기둥에 목재프레임, 단열두께 380mm(EPS & 암면)
창호사양	3중 로이유리, TEST 53%, 폴리우레탄폼 충진 PVC 창호
열관류율(W/㎡K)	외벽1 : 0.11, 외벽2 : 0.16, 바닥 : 0.11, 지붕 : 0.11, 유리 : 0.70, 창호프레임 : 0.75 창호전체 : 0.79
Building Service	
난방	우드펠릿보일러와 태양열 집열판(120㎡), 5,000리터 저장탱크를 이용한 중앙식 저온난방방식
환기	전열교환 환기시스템
급탕	우드펠릿보일러와 태양열 집열판
Energy Parameters	
난방면적	2318㎡
난방에너지(실측)	모니터링 중
난방에너지(계산)	13.9kWh/㎡a

CEPHEUS 11 오스트리아, Horn

프로젝트 개요	
위치	A-3580 Horn, Lower Austria
건축주	Buhl Bauunternehmens GmbH
건축가	Dr. Dipl.-Ing. Martin Treberspurg, Vienna
엔지니어	Dipl.-Ing. Wilhelm Hofbauer, Vienna
시공기간	1999.4 ~ 2000.3
건물형태	단독주택
사용형태	주인 직접 거주
세대수	1
건축면적	179㎡
Construction	
시공형태	남 : 셀룰로오스 난열재와 목재, 동·서·북 : 조적
창호사양	3중 로이유리, TEST 53%, 우드프레임 창호
열관류율(W/㎡K)	외벽 : 0.10, 바닥 : 0.13, 지붕 : 0.09, 창호전체 : 0.80
Building Service	
난방	지중 열교환기에 의한 예열, 우드펠릿 오븐과 태양열 집열판(10㎡), 800리터 저장탱크를 이용한 난방방식
환기	전열교환 환기시스템
급탕	우드펠릿 오븐과 태양열 집열판(200리터)
Energy Parameters	
난방면적	173㎡
난방에너지(실측)	29.0kWh/㎡a
난방에너지(계산)	16.2kWh/㎡a

CEPHEUS 12 오스트리아, Steyr

프로젝트 개요	
위치	A-4407 Steyr-dietach, Upper Austria
건축주	Procon Gesellschaft fur Dort- and Regionalentwicklung, Dietach
건축가	Procon, Ing. Ganglberger, Dietach
엔지니어	Energie-Institu, G Baumgartner, P. Hausdorfer, Linz
시공기간	1999.9 ~ 2000.2
건물형태	테라스하우스
사용형태	주인 직접 거주 및 임대
세대수	3
건축면적	512㎡
Construction	
시공형태	Sand-lime 벽돌에 외단열시스템
창호사양	3중 로이유리, TEST 53%, 폴리우레탄 충진 PVC 창호
열관류율(W/㎡K)	외벽 : 0.13, 바닥 : 0.12, 지붕 : 0.09, 유리 : 0.70, 창호프레임 : 0.75, 창호전체 : 0.77
Building Service	
난방	지중 열교환기에 의한 예열, 가스보일러와 태양열 집열판(5.4㎡), 390리터 저장탱크를 이용한 대류난방
환기	전열교환 환기시스템
급탕	가스보일러와 태양열 집열판(390리터)
Energy Parameters	
난방면적	467㎡
난방에너지(실측)	18.1kWh/㎡a
난방에너지(계산)	12.3kWh/㎡a

CEPHEUS 13 스위스, Nebikon

프로젝트 개요	
위치	CH-6244 Nebikon, 루체른, 스위스
시공기간	1999.5 ~ 1999.11
건물형태	테라스하우스
사용형태	주인 직접 거주
세대수	5
건축면적	641㎡
Construction	
시공형태	목조주택
창호사양	3중 로이유리, TEST 42%, 우드알루미늄 프레임
열관류율(W/㎡K)	외벽 : 0.11, 바닥 : 0.11, 지붕 : 0.11, 유리 : 0.60, 창호프레임 : 1.20, 창호전체 : 0.88
Building Service	
난방	지중 열교환기에 의한 예열, 패키지형 통합 냉난방 환기시스템
환기	전열교환 환기시스템
급탕	패키지형 통합 냉난방 환기시스템
Energy Parameters	
난방면적	613㎡
난방에너지(실측)	21.0kWh/㎡a
난방에너지(계산)	15.0kWh/㎡a

최근 패시브하우스 사례

- 리모델링 주택(1961, 2006, Nurnberg)
- 개수 전 에너지소비량 : 167kWh/m²·a
- 개수 후 에너지소비량 : 29kWh/m²·a
- 난방면적 : 186m²
- 공사비용 : 1236Euro/m²(전면 개·보수)

- 신축 단독주택(2006, Nurnberg)
- 에너지소비량 : 14.9kWh/m²·a
- 난방면적 : 115m²
- 공사비용 : 1374Euro/m²

최근 패시브하우스 사례

- 리모델링 주택(1982, 2007, Nurnberg)
- 개수 전 에너지소비량 : 105kWh/㎡·a
- 개수 후 에너지소비량 : 27kWh/㎡·a
- 난방면적 : 268㎡
- 공사비용 : 300Euro/㎡(부분 개·보수)

- 신축단독주택(2007, Kerbach/Forchheim)
- 에너지소비량 : 14.9kWh/㎡·a
- 난방면적 : 215㎡
- 공사비용 : 1307Euro/㎡

최근 미네기 하우스, Minergie House 사례

- 신축공동주택(2002, Zurich)
- 에너지소비량 : 14.0 kWh/㎡·a
- 난방면적 : 1384㎡(6세대)
- 공사비용 : 630CHF(스위스프랑)/㎥
- 스위스 최초의 제로에너지 공동주택
- 2002년 유로피안 Solar Prize 수상
- Minergie ZH-305인증

- 신축 오피스건물(2007, Kemptthal)
- 에너지소비량 : 7.8 kWh/㎡·a
- 바닥면적 : 1452㎡
- 공사비용 : 565CHF(스위스프랑)/㎥
- 스위스 최초의 제로에너지 오피스빌딩
- 2007년 스위스 Solar Prize 수상
- Minergie-P-ECO인증

참고문헌

1. 구성한·조재훈·여명석·김광우, "실측을 통한 초고층 주거건물의 기밀도 특성에 관한 연구", 대한건축학회학술발표논문집 제 24권 제 1호, 2004.
2. 목질펠릿사업과 시장구조(일본의 사례조사), 류재윤
3. 박선효·박용승·원종서·최영락, 초에너지절약형 건물 3L House의 주요 적용 기술, 한국생태환경건축학회 학술발표대회 논문집, 통권 9호, 2005, pp.183-188
4. 솔라 데카슬론 공식 홈페이지 www.solardecathlon.org
5. 알도 레오폴드 재단 www.aldoleopold.org
6. 에너지자립형 태양에너지 주택 상용화 모델 개발(II)(KIER-A82408), 한국에너지기술연구원, 2008.2.
7. 우드펠릿의 슬러지, 정종섭
8. 원종서·박선효·박용승, 3리터 하우스 설계를 위한 건축요소의 에너지성능평가, 대한건축학회 학술발표대회(창립60주년 기념) 논문집 : v.25 n.1(2005-10)
9. 원종서, 초에너지절약주택(3리터 하우스)의 설계 및 시공, 설비저널, 2005.12
10. 윤종호, "그린빌리지 조성방법 및 보급활성화 방안". 제6회 에너지관리공단 태양열이용기술세미나, 2004. 3.26
11. 윤종호, "미래의 먹거리, 에너지와 탄소제로주택", 삼성전자사보, SAMSUNG e-family, 2009.9.
12. 윤종호, "유럽사례를 통해 본 태양열 시스템의 보급현황 및 향후 추진 방향", 에너지관리공단 제7회 태양열이용 기술 세미나, 2005.3.
13. 윤종호·백남춘·유창균·김종일, "에너지자립형 태양열 주택의 설계 및 시공방법 체크리스트 수립연구", 2005 한국신재생에너지학회 춘계학술대회 논문집, 제주 라마다호텔 2005. 6.17
14. 윤종호·백남춘, "한국에서 제로에너지하우스의 현황과 전망", 광주환경연합 에너지대안센터 "태양건축과 에너지 전환" 2003.10.
15. 이경회, 건축환경계획, 문운당, 2002 ISBN 89-7393-043-5
16. 이경회, 건축환경설비, 문운당, 143
17. 이광호·김상민·박용후·문장수·손장열, "초고층 주상복합 아파트의 기밀 성능 및 연돌효과 특성에 관한 연구", 대한건축학회논문집 계획계 제21권 제12호, 2005.
18. 이상우 외 9인, 건축환경계론, 태림문화사 ISBN-13:978898205006
19. 이필열·토르텐 쉬체 외, 패시브하우스 에너지체계 설계 및 집단에너지 연계방안 연구, 한국지역난

방공사, 2007.
20. 제로에너지건물 우수사례 데이터베이스 zeb.buildinggreen.com/
21. 지능형 빌딩 시스템의 입문과 응용, (사)IBS KOREA 저
22. 지하 열 자원 기술연구회 활동보고서, 송윤호 외, 2004.
23. 한국에너지기술연구원, “보급형 제로에너지 하우스 개발 (I)-(III)”, 한국에너지기술연구원 보고서, KIER-A12205, 2004.
24. Advanced Energy Design Guides www.ashrae.org/technology/page/938 AIA COTE Top 10 www.aiatopten.org
25. Anne Grete Hestnes, et.al., (1997) Solar Energy Houses, IEA, James & James
26. ArchitectureWeek, Aldo Leopold Legacy Center, October, 2007
27. B. Griffith, N. Long, P. Torcellini, and R. Judkoff, “Assessment of the Technical Potential for Achieving Net Zero-Energy Buildings in the Commercial Sector”, NREL/TP-550-41957 , National Renewable Energy Laboratory, 2007
28. BRE, The Government's Standard Assessment Procedure for Energy Rating of Dwellings, 2005 version 9.82, p.151
29. BuildingGreen.com 우수사례 데이터베이스
30. CLEAN ENERGY PROJECT ANALYSIS : BIOMASS HEATING PROJECT ANALYSIS CHAPTER”, RETScreen International Clean Energy Decision Support Centre
31. COM(97) 599 of 26.11.1997 Energy for the Future: Renewable Sources of Energy - White Paper for a Community Strategy and Action Plan
32. COMMISSION SERVICES PAPER, “ENERGY FOR THE FUTURE : RENEWABLE SOURCES OF ENERGY, Community Strategy and Action Plan”, CAMPAIGN FOR TAKE-OFF, DG XVII
33. Energy Efficiency and Renewable Energy-Sunspace Basics, DOE/CHI0093-350 FS124, November 1994.
34. Energy Smart Home Scale www1.eere.energy.gov/buildings/challenge/ energysmart.html
35. European high quality Low Energy Buildings 용어정리
36. Ground-Source Heat Pump- Engineering Manual, Caneta Research Inc.
37. Harris Poirazis, “Double Skin Façades for Office Buildings”, Division of Energy and Building Design Department of Construction and Architecture Lund Institute of Technology, Lund University, 2004., Report EBD-R-04/3

38. Hestnes, A.G., Advanced Solar Low Energy Buildings: An Update of Task 13 of the IEA's Solar Heating and Cooling Programme, in Sun World, Volume 16, Number 3, Sept. 1992. 17
39. http://en.wikipedia.org/wiki/Zero_energy_building
40. http://kr.blog.yahoo.com/maars63/1147.html?p=1&pm=l&tc=4&tt=1232539801
41. http://search.naver.com/search.naver?where=nexearch&query=presshilfsmittel&sm=top_hty&fbm=1
43. http://solar.colorado.edu/2002
44. http://www.flickr.com/photos/wnprimages/2589576609
45. http://www.learn.londonmet.ac.uk/packages/euleb/en/glossary/index16.html
46. http://www.maineenergysystems.com/savings_calculator.htm
47. http://www.nishimatsu.co.jp/
48. http://www.solardecathlon.de/
49. http://www.solarteam.org
50. IEA Annex 35(2002). Principle of Hybrid Ventilation. Aalborg Univ., Aalborg, Denmark. IEA HPC 자료
51. Jurgen Shnieders, CEPHEUS-measurement results from more than 100 dwelling units in passive houses, ECEEE, 2003.
52. Karsten Voss and Mark Riley, "Annex Final Revised: Towards Net Zero Energy Solar Buildings" IEA SHC Task 40 - ECBCS ANNEX 52
53. KIER, 2004, "Development of Zoro energy Solar House (I)-(III)", Technical Reports of KIER, KIER-A12205
54. "Low Carbon Heating with Wood Pellet Fuel", A Report by XCO2 conisbee Ltd Main Sponsor: Pilkington Energy Efficiency Trust Co Sponsor: Envirogen Sustainable Resources Ltd
55. Low Carbon Heating with Wood Pellet Fuel", A Report by XCO2 conisbee Ltd Main Sponsor: Pilkington Energy Efficiency Trust Co Sponsor: Envirogen Sustainable Resources Ltd
56. Mark Eastment et al., Solar Decathlon 2002:The Event in Review, US Department of Energy, Energy Efficiency and Renewable Energy, 2002

57. Michael Morley, (2000) Structual Insulated Panels(SIPS), The Taunton Press, Inc
58. NAHB Research Center , FINAL REPORT:ZERO ENERGY HOME ARMORY PARK DEL SOL, KAAA-2-31494-00, 2004
59. NAHB Research Center, THE POTENTIAL IMPACT OF ZERO ENERGY HOMES, 2006.
60. National Science and Technology Council, Federal Research and Development Agenda for Net-Zero Energy, High Performance Green Buildings, October 2008.
61. Net-Zero Energy Commercial Building Initiative www1.eere.energy.gov/buildings/
62. Norbert Lechner, "Design Methods for Architecture Heating Cooling Lighting" WILEY-INTERSCIENCE, ISBN 0-471-62887-5
63. P. Torcellini, S. Pless, and M. Deru, Zero Energy Buildings: A Critical Look at the Definition, Conference Paper NREL/CP-550-39833, June 2006
64. Pamela Murphy et.al., (1997) Solar Energy Activities in IEA Countries - 1997, A report of the IEA Soalr Heating and Cooling Programme.
65. "Pellet Boiler USP 10-30kW, USV D 40-100kW Technology and Planning", KWB biomasseheizungen.
66. Planning and Installing, Solar Thermal Systems - A guide for installers, architects and engineers, Published by James & James (Science Publishers) Ltd in the UK and USA in 2005, The German Solar Energy Society (DGS LV Berlin BRB), Ecofys 2005.
67. Proceedings, Ontario Net Zero Energy Home Coalition Forum, January, 2005.
68. Professional Builder, "The Anatomy of Innovation", June 1, 2003.
69. RENEWABLEs INFORMATIONS with 2006 data, OECD/IEA, 2007.
70. Retrotec, "2000 Series Door Fan Manual For Energy, Scientific and Industrial Users", Retrotec.
71. Robert Hastings and Maria Wall, "Sustainable Solar Housing ; Volume 1-Strategies and Solutions", earthscan, 2006.12.
72. Solar thermal system-Sucessful Planning and Construction, Dr. Felex A Peuser, Karl-Heinz Remmers, Martin Schnauss, SOLARPRAXIS, Berlin, 2002.
73 Stahl W., et.al., (1994) The self-sufficient solar house in Freiburg, Solar Energy 52, 111-125
74. Switching From an Oil Powered Boiler to a Wood Pellet Boiler Written by admin on

November 19, 2008 .
75. Terri Meyer Boake, The Tectonics of the Double Skin: Green Building or Just more Hi-Tech Hi-Jinx?, School of Architecture, University of Waterloo
76. Terri Meyer Boake, The Tectonics of the Double Skin: Green Building or Just more Hi-Tech Hi-Jinx?, School of Architecture, University of Waterloo
77. Viktor Dorer, Andreas Pfeiffer, Andreas Weber(2005). Parameters for the Design of Demand Controlled Hybrid Ventilation System for Residential Buildings, AVIC Technical Note 59, 5
78. Wolfgang Feist, Final Technical Report CEPHEUS-Project information No. 36, 2001.7.
79. Wolfgang Feist, Passive House Planning Package, PHI, 2004.
80. www.conservatorycentre.com
81. www.passiv.de
82. www.theresearchalliance.org
83. www.toolbase.org/Home-Building-Topics/zero-energy-homes/zero-energy-home-project
84. Yoon Jongho, Baek N.C., Yu C.K. "Design and analysis of KIER zero energy solar house", Proceedings of ISES Solar World Congress 2003, Goteborg, Sweden, 2003.6.

집필진 및 집필분야

대한건축학회 제로에너지건물분과위원회

역할	성명	소속 / 직위	이메일		
위원장	윤종호	한밭대학교 건축공학과 교수/공학박사	jhyoon @hanbat.ac.kr	1장 2장 9장 10장1절	: 배경/동향 : 통합설계방법 : 태양광 : KIER ZeSH I
분과위원	백남춘	한국에너지기술연구소 신재생에너지연구본부 센터장/공학박사	baek @kier.re.kr	6장 7장	: 설비형 태양열 : 지열 히트펌프
	신우철	대전대학교 건축공학과 교수/공학박사	shinuc @dju.ac.kr	1장 5장	: 동향 : 자연형 태양열
	이윤규	건설기술연구원 건축도시환경연구실 책임연구원/공학박사	yglee @kict.re.kr	4장	: 하이브리드환기
	원종서	대림산업기술연구소 환경연구팀 책임연구원/공학박사	wonjs @daelim.co.kr	3장 10장2절 12장	: 부하저감 : 3리터하우스 : 유럽사례
	이병연	디자인 그룹 OZ/소장	ecoville @empal.com	2장 11장	: 정의/분류 : 북미사례
	김병수	(주)BEMS컨설팅 대표 공학박사/기술사	bskim @cnu.ac.kr	5장 8장	: 자연형태양열 : 펠릿보일러
외부초청	이 훈	서울대학교환경대학원 조경협동과정 박사과정	mtperson @snu.ac.kr	10장3절	: 살둔제로에너지

제로카본 제로에너지 건축기술의 이해

2010년 4월 10일 1판 1쇄 인쇄
2010년 4월 15일 1판 1쇄 발행

저　　자 윤종호 백남춘 신우철 이윤규
원종서 이병연 김병수 이 훈
(대한건축학회 제로에너지건물분과위원회)

발 행 인 강해작

발 행 처 기문당

주　　소 서울시 성동구 공명길 39(왕십리동 966-22)

전　　화 2295-6171(代)~5

팩　　스 2296-8188

출판등록 1976. 10. 7 (1-44)

홈페이지 http : // 기문당
http : // www.kimoondang.com

I S B N 978-89-6225-250-7　93540

정　　가 17,000원